自然资源部中国地质调查局
地热资源调查系列成果

中国地热志

华南卷

王贵玲 等 著

科学出版社

北京

内 容 简 介

　　《中国地热志》编写分总论和分论两部分。总论主要阐述中国地热资源分布规律、资源量、开发利用历史及现状以及影响地热资源分布的构造及其他地质因素。分论以省（自治区、直辖市）为单位分别阐述各省（自治区、直辖市）地热资源的分布规律、资源量、流体化学特征、开发利用历史及现状，并以史志的形式对各省（自治区、直辖市）的地热显示点和代表性地热钻孔进行了系统、全面、客观、翔实的描述。全书共收录温泉（群）、代表性地热点 2767 处，其中温泉（群）2082 处，代表性地热钻孔 685 处。本书为华南卷。

　　本书可供地热地质、水文地质等相关领域的科研院所及高等院校师生参考。

审图号：GS（2018）4383号

图书在版编目（CIP）数据

中国地热志·华南卷. /王贵玲等著. —北京：科学出版社，2018.11
ISBN 978-7-03-055134-4

Ⅰ. ①中… Ⅱ. ①王… Ⅲ. ①地热能-概况-中国②地热能-概况-华南地区 Ⅳ. ①TK521

中国版本图书馆 CIP 数据核字（2017）第 268774 号

责任编辑：韦　沁 ／ 责任校对：张小霞
责任印制：吴兆东 ／ 封面设计：杨　柳

科 学 出 版 社 出版
北京东黄城根北街 16 号
邮政编码：100717
http://www.sciencep.com

北京建宏印刷有限公司 印刷

科学出版社发行　各地新华书店经销

*

2018 年 11 月第 一 版　开本：787×1092　1/16
2022 年 9 月第二次印刷　印张：26
字数：617 000

定价：338.00元
（如有印装质量问题，我社负责调换）

"全国地热资源调查评价成果" 编纂委员会

主　任：王　昆

副主任：郝爱兵　　石建省　　文冬光　　王贵玲

委　员：吴爱民　　张二勇　　林良俊　　王　璜

　　　　胡秋韵　　张永波　　马　岩　　孙占学

　　　　张兆吉　　孙晓明　　许天福　　庞忠和

　　　　胡圣标　　刘金侠　　张德忠　　赵　平

　　　　康凤新　　孙宝成　　都基众　　白细民

　　　　曾土荣　　陈建国　　陈礼明　　成余粮

　　　　戴　强　　段启杉　　鄂　建　　方连育

　　　　冯亚生　　高世轩　　胡先才　　赖树钦

　　　　李　郡　　李　凯　　李虎平　　李继洪

　　　　李宁波　　李稳哲　　梁礼革　　林　黎

　　　　林清龙　　凌秋贤　　刘　铮　　刘红卫

　　　　罗银飞　　马汉田　　闵　望　　裴永炜

　　　　彭必建　　彭振宇　　皮建高　　钱江澎

　　　　秦祥熙　　尚小刚　　邵争平　　龙西亭

　　　　孙志忠　　谭佳良　　田良河　　万平强

卫万顺　　魏林森　　魏文慧　　吴海权

薛桂澄　　闫富贵　　杨　泽　　杨华林

杨丽芝　　杨湘奎　　余秋生　　喻生波

张　恒　　张大志　　张桂祥　　张新文

赵　振　　赵苏明　　朱永琴　　孙　颖

"全国地热资源调查评价成果"技术指导委员会

《中国地热志》著者名单

主　编：王贵玲

副主编：蔺文静　　张　薇　　刘志明　　马　峰

编　委：梁继运　　王婉丽　　李　曼　　邢林啸

　　　　　刘春雷　　蔡子昭　　王文中　　何雨江

　　　　　刘彦广　　朱　喜　　甘浩男　　李　龙

　　　　　刘　峰　　陆　川　　习宇飞　　岳高凡

　　　　　张汉雄　　李元杰　　刘　昭　　屈泽伟

　　　　　吴庆华　　王富强　　郎旭娟　　孙红丽

　　　　　张　萌　　王思琪　　王　潇　　李亭昕

　　　　　闫晓雪　　孟瑞芳　　袁　野　　赵佳怡

"全国地热资源调查评价"组织实施机构

主 持 单 位: 自然资源部中国地质调查局

技术负责单位: 自然资源部中国地质调查局水文地质环境地质研究所

承 担 单 位:

中国地质调查局水文地质环境地质研究所	天津地热勘查开发设计院
中国地质调查局沈阳地质调查中心	浙江省地质调查院
新疆地矿局第一水文工程地质大队	湖南省地质调查院
北京市水文地质工程地质大队	海南省地质调查院
北京市地质矿产勘查开发局	四川省地质调查院
河北省地矿局第三水文工程地质大队	安徽省地质调查院
广东省地质局第四地质大队	山东省地质调查院
黑龙江省水文地质工程地质勘察院	山西省地质调查院
黑龙江省地质调查研究总院	上海市地矿工程勘察院
湖南省地质矿产勘查开发局 402 队	青海省环境地质勘查局
四川省地矿局成都水文地质工程地质中心	陕西工程勘察研究院
贵州省地质矿产勘查开发局 111 地质大队	甘肃省地质环境监测院
宁夏回族自治区国土资源调查监测院	贵州省地质环境监测院
江西省地质环境监测总站	河南省地质调查院
吉林省地质环境监测总站	吉林省水文地质调查所
广西壮族自治区地质调查院	湖北省地质环境总站
海南水文地质工程地质勘察院	武汉地质工程勘察院
云南地质工程勘察设计研究院	广东省环境地质勘查院
甘肃水文地质工程地质勘察院	江苏省地质调查研究院

青海省水文地质工程地质环境地质调查院　　福建省地质调查研究院

新疆维吾尔自治区地质环境监测院　　福建省地质工程勘察院

山东省地矿工程集团有限公司　　江西省勘察设计研究院

宁夏回族自治区地质调查院　　云南省地质环境监测院

安徽省地质环境监测总站　　辽宁省地质环境监测总站

西藏自治区地质矿产勘查开发局地热地质大队

重庆市地质矿产勘查开发局南江水文地质工程地质队

序　一

我国有温泉3000余处，分布广泛，类型齐全，几乎包括世界所有类型的温泉。经过4000多年对这些珍贵地热资源的开发，神州大地处处开遍绚丽夺目的温泉文化之花。我国温泉文化最大的一个特点是散见于有着2000多年悠久历史被称为"一方之总览"的地方志中，这些地方志记录了某地温泉的发现经过，水质特点，神话传说，诗词对联，温泉功效，翔实丰富、科学性强，把它集中起来就是一部中国温泉文化的百科全书。

1949年之后，随着地质找矿工作的开展，为建立和扩建温泉疗养院，我国开始对温泉进行系统的调查，在若干温泉区进行了地质勘探，并首次编制了全国温泉分布图。20世纪60年代末至70年代初，在我国著名地质学家李四光教授的倡导下，我国地热迎来第一次发展春天，区域地热资源普查、地热资源开发利用以及地热基础理论研究均取得了很大的进展。近年来，为应对气候变化，特别是治理已蔓延中东部地区的雾霾，社会各界已形成共识，就是要调整能源结构，大力发展可再生和清洁能源。作为一种新型清洁能源，地热资源的"热度"越来越高，其开发利用正迎来迅猛发展的历史时期。

古人云："以铜为鉴，可正衣冠；以古为鉴，可知兴替；以人为鉴，可明得失。"在新中国成立70周年即将到来之际，编辑和出版《中国地热志》，真实、全面地记录当前我国地热资源现状、为世人提供一份翔实的温泉、地热井资料清单，缅怀前人的艰难历程和不朽业绩，鉴往昭来是今人义不容辞的责任。

统观全书，《中国地热志》图文并茂，详略得当，编排有序，文辞通达，加上编者补阙纠谬，堪称信史，它的编辑和出版，既为后人留下了一份弥足珍贵的历史资料，也为加快推动我国地热产业健康快速发展做了一件十分有益的事情。

在《中国地热志》付梓之际，写下以上感言，是为序。

中国科学院院士　李廷栋

2018年7月

序　二

我国是一个拥有丰富地热资源的国家，利用温泉治病已有悠久的历史，史料中关于温泉的记载也相当多。我国汉代著名科学家张衡所著的《温泉赋》中就说："有疾病兮，温泉泊焉。"《水经注》中亦载："大融山兮出温汤，疗治百病。"唐代《法苑珠林》中《王玄策行传》还有对西藏地热资源的记载："吐蕃国西南有一涌泉，平地涌出，激水高五六尺，甚热，煮肉即熟，气上冲天，像似气雾。"温泉浴不但能治病去疾，而且还有独到的养生保健功用，自古就深受人们的喜爱。

新中国成立以后，我国开始大规模勘查和开发利用地热资源，尤其是20世纪90年代以来，随着社会经济发展、科学技术进步和人们对地热资源认识的提高，出现了地热资源开发利用的热潮。当前，我国经济快速发展的同时带来资源紧缺、环境污染等严峻问题。实施能源革命，调整能源结构，大力发展可再生能源，控制能源消费总量，是解决能源紧缺和雾霾挑战双重压力的重要途径。地热资源作为一种稳定的低碳能源必将迎来新的发展时期，地热学术和产业界正面临着重大的发展机遇和严峻挑战。

《中国地热志》是一部全面介绍当前我国地热资源现状的专业志。专志贵专，专中求全，全中显特，这是修专志所要追求的。修志艰辛，成书不易，王贵玲研究员带领其研究团队，在广泛收集资料的基础上，精心编纂，终于水到渠成，全书从总论、分论两个部分，区域、各省两个层面对我国地热资源现状进行了全面系统的介绍，在求全的同时，尤为可贵的是重视在全中显特，对各地热显示点的地理位置、地质背景、化学组分、开发利用现状等信息均进行了全面展示，是一份来之不易的、严谨的、朴实的资料性文献。

王贵玲研究员是一位年轻的地热科技工作者，自1987年起从事地热研究，迄今已30余年，在区域地热资源调查评价方面取得了重要的成果，这部论著是结合了贵玲同志多年来对我国地热的热爱和沉淀而完成的，我相信，无论是地热领域的科学研究人员，还是规划管理人员、市场开发人员都可以从中获益的。

中国工程院院士

2018年7月

序　三

翻开《中国地热志》，一组组翔实的数据资料、一幅幅温泉的现场彩照、一张张考究的地质剖面展示在读者面前，既不烦琐枯燥，又不失严谨，实为一部全面反映我国地热现状的真经。盛世修志，志为盛世，《中国地热志》记录了我国地热发展现状，成为佐证，留下历史，服务当今，发人深思。

地热是可再生的清洁能源，而且是具有医疗、旅游价值的自然资源。温泉是地热资源的天然露头，利用好它，有助于当地特色经济的发展，助力实现习总书记提出的美丽乡村、城镇，美丽中国的建设，助力打赢蓝天保卫战，多样化满足人们日益增长的物质和精神需求，具有重要意义。王贵玲研究员带领其科研团队，在开展中国地质调查项目"全国地热资源调查评价与区划"的基础上，对当前我国现有的地热显示点和地热钻孔进行了系统、全面、客观、翔实的描述，志书全面展示了我国地热背景、分布特征、成因条件、开发现状，达到了志贵备全的要求，是一份具有重要史学价值的资料性成果，对地热学研究和地热资源开发具有重大的科学意义和应用价值。

全书共收录温泉（群）、代表性地热钻孔2767处，其中温泉（群）2082处，代表性地热钻孔685处，其规模之大，收录的温泉（群）、代表性地热钻孔之多，国内外罕见。其所收录的温泉（群）、代表性地热钻孔均为调查人员亲赴现场调查的成果，使《中国地热志》既客观又与时俱进，反映了我国当前地热资源开发利用的实际情况和研究勘探水平。

值此付梓之际，我荣幸地向有关单位和专业人员推荐此图文并茂的佳作，它定会成为研究地热、勘探地热、开发地热的得力助手和有力工具。

中国工程院院士　曹耀峰

2018年7月

前　言

　　志者，记也，是按一定体例记述特定时空内一个或多个方面情况的资料性文献。修志是中华民族的优良文化传统，在长达两千多年的发展历程中，各类方志薪火相传，亘续不绝，既是客观的文化载体，又是厚重的历史积淀，对中华文化的形成和发展有着不可或缺的重要价值，是当之无愧的中华之国粹、民族之瑰宝。

　　《中国地热志》是记录温泉、热水井等地热现象的专业志，具有鲜明的地域特色和时代特征。我国关于温泉的记载历史悠久，古籍中关于温泉的记载最早见于《山海经》，温泉的利用历史则最早见于公元前7世纪的西周，西周王褒温汤碑即有"地伏硫磺，神泉愈疾"的记载。5世纪末至6世纪初，北魏地理学家郦道元的《水经注》记载了当时所知的41处温泉以及利用温泉洗浴治病的情况，可以说是对我国古代温泉分布的一次初步总结。宋代的地理著作《太平寰宇记》中也有不少关于温泉的记载。清代学者放以智《物理小识》著录古今温泉59处；顾祖愚《读史方舆纪要》考证古今地名，间记温泉90余处；雍正三年（1725）修成的《方舆汇编坤舆典》记载温泉84处。到了近代，人们对温泉的分布有了进一步的认识，1908年田北湖撰《温泉略志》，其中除去《水经注》所记载者，著录近世温泉140余处；1919年苏萃撰《论中国火山脉》附各省温泉表，载因火山所成74处；地质学家章鸿钊1935年在地理学报发表中国温泉的分布，共收录491处；1939年陈炎冰编著《中国温泉考》，记载了温泉达584处。这些古籍中关于温泉的记载对现今地热学研究和地热资源开发具有重大的史学意义和应用价值。

　　新中国成立以来，我国地热地质事业取得了飞速发展。1656年，地质出版社出版了章鸿钊先生的遗稿《中国温泉辑要》，该书记录了958余处温泉所在地、理化性质以及涌出量。1973年，中国科学院、北京大学等单位组织了青藏高原综合科学考察队，先后对西藏、横断山区的温泉进行了实地考察，并吸收前人以及后续考察者的成果，编辑出版了《横断山区温泉志》《西藏温泉志》，共收录温泉1655处，对推动该地区地热研究与勘探开发提供了第一手的资料。1993年，黄尚瑶等在系统总结全国地热普查、勘探和科研成果的基础上，编制了《1∶600万中国温泉分布图》及其说明书——《中国温泉资源》，展示了我国温泉资源潜力及其分布。

20世纪90年代以后，我国地热开发开始沿着产业化、市场化的道路发展。由于缺乏科学的规划，造成了无序开采局面和资源的浪费，一些天然出露的温泉逐渐消失。同时，我国大面积分布的新生代沉积盆地和断陷盆地相继发现地热资源，地热井越打越深，一些地区的地热井过于集中，过量开采现象严重，造成热储压力持续下降，严重影响了地热资源的可持续利用。进入21世纪以来，随着社会对能源危机、环境保护的深入关注以及我国实现能源生产消费革命的迫切需要，地热资源已成为未来能源勘查开发的主攻方向之一。面对新的历史使命，编撰一部能够全面反映当前我国地热资源现状的地热志已成地热工作者的当务之急。

2011年，原国土资源部中国地质调查局启动了全国地下热水资源现状调查评价工作，对各省现有的温泉、地热井的地热地质背景、流体物理化学特征、动态变化、开发利用历史和现状等进行了系统的调查，在此基础上，编撰了本套《中国地热志》，收录温泉（群）、代表性地热井2767处，其中温泉（群）2082处，代表性地热钻孔685处。丛书共分为华北、西北、东北卷，华东、华中卷，华南卷，西南卷一，西南卷二以及西南卷三6卷，各卷分别从总论、分论两个部分，区域、分省两个层面对我国地热资源赋存背景、地热分布及其特征、资源量等进行了系统的论述，重点描述了各地热显示点和代表性地热钻孔的地理位置、地质背景、地热流体化学组分、开发利用现状等信息。我们希望本丛书能够为国家和有关地区决策部门提供一份温泉资源和地热能源的资产清单，同时又能为国内外地热工作者提供宝贵的第一手资料。

集思广益，众手成志。《中国地热志》是"十二五"期间中国地质调查局组织实施的"全国地热资源调查评价"项目系列成果之一。中国地质调查局及其直属单位，31个省（市、自治区）相关地勘单位以及相关大专院校、科研院所和企业为本项目的实施提供了强有力的支持。本丛书凝聚了我国地热学界众多专家、领导和科技人员的智慧和心血，是集体大协作的结晶。项目组同志们认真收集、整理资料，精心编撰，付出了艰辛的劳动。李廷栋院士、多吉院士、曹耀峰院士为《中国地热志》的编撰提出了宝贵的意见和建议，并亲自提笔作序。中国地质调查局局长钟自然同志始终关注和支持地热志的编撰工作。王秉忱、严光生、文冬光、郝爱兵、石建省、张永波、吴爱民、郑克棪、宾德智、田廷山、庞忠和、胡圣标、刘金侠、康凤新、孙宝成等国内外著名专家对地热志的编撰工作给予了长期悉心的指导。以上专家和领导的指导与关怀是地热志得以顺利编撰的保证，在此谨向所有付出辛劳的同志表示诚挚的谢意。

著　者

2018年7月

目　　录

第 / 一 / 章

总论

第一节 地热地质背景

一、控热构造

华南大陆是东亚主要的大陆块体，有着复杂的地质构造演化历史。它在早前寒武纪多块体构造复杂演化基础上，自中、新元古代以来长期处于全球超大陆聚散与南北大陆离散拼合的交接转换地带的总体构造动力学背景中。而自中新生代以来又在现代全球板块构造演化格局中，位于欧亚板块和中国大陆东南一隅，处在全球现今三大重要板块的汇聚拼合部位，遭遇西太平洋板块西向俯冲和青藏高原形成与印-澳板块北向差异运动的共同作用。这一总体动力学体制控制了其在先期构造基础上演变成现今华南大陆基本构造面貌并控制了地热资源的分布。

中国大地构造单元划分中的一级单元，华南广东、广西、海南等均位于羌塘-扬子-华南板块。从二级构造单元来说，扬子板块和华南板块之间江南造山带穿过广西东部，该构造带以西属于扬子板块，以东为华夏板块。海南省陵水断裂以南可能是菲律宾板块的一部分。

华南中元古代时期主导构造格局是多块体分离，不仅扬子和华夏分属不同块体，他们自身也非统一地体；扬子和华夏各自的内部也存在不同性质的微陆块或者微板块。华南中元古代多块体在Rodinia大陆聚合过程中，通过新元古代早中两期不同板块拼合形成新元古代中期统一的古华南大陆板块，其范围可能远大于现今规模。显生宙华南大陆有两次大的陆内造山运动，分别是早古生代时期的华南广西运动（加里东运动）和早古生代期间的印支运动。华南大陆中扬子与华夏两地块早古生代一早中生代期间长期发育保存着东部的陆内造山作用和西部的克拉通盆地发展的同期并行演化体制，构成了华南显生宙独特的大陆构造特征。在华南东部，由于两陆块间长期、强烈的相互作用，不仅导致两地块的陆壳结构变动，也引发了陆壳物质重建的区域性变质作用和面状岩浆作用，从而形成大陆东部独特的区域面型的复合造山区面貌，标志着华南大陆显生宙两次重大的、没有大洋参与的陆内（或板内）造山事件。与此同时，华南西部扬子地块西部的克拉通盆地却一直连续地接受巨厚沉积，以相对稳定的克拉通构造而发展演化。

华南大陆经受中新生代燕山期和喜马拉雅期复杂、强烈的陆内构造与板块构造等不同性质构造的叠加改造，使之呈现出独特的大陆构造复合再造面貌。在先期加里东期与印支期华南复合陆内造山区构造基础上，侏罗纪中晚期以来，由于遭受西太平洋不同演化时期、不同板块及不同俯冲方向、角度与速率的俯冲作用，华南东部叠加复合了活动陆缘的不同剪切走滑、挤压与伸展构造的交织组合作用，特别是强烈的多期多类火山-侵入岩浆活动和变形叠加改造。与此相对，华南大陆西部扬子准克拉通区则进一步呈现从东向西推进的活化变形。同期，华南大陆的北、西、南缘也发生了周缘造山带大幅度向大陆内的逆冲推覆与剪切走滑叠加构造，强烈复合改造了华南大陆先存的边缘构造，形成新的向陆内扩展的盆山前陆构造与走滑-推覆构造，及其与陆内构造交接转换过渡的复合、联合构造。

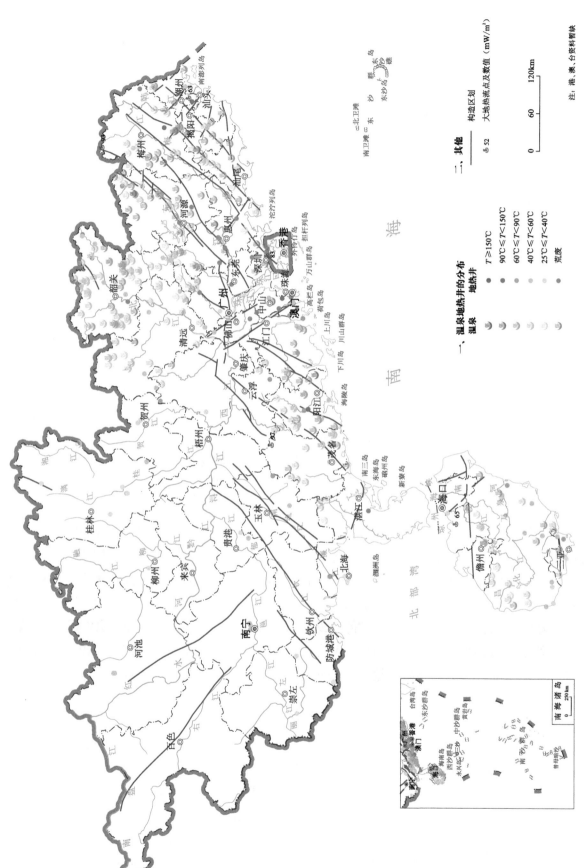

图 1.1 华南地热地质图

中国地热资源的形成与构造、岩浆活动、地层岩性和水文地质条件等密切相关。华南大陆作为欧亚与中国大陆的基本组成部分，受特提斯构造体系和太平洋构造体系的综合影响。华南地块自太古宙以来经历了古生代、中生代造山作用和拉张裂解作用的强烈改造，强烈的多旋回构造演化，复杂的成岩成矿作用。区内裂构造发育，岩浆侵入、火山喷发、地震、新构造活动剧烈且持续，特别是在深大断裂的反复活动、岩浆的多期次侵入（喷发）的背景下，为该区地热资源的形成与赋存、温泉出露创造了有利的地质环境。从已经研究的成果来看，岩浆的多期活动明显与深大断裂有关，而温泉的出露与分布，明显与岩浆和深大断裂的活动与分布有关（图1.1）。

二、大地热流和地温场特征

大地热流是单位时间内由地球内部通过单位地球表面积散失的热量（mW/m²），是地球内热在地表可直接测得唯一的物理量，其中蕴涵着丰富的地质、地球物理和地球动力学的信息。大地热流是一个综合参数，它比其他地热单项参数（温度、地温梯度）更能反映一个地区地热场的基本特点（图1.2）。

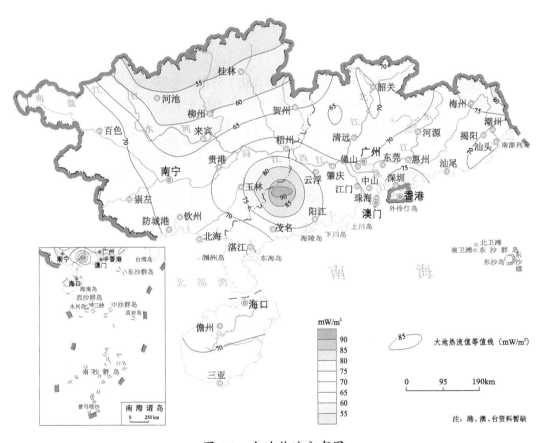

图 1.2　大地热流分布图

用于研究华南地区地热特征的大地热流数据来源以中国大陆地区大地热流数据汇编（第四版）为主，包括广东、广西、海南三省（自治区）。广东省大地热流数据较多（29个）分布也相对均匀，而广西在南端北海处有两个观测点，海南有五个观测点，但集中分布在琼南和琼北的两个位置。本区热流值最小为47mW/m²，位于广西南端；最高值为98mW/m²，位于广东省信宜；大部分热流观测值在60～75mW/m²，与全球陆区平均热流值相近。除了位于广东省西部的信宜值较高之外，珠三角地区的多个热流值均高于70mW/m²。总的来说，广东省热流值呈现沿海地区高、内陆地区低的特点。

现今地温梯度主要反映新生代以来的构造活动特征，中生代的"活化"对现今地温梯度已无显著影响。华南地温梯度偏低，全区地温梯度普遍在20～25℃/km，表明扬子克拉通和华南造山带内部现今构造活动具稳定性特征。虽然华南地区中生代岩浆作用强烈，地壳曾经"活化"，但是其热效应已经消失，对区域地温梯度未见增高作用。

第二节 地热资源类型及特征

地热资源类型按其成因和热水赋存运移条件可分为两种类型，隆起山地对流型、沉积盆地传导型。两种类型的地热资源在本区均广泛分布。

一、隆起山地型地热资源

华南隆起山地型地热田沿深大断裂带呈线状（串珠状）分布，主要出露于深大断裂及其附近以及断裂交汇部位；其余则多分布于各深大断裂之间位置，局部上受衍生的次一级断裂或羽状断裂群影响。本区的地表热泉分布和岩浆活动密切相关，一般在多期复式岩体、岩体与岩体接触带、岩体与围岩接触带及岩体中发育的断裂破碎带或后期发育的硅化带、各种岩脉、岩墙等地段出露。成因机制为大气降水、地表水体或常温地下水通过基岩裂隙下渗，在深循环过程中汲取正常或偏高地热背景下被深部热流加热的岩石热量，在适当位置（如遇贯通地表与深部的断层裂隙）上升出露或经人为工程揭露而显示。

广东和广西的低温地热资源为25～90℃。海南岛地处热带，年平均气温24.1℃，地下水水温在24℃左右，常温水水温较高，如若按水温≥25℃作为地热资源，则海南省范围的地下水基本上均属于地热资源。因此，沿用"1∶20万海南岛区域水文地质普查报告"中对地热资源的划分，海南省低温地热资源定义是：水温大于或等于32℃而小于100℃的地热资源。本区的隆起山地型地热资源大部分都属于低温地热资源，仅有广东省七口位于沿海地区的热泉温度超过90℃，属于中温地热资源。

广东省隆起山地型地热资源分布十分广泛，在粤北山地、粤西山地台地、粤东山地丘陵、粤中及南部地区均有地热显示，遍布于全省21个地级行政区。广东省地热资源主要为水热型，地热流体温度25～118℃，高温地热资源未见显示。从区域上分析统计，粤东和粤北地区地热资源分布最多，分别有地热田124处和86处，占隆起山地型地热田总数的39.37%和27.30%；其次为粤西南一带，有地热田70处，占隆起山地型地热田总数22.22%；粤中地区地热田分布较少，有地热田35处，占隆起山地型地热田总数11.11%。构成热储层的介质，一为岩体，主要为岩浆活动形成的侵入岩，时代有加里东期、海西、印支、燕山、喜马拉雅期，岩性有超基性岩、基性岩、中性岩、中酸性岩、酸性岩、超酸性岩和碱性岩等，其中以酸性花岗岩类占绝对优势，次为中酸性二长花岗岩、花岗闪长岩、石英闪长岩；二为岩层，主要为白垩系和古近系、新近系沉积的红色系列碎屑岩层，多由河流相-湖相的泥砂质岩石所组成，古近系、新近系夹玄武岩、粗面岩、流纹岩和火山碎屑岩，属幔源分异型岩浆演化系列，地貌上构成红层盆地，岩层总厚一般3000～6000m。裂隙型带状热储中部温度一般80～140℃，最高达

192℃，最低为48℃。

广西隆起山地型地热资源主要分布于桂东、桂东北和桂东南地区，温热泉出露分布分区、分带性与区内深大断裂、活动性断裂、岩浆侵入体密切相关。隆起山地区热储温度场明显受断裂构造控制，平面等温线沿控热断裂走向呈带状展布，温度等值线长轴方向与断裂走向一致，呈现断层上盘一侧等温线稀疏，下盘一侧等温线密集特征，等值线密集区为地热异常中心，地温梯度一般大于3℃/100m。平面等温线所反映出的高温部位往往就是两组或者多组断裂交汇处，即地热流体上涌通道，由主通道向四周温度减小。在垂直方向上，在恒温层以下，地温随深度的增加呈递增的趋势，进一步表明热流来自地壳深部。

海南省隆起山地型地热资源主要分布于五指山褶皱带和三亚台缘拗陷带，在地表大都以泉点（群）的形式出现。热储主要以花岗岩或变质岩为原岩的断裂破碎带，属裂隙型带状热储，热储温度为40.3～139.9℃（钾镁地热温标）；盖层为第四系松散层或较完整的岩体，厚度几十米至上百米（图1.3）。

二、沉积盆地型地热资源

本区沉积盆地型地热资源与区域构造密切相关，这些中一新生代断陷向斜盆地均受区域性深大断裂的控制，顺区域性深大断裂展布。断裂规模大、切割深，构成深部热源向地表传递的良好通道。一般古生代老地层构成盆地的基底，受构造运动的影响，基底多呈中部凹陷，四周上翘的"簸箕"形，断裂构造发育，形成沟通深部热源的通道。盆地型地热资源埋藏较浅，一般1000～2000m，最深在4000m以内，地热储存资源丰富，地表一般没有温泉露头，易于钻探开发利用，属经济型地热资源。

广东沉积盆地型地热资源主要分布于三处地热田中，分别为粤西的雷州半岛沉积盆地型地热田、茂名沉积盆地型地热田以及粤东的澄海沉积盆地型地热田，均为孔隙型层状热储。

广西隐伏盆地型地热资源主要分布于桂西、桂南的百色盆地、南宁盆地等六个盆地中，为广西经济相对发达的首府、沿海、沿边及红色旅游之地，具有良好的开发利用前景。

海南岛北部的琼北承压水盆地东北部的海口地区以及海南岛西南部的莺歌海-九所斜地、南部的三亚斜地。海口地区沉积盆地型地热资源的热储层为新近系中新统角尾组、下洋组和古近系渐新统涠洲组，岩性主要为中粗砂、黏土质砂等。乐东县的莺歌海-九所和三亚市的海坡地区，沉积盆地型地热资源的热储层属上部孔隙下部裂隙复合型带状热储层。热水的形成主要是由于盆地基底经深循环加热后的基岩裂隙水沿构造破碎带补给上部的新近系孔隙承压水而成。

第三节 地热资源评价

地热资源按成因分为两种类型，隆起山地型和沉积盆地型。隆起山地对流型主要为受断裂控制呈带状分布的地热泉（田），其次为沉积盆地传导型。地热能资源量评价按两种类型分别进行评价、统计与估算；从实用价值考虑，开采资源广东和广西只计算水温≥25℃（海南省计算水温≥32℃）的井、孔涌水量、温泉流量和它们的流体散热量；对研究程度较高的地热田计算参数选取主要依据已有

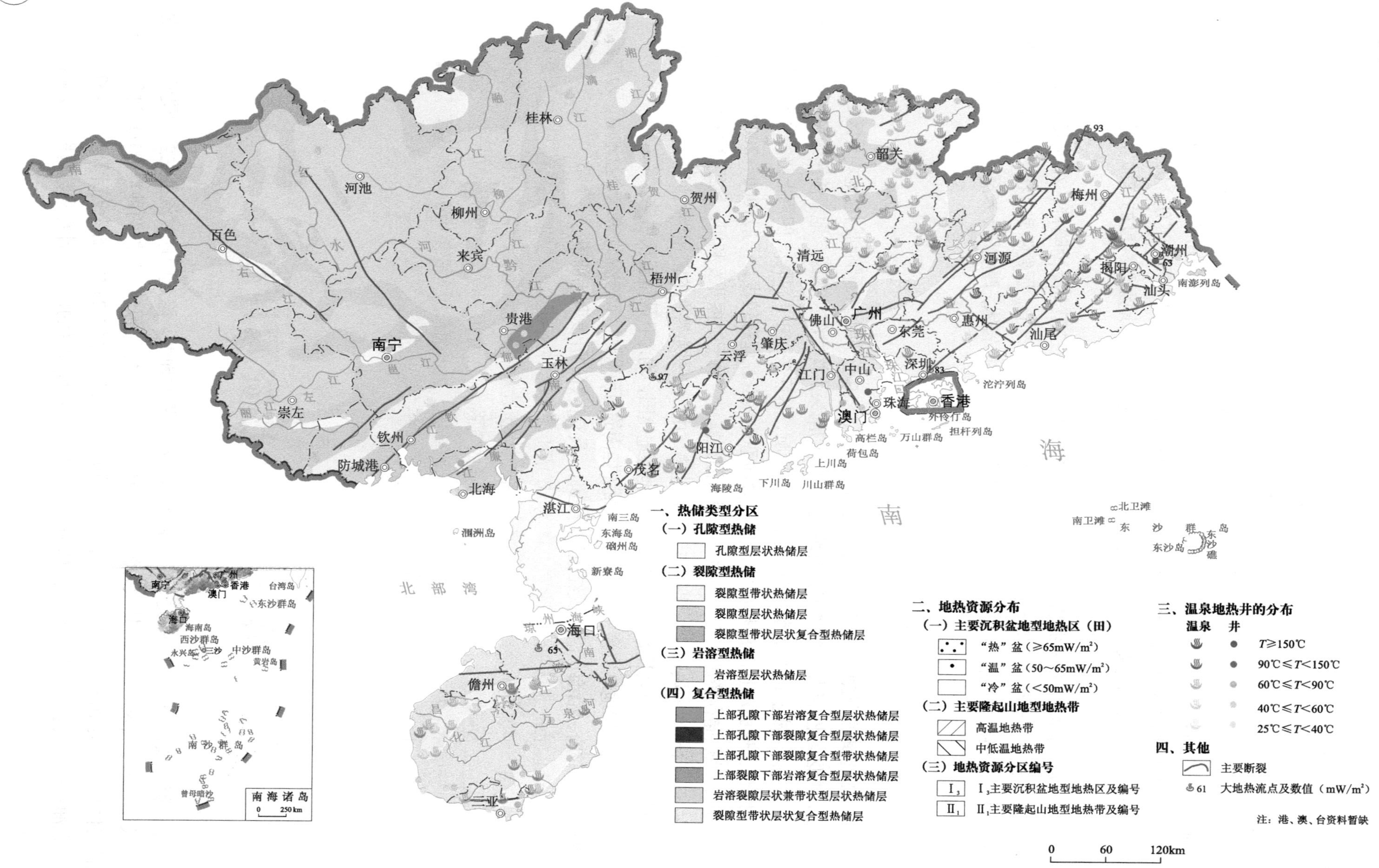

桂林
河池
柳州
贺州
百色
来宾
梧州
贵港
南宁
玉林
崇左
钦州
防城港
北海
韶关
梅州
清远
河源
揭阳
潮州
汕头
南澎列岛
广州
佛山
惠州
东莞
汕尾
肇庆
云浮
江门
中山
深圳
香港
珠海
澳门
阳江
茂名
湛江
海口
儋州
三亚
沱泞列岛
外伶仃岛
担杆列岛
万山群岛
高栏岛
荷包岛
上川岛
下川岛
川山群岛
海陵岛
南三岛
东海岛
硇洲岛
新寮岛
涠洲岛
北部湾
南海
北卫滩
南卫滩
东沙群岛
东沙岛
东沙礁
93
97
83
63
65
一、热储类型分区
（一）孔隙型热储
孔隙型层状热储层
（二）裂隙型热储
裂隙型带状热储层
裂隙型层状热储层
裂隙型带状层状复合型热储层
（三）岩溶型热储
岩溶型层状热储层
（四）复合型热储
上部孔隙下部岩溶复合型层状热储层
上部孔隙下部裂隙复合型层状热储层
上部孔隙下部裂隙复合型带状热储层
上部裂隙下部岩溶复合型层状热储层
岩溶裂隙层状兼带状型层状热储层
裂隙型带状层状复合型热储层
二、地热资源分布
（一）主要沉积盆地型地热区（H）
“热”盆（≥65mW/m²）
“温”盆（50～65mW/m²）
“冷”盆（<50mW/m²）
（二）主要隆起山地型地热带
高温地热带
中低温地热带
（三）地热资源分区编号
Ⅰ₃ 主要沉积盆地型地热区及编号
Ⅱ₁ 主要隆起山地型地热带及编号
三、温泉地热井的分布
温泉 井
T≥150℃
90℃≤T<150℃
60℃≤T<90℃
40℃≤T<60℃
25℃≤T<40℃
四、其他
主要断裂
61 大地热流点及数值（mW/m²）
注：港、澳、台资料暂缺
0 60 120km
南海诸岛
南宁
广州
香港
澳门
台湾岛
东沙群岛
海口
海南岛
西沙群岛
永兴岛
三沙
中沙群岛
黄岩岛
南沙群岛
曾母暗沙
0 250km

图 1.3 地热资源分布图

的原始数据、地热田模型、计算方法、计算参数及计算结果取值。

一、隆起山地型地热资源评价

本区隆起山地型地热资源评价包括地热资源量、地热流体可开采量、地热流体可开采热量三种。三省之中，广东省的地热资源量和地热流体可开采量均为最多。隆起山地型地热资源总量为1.37×10^{17}kJ，折合标准煤为4.18×10^{10}t，其中广东省占了本区资源量的88%。地热流体可开采量1.4×10^8m³/a，其中广东省占74%。地热流体可开采热量2.17×10^{13}kJ/a，广东省占78%，折合标准煤7.38×10^5t/a（表1.1）。

表 1.1　隆起山地型地热资源评价数据表

省份（自治区）	隆起山地型地热资源量		地热流体可开采量/(m³/a)	隆起山地型地热流体可开采量	
	地热资源总量/kJ	折合标准煤/t		地热流体可开采量/(kJ/a)	折合标准煤/(t/a)
广东	1.21×10^{17}	4.13×10^{10}	1.03×10^8	1.69×10^{13}	5.76×10^5
广西	9.32×10^{15}	3.18×10^8	1.22×10^7	1.07×10^{12}	3.65×10^4
海南	6.18×10^{15}	2.11×10^8	2.48×10^7	3.70×10^{12}	1.26×10^5
合计	1.37×10^{17}	4.18×10^{10}	1.4×10^8	2.17×10^{13}	7.38×10^5

二、沉积盆地型地热资源评价

沉积盆地型地热资源评价包括地热资源量、地热流体可开采量、地热流体可开采热量3种。本区沉积盆地型地热资源总量为4.65×10^{17}kJ，折合标准煤为1.59×10^{10}t。地热流体可开采量为5.58×10^8m³/a，地热流体可开采量为2.43×10^{14}kJ/a，折合标准煤8.29×10^6t/a（表1.2）。

表 1.2　沉积盆地型地热资源评价数据表

省份（自治区）	沉积盆地型地热资源量		地热流体可开采量/(m³/a)	沉积盆地型地热流体可开采量	
	地热资源总量/kJ	折合标准煤/t		地热流体可开采量/(kJ/a)	折合标准煤/(t/a)
广东	1.13×10^{17}	3.86×10^9	2.74×10^8	1.21×10^{14}	4.12×10^6
广西	2.47×10^{17}	8.44×10^9	1.65×10^8	9.16×10^{13}	3.13×10^6
海南	1.05×10^{17}	3.60×10^9	1.19×10^8	3.05×10^{13}	1.04×10^6
合计	4.65×10^{17}	1.59×10^{10}	5.58×10^8	2.43×10^{14}	8.29×10^6

第四节　地热资源开发利用

一、地热资源开发利用现状

华南在地热开发利用具有悠久的历史。历史上温泉在民间作为洗浴、饮用，史籍均有记载，开发利用程度很低，主要是民用。新中国成立后，特别是改革开放以来，在市场需求的推动下，地热资源得到了更进一步的开发,以温泉开发为龙头并带动旅游、度假、休闲、保健、娱乐和房地产业等蓬勃发展。1970年12月12日,广东利用丰顺邓屋地热资源建立了我国第一座地热试验电站,装机容量86kW,开创了降压发电新方法,填补了我国地热发电的空白。1982年,又建成一台容量为300kW的单级闪蒸系统汽轮发电机组。

目前,地热资源已广泛应用于发电、发展旅游、医疗保健、休闲娱乐、洗浴、游泳、农业灌溉及育种育秧、水产养殖、漂染、矿泉水生产、房地产开发等各个领域。其中最具历史意义和具有划时代意义的除了地热发电外,以开发温泉发展疗养、旅游、房地产业等最为突出。

广东省目前已开发利用的地热田达155处,尚未开发的地热田163处,其中被废弃或淹没的荒废地热田有34处。地热资源流体已开采量$1.37 \times 10^8 m^3/a$,已开采热量$1.41 \times 10^{13} kJ/a$,占全省可开采量和热量的6.6%和7.5%,已开发利用的地热田中超过92%的利用方向为旅游疗养和温泉概念房地产项目。

海南在36处隆起山地型地热资源(温泉),总开采量约5590m^3/d,目前的开采量约占允许开采量11.67%。沉积盆地型地热资源的开采主要分布于海口地区,开采井数约60口,开采量约5000m^3/d,目前的开采量约占允许开采量5.20%;三亚市的海坡及乐东县的龙沐湾地区也有少量开采,开采量约1100m^3/d,目前的开采量约占允许开采量14.19%。

在广西现有的52处地热点中,有28处已经开发利用为温泉旅游度假区或者矿泉水水源。其他地热点,由于交通不便,或者温度偏低等方面原因,多处于闲置状态,地热流体仅仅满足当地村民洗衣、洗浴等生活需求,绝大部分温热矿泉水白白流失,浪费现象十分严重。

地热资源的开发利用在本区虽然开展得早,但地热资源利用主要是地热流体的直接一级利用,除了第一个地热电站外,总体上未能作为能源资源进行开发利用;大多数开发单位在一次利用后就直接排放,地热资源与能源浪费严重;中高温地热资源未得到科学和梯级综合利用;工业上的间接利用如地热发电、地源热泵、地热制冷、地热干燥、地热供暖等相关产业还需进一步促进和发展。在资源利用领域,地热能所占的比例十分有限,仍然需要各方面大力支持地热事业的发展,提高地热能这种清洁的、可再生能源在能源结构中的比重。

二、未来开发利用潜力

华南中低温地热资源可开采热量$2.65 \times 10^{17} J/a$,已开采热量$1.46 \times 10^{16} J/a$,盈余量$2.49 \times 10^{17} J/a$,可见华南中低温地热资源有极大的开发利用潜力。地热资源盈余量与地热资源的丰富程度及开采程度有关,盈余量越大,地热资源开采潜力就越大(表1.3)。

表 1.3 华南中低温地热资源开发利用潜力数据表

省份(自治区)	地热流体可开采量/10^4(m^3/a)	地热流体可开采热量/(J/a)	地热流体开采量/10^4(m^3/a)	地热流体开采热量/(J/a)	地热流体盈余量/10^4(m^3/a)	地热流体盈余热量/(J/a)
广东	37673	1.38×10^{17}	13650	1.41×10^{16}	24023	1.23×10^{17}
海南	14425	3.42×10^{16}	——	5.40×10^{14}	——	3.37×10^{16}
广西	17679	9.26×10^{16}	939	3.08×10^{12}	16740	9.26×10^{16}
合计	69777	2.65×10^{17}	14589	1.46×10^{16}	40763	2.49×10^{17}

第/二/章

广东省

第一节　地热资源及分布特征

一、地热资源形成特点及分布规律

（一）地热资源背景

1.地质构造与岩石

广东地形较为复杂，总的特点是北高南低，从粤北山地逐步向南部沿海递降，形成北部山地、中部丘陵、南部以平原台地为主的地貌格局。省内地层自元古宇至第四系均有出露，沉积建造类型复杂，岩石类型多样，岩性主要有片岩、千枚岩、变质砂岩、碎屑岩、碳酸岩、火山岩及第四纪松散沉积土等。省内侵入岩分布广泛，已确定的岩体500多个，分布面积约60000km²，约占全省陆地面积的1/3，岩浆岩时代有加里东期、海西、印支、燕山、喜马拉雅期，岩性有超基性岩、基性岩、中性岩、中酸性岩、酸性岩、超酸性岩和碱性岩等，其中以酸性花岗岩类占绝对优势。

广东省大陆属于华南褶皱系的一部分，按照构造特征，可大致分为粤西隆起区、粤东隆起区、粤北-粤东-粤中拗陷带等构造单元。广东地域在地质历史时期经历过多次剧烈的地壳运动，形成了一系列规模不一、性质不同的断裂，尤其是规模大、切割深、反复活动的深、大断裂，不仅控制了广东山川形势的展布方向、地层与岩石的分布、中—新生代断陷盆地的形成与发展，而且控制着温泉的分布与出露（图2.1）。

广东境内的断裂构造骨架主要由十条深断裂带和11条大断裂构成，在深大断裂的反复活动、岩浆的多期次侵入（喷发）的背景下，为广东地热资源的形成与赋存、温泉出露创造了有利的地热地质环境。

2.深部构造

广东省莫霍面总体为东南沿海隆起逐渐向西北部拗陷。广州地区莫霍面隆起十分醒目，莫霍面深度为26km，相对其他区域明显较浅，说明广三盆地范围内的莫霍面上升，除重力均衡补偿外，还由于深部作用引起的地幔隆起。雷州半岛幔凸、潮汕平原一带东南沿海斜坡带，莫霍面深度小于27km。总体看来，该省中南部莫霍面等深线展布为东西、北东向，属于正值区，反映了上地幔隆起。粤西北地区，连山县-阳山县-乳源县-乐昌一带莫霍面埋深大于30km，是广东省莫霍面最深区域，为槽状幔拗区。

广东范围居里面埋深在18～21km，沿海一带居里面埋深一般小于18km，埋藏深度相对较浅，体现沿海一带高温圈层与地面距离更为接近。

莫霍面和居里面埋深体现了上地幔的隆起和拗陷特征和高温地质体（软流圈）埋深特征，埋深越浅则代表深部热源与地面距离越短，高温地热资源开发的经济技术可行性更高，有利于高温热源的勘探研究及开发利用。

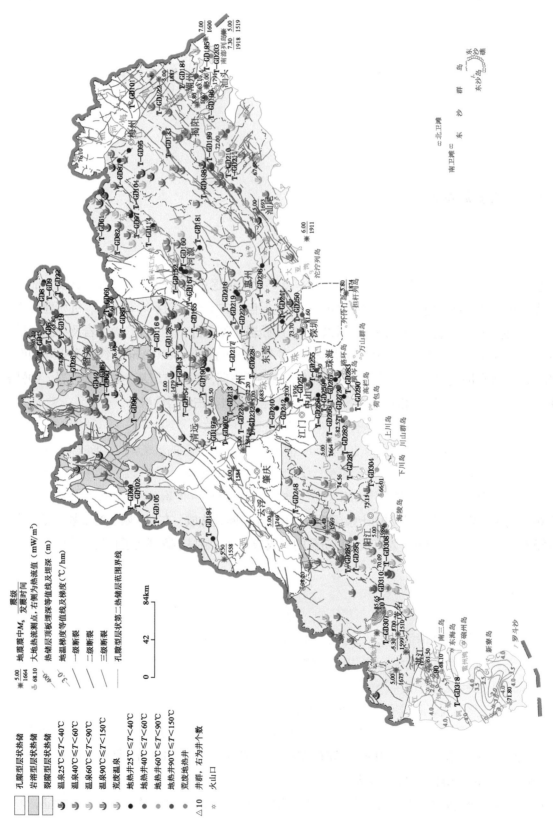

图 2.1 广东省地热地质图

3.大地热流与地温梯度特征

地球内部蕴藏的丰富热能会通过岩层传导和地热流体对流作用不断向地球表面散失，热流方向总是垂直于地面。大地热流就是表征热流状况，定义为单位时间内通过地球表面单位面积的热流值。该值是地球内部热作用过程最直接的表达，包含了丰富的地质、地球物理和地球动力学信息，是地球内热在地表唯一可以量测的物理量，更能确切反映某个地区地温场的特点。大地热流值由地温梯度与岩石热导率之积表示，即其与地温梯度及岩石热导率呈正比关系。

根据我国三次大地热流汇编数据，广东省内分布有29个热流测点。统计显示，广东大地热流处于$61.5 \sim 98.2 mW/m^2$，平均$74.0 mW/m^2$，高于全国大陆地区实测热流值平均值（$60.9 \pm 15.5 mW/m^2$）。广东省茂名市北部的大地热流值最高，达$98.2 mW/m^2$，其次为中部阳江-江门-惠州-汕尾一带，大地热流值一般在$70 \sim 80 mW/m^2$，而粤北和西南部雷州半岛，除零星地区，大地热流值大部分都小于$70 mW/m^2$。根据目前大地热流测量数据，除大体广东省大地热流总体呈现中间高南北低的趋势。

广东省地温梯度总体呈现东北低、西南高的趋势，其中湛江市、茂名市地温梯度一般大于$3.0 ℃/hm$，超过了我国南方现今陆域地温梯度平均值$2.41 ℃/hm$，而粤东、粤北地区地温梯度值均小于$2.5 ℃/hm$，与我国南方现今陆域地温梯度平均值相当。

根据广东省地热资源显示现状（水热型地热田）对照地热背景分析表明，地热田分布位置及其地热流体温度与断裂构造和岩浆岩活动关系密切，而相对高温的地热流体与有利的深部构造、大地热流及地温梯度特征等地热背景的对应关系却不是很强。如梅州丰顺、潮州东山湖、河源和平等处均出露$90 ℃$以上地热流体，但其所处位置的大地热流值仅为$60 \sim 70 mW/m^2$；再如惠州黄沙洞地热田，地热流体温度达$118.2 ℃$，该处大地热流值也仅是处于$60 \sim 70 mW/m^2$。反观断裂构造与岩浆岩活动，省内大部分地热田均与两者直接相关，大于$90 ℃$地热田的发育形成都是受深大断裂控制和影响。据此认为，对于广东省水热型地热资源背景和成因以及开发利用的研究应更倾向于其与断裂构造，特别是深大断裂和岩浆岩活动特征方面；而深部高温地热资源（如干热岩）的研究则更可着眼于深部构造、大地热流及地温梯度等背景条件。当然，将一省之范围置于更大区域背景，如全国去研究其地热，则深部构造、大地热流及地温梯度等条件应发挥更大的作用，纵观广东、云南、福建等地热资源大省所处有利的地热背景就是最现实的例证。

（二）地热资源热储形成及分布特征

结合全省地热资源显示现状和上述地热背景及地热地质条件分析，广东省地热资源热储形成及分布特征总体体现于如下几点：

（1）热储的形成及地热田的分布与断裂构造活动密切相关。该省大部分隆起山地型地热田沿深大断裂带呈线状（串珠状）分布，主要出露于深大断裂轴线及其附近以及断裂交汇部位；其余则多分布于各深大断裂之间位置，局部上受衍生的次一级北西向断裂或羽状断裂群影响。

（2）地热田的分布与岩浆侵入活动相关。在区内315处隆起山地型地热田中，有132处（占42.4%）分布于出露的岩浆岩体中部及边缘、后期入侵的岩脉附近或岩体与围岩的接触带上。这其中还没考虑被沉积岩层覆盖但极可能与地热有关的隐伏岩体。

（3）广东沉积盆地型地热资源主要分布于三处地热田中，分别为湛江市雷州半岛沉积盆地型地热田、茂名市茂名沉积盆地型地热田及汕头市澄海沉积盆地型地热田，含水层受深部热源热量传导形成孔隙型层状热储层，具多元结构特点。雷州半岛沉积盆地地热田基底交叉断裂发育，且形成多处断陷，其热储的形成主要受基底断裂控制；茂名沉积盆地地热田主要受北东向吴川-四会深断裂带西支控制；澄海沉积盆地地热田受北东向汕头-惠来深断裂带控制。

（4）隆起山地型地热资源成因机制：大气降水、地表水体或常温地下水通过基岩裂隙下渗，在深循环过程中汲取正常或偏高地热背景下被深部热流加热的岩石热量，在适当位置（如遇贯通地表与深部的断层裂隙）上升出露或经人为工程揭露而显示。

（5）沉积盆地型地热资源成因机制：盆地下部孔隙水含水层富水性较好，受大气降雨和上部含水层地下水补给，并接受基底岩石传递的大地热流量和沿基底断裂裂隙上涌的深部地热流体的热传递而形成热储。

（三）地热资源类型

广东省地热资源丰富，目前该省已查明的地热田共有318处，温泉的数量仅次于西藏、云南，居全国第三位。该省地热资源按地貌结构特征可划分为隆起山地型、沉积盆地型两大类型（图2.2）。

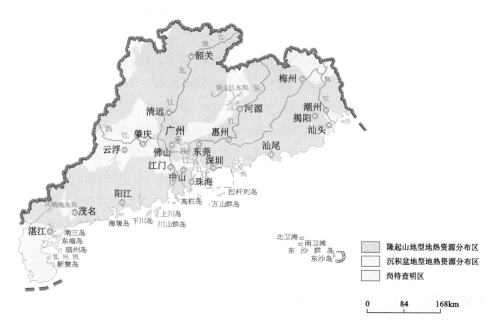

图 2.2　广东省地热资源类型分区图

1.隆起山地型地热资源分布及其特征

1）地热资源显示现状

广东省隆起山地型地热资源分布十分广泛，在粤北山地、粤西山地台地、粤东山地丘陵、粤中及南部地区均有地热显示，遍布于全省21个地级行政区。广东省地热资源主要为水热型，地热流体温度25~118℃，高温地热资源未见显示。

　　隆起山地型地热田中，流体温度25～40℃的地热田68处，约占总数的21.6%；40～60℃的地热田152处，约占总数48.3%；60～90℃的地热田83处，约占总数26.3%；大于90℃的地热田12处，约占总数3.8%。此外，统计结果表明，区内出露（揭露）地热流体温度多在40～70℃，次为70～90℃和25～40℃，大于90℃为少数。

　　从区域上分析统计，粤东和粤北地区地热资源分布最多，分别有地热田124处和86处，占隆起山地型地热田总数的39.37%和27.30%；其次为粤西南一带，有地热田70处，占隆起山地型地热田总数22.22%；粤中地区地热田分布较少，有地热田35处，占隆起山地型地热田总数11.11%。

　　按地级行政区划统计，韶关市隆起山地型地热田分布最多，达70处，占隆起山地型地热田总数的22.22%；其次为河源市和梅州市，分别有隆起山地型地热田37处和31处，占隆起山地型地热田总数11.75%和9.84%；湛江市隆起山地型地热田最少，仅两处，占隆起山地型地热田总数0.64%。

　　2）热储类型及特征

　　隆起山地型地热资源热储类型分两类，主要为裂隙型带状热储，遍及全省各地；其次是岩溶裂隙型层状热储，相对集中分布于粤北岩溶石山地区，粤西阳春和珠江三角洲有小面积分布。

　　其中构成裂隙型带状热储的介质可分两类，一为岩体，主要为岩浆活动形成的侵入岩，时代有加里东期、海西、印支、燕山、喜马拉雅期，岩性有超基性岩、基性岩、中性岩、中酸性岩、酸性岩、超酸性岩和碱性岩等，其中以酸性花岗岩类占绝对优势，次为中酸性二长花岗岩、花岗闪长岩、石英闪长岩；二为岩层，主要为白垩系和古近系、新近系沉积的红色系列碎屑岩层，多由河流相和湖相的泥砂质岩石所组成，古近系、新近系夹玄武岩、粗面岩、流纹岩和火山碎屑岩，属幔源分异型岩浆演化系列，地貌上构成红层盆地，岩层总厚一般3000～6000m。裂隙型带状热储中部温度一般80～140℃，最高达192℃，最低为48℃。

　　岩溶裂隙型层状热储介质由泥盆系和石炭系碳酸盐岩和碳酸盐岩夹碎屑岩构成，岩性主要为石灰岩、白云岩、白云质灰岩、泥质及碳质灰岩等，隐晶-细晶结构，层状构造，岩层厚度变化较大，总厚一般920～3350m。热储中部温度一般70～120℃，最高达134℃，最低55℃。

2.沉积盆地型地热资源分布及其特征

　　广东沉积盆地型地热资源主要分布于三处地热田中，分别为粤西的雷州半岛沉积盆地型地热田、茂名沉积盆地型地热田以及粤东的澄海沉积盆地型地热田，均为孔隙型层状热储。

　　1）雷州半岛盆地型地热田

　　雷州半岛位于广东省西南部，大地构造位置属华南褶皱系雷琼断陷盆地与华南褶皱系粤西隆起云开大山隆起南部，区内隐伏基底断裂发育，区域构造格架主要由北东向及北西向交叉基底断裂组成，次为东西向及南北向基底断裂。雷州半岛盆地是广东分布面积最大、地下水资源最丰富的盆地，而且也是一个储藏有丰富地热资源的断陷盆地。雷州半岛第四系、古近系、新近系沉积非常深厚，基底凸凹相间，沉积厚度北部约300～800m，盆地中心沉积厚度最大达5000m。

　　根据目前现有勘查资料和热储温度，在区域上可将雷州半岛盆地地热田热储分为两个热储层段：第一层段200～380m，主要热储层为第四系下更新统湛江组（Qz）砂砾层，位于遂溪县城至徐闻县海安之间，其热储温度平均为36℃；第二层段380～1000m，主要热储岩性为第四系下更新统湛江组（Qz）、新近系中新统下洋组（Nx）含水层及古近系渐新统涠洲组（Ew）砂砾层，位于雷州市唐家镇、遂溪县岭北镇、坡头区乾塘镇一线以南,热储温度平均46℃。每一热储层段又由多个单层含水砂砾层组成,湛江组和下洋组热储层分布较广、厚度较大,为盆地内主要热储层。

热储盖层岩组多样,岩性变化也大,且不同地段盖层数量、厚度、岩性亦不同。盆地热储盖层主要包括第四系全新统的曲界组(Qq)冲洪积层、灯笼沙组(Qdl)海积层、中更新统北海组(Qb)冲洪积层、下更新统湛江组(Qz)海陆交互相沉积层及新近系中新统下洋组(Nx)滨海-浅海相沉积层等地层的黏性土层。

2)茂名盆地型地热田

茂名盆地位于广东省茂名市,受吴川-四会深断裂带与信宜-廉江大断裂的横张断裂所控制,呈北西向展布,是一个总体向北东倾斜的断陷盆地,由白垩系、古近系、新近系岩层所组成,岩性主要为砾石、中粗砂、含砾砂质土等,局部夹砂岩、砾岩或半固结岩。

茂名盆地热储分为两个热储层:第一热储层为古近系、新近系高棚岭组和老虎岭组(即第一承压含水层组)中下部松散岩类孔隙承压含水层,岩性是以粗碎屑物为主的砾石、砂粒、含砾砂质黏土,局部夹砂砾岩,分布于盆地中部偏北地段,顶板埋深一般300~900m,最大达1200m多,平均厚度约660m,热储温度平均为50℃;第二热储层为古近系、新近系上新统黄牛岭组(N_1h)中下部承压孔隙水含水层,广泛分布于茂名盆地,是盆地内主要热储层,具有厚度大、层位稳定、分布面积广、储水与储热性能好等优点,顶板埋藏在200m以深,由盆地边缘向中心逐渐增大,最大达1800m余,厚度25~250m不等,热储温度平均为70℃。

盆地热储-盖层主要有两类:一是渐新系高棚岭组和老虎岭组中的黏性土夹层,单层一般厚数米至十数米,已揭露最大厚度者达150m;二是渐新系尚村组泥岩,其热导率低、透水性差、厚度大、分布广,是本区热储的最主要热盖层,绝大部分隐伏于盆地,顶板埋深最大达1400m余,最大厚度494m、平均388m。

3)澄海盆地型地热田

分布于莲下镇涂城东南,属韩江三角洲冲积及海积阶地地貌,地形平缓,为近期地下水勘查时发现,暂时圈定面积约28.48km²;揭露地层单一,为第四系全新统和上更新统的海相和陆相松散沉积,岩性为黏土、粉质黏土、粉土、砂、砾砂及砾石等,其中砂土单层厚度变化大,从数十厘米到十数米不等。热储层含水介质主要为粗砂、砾砂及中砂,属孔隙承压水含水层,顶板埋深42~91m,厚度2.5~27.0m不等,热储温度平均40℃。

二、地热资源量

广东省地热资源分隆起山地型和沉积盆地型两大类。全省地热资源总量为2.33×10^{17}kJ,热流体可开采量为1.48×10^{9}m³/a(沉积盆地型采用系数法计算)、2.06×10^{9}m³/a(沉积盆地型采用回灌法计算),地热流体可开采热量1.37×10^{14}kJ/a(沉积盆地型采用系数法计算)、1.89×10^{14}kJ/a(沉积盆地型采用回灌法计算)。主要热储层地热资源分布特征见图2.3。

(一)隆起山地型地热资源量

包括地热资源量、地热流体可开采量、地热流体可开采热量三种。其中地热资源量1.21×10^{17}kJ,

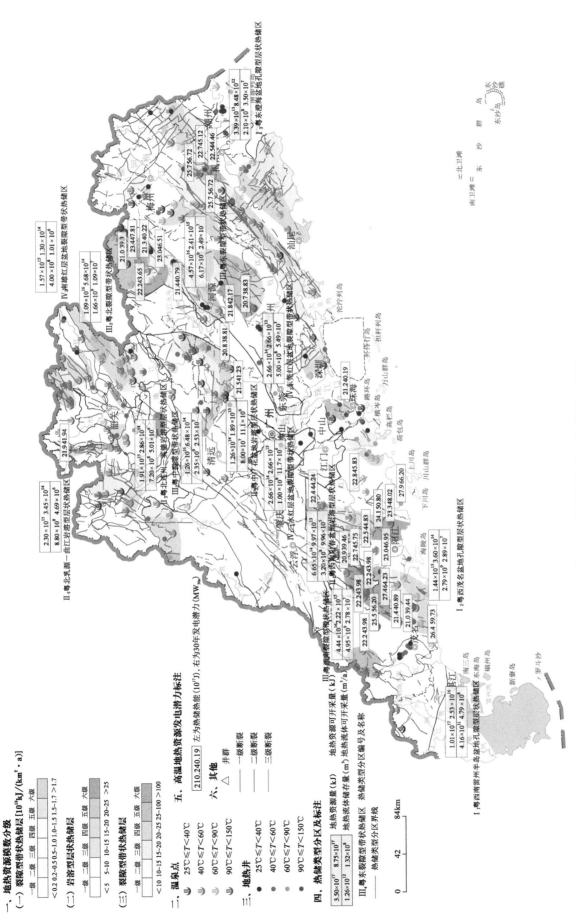

图 2.3 主要热储层地热资源分布图

地热流体可开采量$1.03 \times 10^8 \mathrm{m}^3/\mathrm{a}$，地热流体可开采热量$1.69 \times 10^{13} \mathrm{kJ}/\mathrm{a}$。

（二）沉积盆地型地热资源量

包括地热资源量、地热资源可开采量、地热流体储存量、地热流体可开采量及热量（开采系数法计算）、考虑回灌条件下地热流体可开采量及热量七种。地热资源量$1.13 \times 10^{17} \mathrm{kJ}$，地热资源可开采量$2.83 \times 10^{16} \mathrm{kJ}$，地热流体储存量$5.48 \times 10^{11} \mathrm{m}^3$，地热流体可开采量$1.37 \times 10^9 \mathrm{m}^3/\mathrm{a}$、地热流体可开采热量$1.20 \times 10^{14} \mathrm{kJ}/\mathrm{a}$，考虑回灌条件下地热流体可开采量$1.96 \times 10^9 \mathrm{m}^3/\mathrm{a}$、考虑回灌条件下地热流体可开热量$1.72 \times 10^{14} \mathrm{kJ}/\mathrm{a}$。

对比开采系数法计算和考虑回灌条件下的地热流体可开采量及热量可知，考虑回灌条件下的地热流体可开采量及热量较开采系数法计算的可增加42%。

三、地热流体地球化学特征

（一）地热流体水化学类型

广东省地热流体水化学类型主要有五种，即$HCO_3\text{-}Na$、$HCO_3\text{-}Na \cdot Ca$、$HCO_3\text{-}Ca$、$SO_4\text{-}Ca$及$Cl\text{-}Na$型水。此外，局部地区还零星分布有$HCO_3 \cdot SO_4\text{-}Ca$、$HCO_3 \cdot SO_4\text{-}Na$、$SO_4 \cdot HCO_3\text{-}Na \cdot Ca$、$Cl\text{-}Na \cdot Ca$等水化学类型的地热流体（图2.4）。

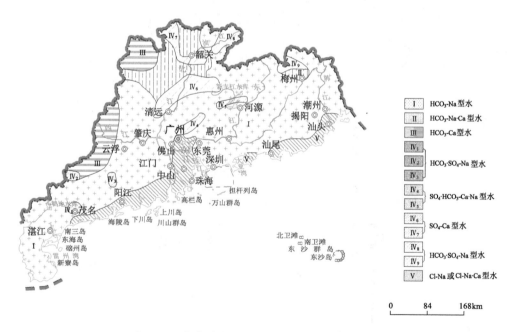

图 2.4　广东省地热流体水化学类型分区图

图2.4显示，广东省内$HCO_3\text{-}Na$型地热流体最为常见，粤西、粤中、粤东均有大面积分布，粤北局部地区也可见该类型地热流体。$HCO_3\text{-}Ca$型主要分布于粤西的罗定、封开一带及粤北的连州地区。在粤中的清新—英德—翁源一线、龙门—东源一线、广州北部—从化南部一线、粤北的乐昌—乳源—曲

江一线、南雄、粤东的平远等地区还分布有SO_4–Ca、$SO_4·HCO_3$–$Ca·Na$、$HCO_3·SO_4$–Na型。此外，在粤西的阳春、茂名，粤东北的平远也零星分布有$HCO_3·SO_4$–Na型水。Cl–Na及Cl–$Na·Ca$型则主要集中分布于沿海地带，呈条带状展布，分布地区自西向东分别有电白、阳西、阳东、台山、中山、广州、汕尾、惠来、汕头等地。

总体而言，广东省地热流体水化学类型在内陆地区以重碳酸盐型为主，向沿海地区逐渐过渡为以氯化物型为主，局部地区还赋存有硫酸盐型地热流体。

（二）地热流体的TDS特征

TDS在沿海地区具有与Cl^-相似的变化规律，即从内陆往沿海地区，TDS迅速增大，并在茂名市的电白县出现高值中心，最高值达7600mg/L，属咸水；在粤北地区则表现出与SO_4^{2-}相似的变化规律，并在韶关市出现高值中心，最高值达1860mg/L，属微咸水；而在其他地区则表现出与HCO_3^-相反的变化规律，即在HCO_3^-高值中心区，TDS值往往较小。由此可见，广东省地热流体的矿化度与化学成分关系密切，高矿化度的水以氯离子为主，中等矿化度的水以硫酸根离子为主，低矿化度的水则以重碳酸根离子为主（图2.5）。

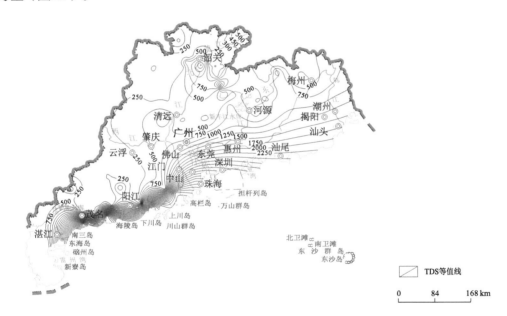

图 2.5　广东省地热流体中 TDS 等值线图（单位：mg/L）

（三）各类水质用途的地热流体分布规律

1.理疗热矿水

据已有相关水质资料的173个水样中，地热流体符合理疗热矿水条件（不含温度、矿化度指标）的有165处，占95.4%，可组成28个热矿水类型，流体总可开采量18.47×10⁴m³/d。氟水、硅水组合是最多的类型，有69处、占41.8%；其次为氟水，有32处、占19.4%；再次是偏硅酸有医疗价值类型，有九处，占5.5%。氟达到有医疗价值浓度或以上（含氟水、硅水组合型）的地热流体分布最为广泛，几乎遍及全省范围，相对集中于粤北、粤东、粤西及珠三角北部，可开采量$14.19 \times 10^4 m^3/d$；次为偏硅酸达有理疗价值浓度或以上（含氟水、硅水组合型）的地热流体，主要分布于粤北地区，粤东河源市、惠州市、梅州市北部，珠三角中山、珠海及深圳，粤西茂名市信宜等地，可开采量$13.5 \times 10^4 m^3/d$。其余达到有医疗价值浓度或以上的还有溴、锂、氡、锶、偏硼酸等项目，该类地热流体零星分布于沿海一带，可开采量合计为$5.18 \times 10^4 m^3/d$。

2.工业原料提取物

在当前所检测的地热流体的各项指标浓度均小于工业提取标准，即在目前的勘查精度条件下，广东省尚未发现可提取工业原料的热矿水。

3.天然饮用热矿泉水

广东目前共发现有偏硅酸型，偏硅酸、锶型，偏硅酸、锶、溶解性总固体型，偏硅酸、锶、溶解性总固体、锂型，锶型和锶、锂、溶解性总固体型六种类型天然饮用热矿泉水。

饮用热矿泉水主要分布在粤北至珠三角、粤西地区，其中偏硅酸型饮用热矿泉水主要分布于韶关市翁源县北部、肇庆市西缘、湛江市雷州半岛盆地、茂名盆地及阳江市等地；偏硅酸、锶型饮用热矿泉水分布于韶关市、英德市；锶、锂、溶解性总固体型饮用热矿泉水分布于珠海市-茂名市沿海一带；偏硅酸、锶、溶解性总固体型饮用热矿泉水仅两处，分别在翁源县和广宁县；偏硅酸、锶、溶解性总固体、锂型饮用热矿泉水仅于韶关市区南侧发现一处；锶型饮用热矿泉水亦是仅发现一处，在连州市北侧。

4.农田灌溉用水

地热流体完全符合农田灌溉水质标准的地热田有32处，主要分布于粤西、粤北和珠三角地区；不符合农灌水质要求的地热流体遍布隆起山地地热资源分布区，超标项目主要是氟、其次为溶解性总固体，其他超标项目还包括pH、氯化物及砷。

5.渔业用水

根据当前地热流体水质检测资料和有关规范，能参与渔业用水水质评价项目的只有pH、溶解氧、砷和氟四项。评价结果显示，全省地热流体的pH、溶解氧均符合渔业用水要求；砷超标的地热流体仅存于两处地热田中，分别为韶关市武江区重阳镇暖水村地热田和南雄市乌径镇大岭背地热田；而绝大部分地热流体中氟浓度超出渔业用水标准。

四、地热资源开发利用历史及现状

（一）地热资源开发利用沿革

广东是全国地热资源最丰富和地热资源开发利用较早的省份之一。广东省地热资源开发利用具有悠久的历史，在唐宋时期就有从化温泉、惠州汤温泉、潮州东山湖温泉等闻名于世，从化温泉和中山温泉是该省乃至我国最早利用地下热水资源建立疗养基地和发展旅游产业的典型，为带动广东地热资源开发、地方经济发展树立了榜样。该省地热资源的开发利用新中国成立前是民用阶段，温泉所在地人民用来洗身、烫鸡鸭等，开发程度较低；新中国成立后，特别是改革开放以来，在市场需求的推动下，地热资源得到了更进一步的开发，以温泉开发为龙头并带动旅游、度假、休闲、保健、娱乐和房地产业等蓬勃发展的"温泉经济"已逐渐成为广东新经济增长的一大亮点。1970年12月12日，广东利用丰顺邓屋地热资源建立了我国第一座地热试验电站，装机容量86kW，开创了降压发电新方法，填补了我国地热发电的空白。1982年，又建成一台容量为300kW的单级闪蒸系统汽轮发电机组。

（二）地热资源开发利用现状

目前已开发利用的地热田达155处，地热资源已广泛应用于发电、发展旅游、医疗保健、休闲娱乐、洗浴、游泳、农业灌溉及育种育秧、水产养殖、漂染、矿泉水生产、房地产开发等各个领域。其中最具历史意义和具有划时代意义的除了地热发电外，以开发温泉发展疗养、旅游、房地产业等最为突出。尚未开发的地热田163处，其中被废弃或淹没的荒废地热田有34处。

据统计，广东省地热资源流体已开采量$1.37 \times 10^8 m^3/a$，已开采热量$1.41 \times 10^{13} kJ/a$，占全省可开采量和热量的6.6%和7.5%，其中：隆起山地型地热资源已开采热量$7.66 \times 10^{12} kJ/a$；沉积盆地型地热资源已开采热量$6.47 \times 10^{12} kJ/a$。已开发利用的地热田中超过92%的利用方向为旅游疗养和温泉概念房地产项目，各种温泉度假村、酒店、旅馆分布在全省各个市县，为地方带来了非常好的社会效益和经济效益。至2013年年底，被授予"中国温泉之城"或"中国温泉之乡"称号的有清远市、恩平市、龙门市、阳江市、和平县和新兴县。该省的主要三个沉积盆地地热资源丰富，水质良好，茂名、湛江低温地热田更是蕴藏了丰富的可饮用矿泉水资源，湛江雷州半岛沉积盆地型地热田的地热资源除大量开发温泉旅游休闲项目外，还广泛用于生活饮用、农田灌溉、养殖及工业等领域。

丰顺邓屋地热发电站至今运行良好，每天地热流体开采量约5000m³，每天发电量约5000kW，并入了国家电网。

地热资源的开发利用在广东虽然开展得早，但地热资源利用主要是地热流体的直接一级利用，除了第一个地热电站外，总体上未能作为能源资源进行开发利用；大多数开发单位在一次利用后就直接排放，地热资源与能源浪费严重；中高温地热资源未得到科学和梯级综合利用；工业上的间接利用如地热发电、地源热泵、地热制冷、地热干燥、地热供暖等相关产业还需进一步促进和发展。因此，在广东省的资源利用领域，地热能所占的比例十分有限，仍然需要各方面大力支持地热事业的发展，提高地热能这种清洁的、可再生能源在全省能源结构中的比重。

（三）地热资源开发利用技术状况

近期，广东在地热发电、地热制冷方面做了一些新尝试，地源热泵技术的应用也处在起步和发展阶段，其主要技术状况如下：

1.地热发电

我国第一座地热发电站——广东丰顺邓屋地热电站初期采用的是一级闪蒸地热发电系统，其核心技术是适用于闪蒸工质的动力系统的研制与成套设备的优化设计。后来又增建了一座300kW的双循环地热发电机组，其核心技术除了上述内容还有高效换热器的设计与制造技术。地热发电的关键技术指标就是单位热水的发电量，邓屋地热电站的发电量为1.5kW·h/t（每吨热水每小时发电量为1.5kW），与国际领先水平的2.0kW·h/t还存在差距。

2.地热制冷

地热制冷主要是采用吸收式制冷装置。我国于20世纪60年代即开始研究吸收式制冷技术，广东于80年代初开始研制适用于中低温地热水的两级溴化锂吸收式制冷机组。其技术水平在80年代就已达到国内首创、国际领先水平。目前已经陆续成功研制了350kW、200kW、100kW、70kW、20kW、10kW等系列溴化锂吸收式制冷机。其小型制冷机组和两级吸收式制冷机组技术始终在国内保持领先水平。吸收式制冷机的关键技术指标是制冷效率（COP），当前所开发的两级吸收式制冷机的COP可达到0.38，与国际领先水平的0.4差距不大，可以说基本上保持了国际领先的水平。

3.地源热泵

地源热泵技术在国际上已经发展了上百年，从动力源来分类，可以分为机械压缩式热泵和吸收式热泵。随着近20年来国内研究地源热泵的热潮，目前广东的地源热泵产业也逐渐发展壮大起来。广东地源热泵企业主要是生产压缩式热泵，广泛使用的是螺杆压缩机。转子型线的设计是压缩机的关键技术，在螺杆压缩机中，转子的型线及加工精度决定着压缩机的性能。目前广东热泵企业除了个别企业采用自主研发的压缩机以外，大部分所用的压缩机是外购的，也就是说并没有掌握核心技术，地源热泵的生产仍然是以零部件组装为主。

（四）地热资源潜力

全省地热资源地热流体可开采量$2.06 \times 10^9 m^3/a$，已开采量$1.37 \times 10^8 m^3/a$，盈余量$1.92 \times 10^9 m^3/a$；可开采热量$1.89 \times 10^{14} kJ/a$，已开采热量$2.06 \times 10^{13} kJ/a$，盈余热量$1.75 \times 10^{14} kJ/a$。盈余量与地热资源的丰富程度及开采程度有关，盈余量越大，则地热资源开采潜力就越大。地热资源盈余量最多的地级市是湛江市，境内分布雷州半岛沉积盆地型大型地热田和廉江市的两个隆起山地型地热田，总地热流体可开采量$1.93 \times 10^9 m^3/a$，地热流体可开采热量$1.68 \times 10^{14} kJ/a$（占全省的89%以上），已开采量$9.19 \times 10^7 m^3/a$，已开采热量$6.33 \times 10^{12} kJ/a$，盈余量$1.84 \times 10^9 m^3/a$，盈余热量$1.62 \times 10^{14} kJ/a$，开采潜力十分巨大；次为茂名市，分布有省第二大沉积盆地型地热田，还包括信宜、电白、高州等地隆起山地型地热田，全市地热流体可开采热量$4.16 \times 10^{12} kJ/a$，已开采热量$2.57 \times 10^{11} kJ/a$，盈余热量$3.90 \times 10^{12} kJ/a$。全省隆起山地型地热资源盈余量较多的有阳江市、韶关市、清远市和梅州市等地。当然，此次分析和列出的潜力（盈余量）是基于现有的地热勘查精度和研究水平，地热资源潜力还可以通过加大地热资源勘查精度和开发利用研究力度来获得提高。

第二节 温 泉

GDQ001 新丰扬康温泉

位置：潮州市饶平县新丰镇扬康村。井口高程68m。

概况：S334省道与乡镇道路相通可至。温泉位于河床边缘，河床两侧有侏罗系、白垩系碎屑岩分布，四周植被发育。当地人家多施工有浅井，井口水温63.5℃，流量200m³/d。该温泉赋存于燕山期黑云母花岗岩裂隙之中，受北西向断裂构造控制，热储为带状。

水化学成分：根据收集的水质分析资料，地热流体水化学成分见表2.1。

表2.1 新丰扬康温泉化学成分 （单位：mg/L）

T_s/℃	pH	TDS	Na^+	K^+	Ca^{2+}	Mg^{2+}
63.5	8.3	374	na.	na.	na.	na.
Li	Rn/(Bq/L)	Sr	NH_4^+	CO_3^{2-}	HCO_3^-	SO_4^{2-}
na.	na.	na.	na.	na.	na.	na.
Cl^-	F^-	CO_2	SiO_2	HBO_2	As	化学类型
na.	12	na.	na.	na.	na.	SO_4–Na

注：T_s.取样温度；TDS.溶解性总固体量，mg/L；各组分单位为mg/L；na.未分析，数据缺失；nd.未检出，下同。

开发利用：地热开采井主要供附近多家温泉山庄或浴场，用于洗浴、疗养用途（图2.6）。

图2.6 新丰扬康温泉

GDQ002 归湖温泉（荒废）

位置： 潮州市潮安县归湖镇韩江中。泉口高程108m。

概况： 归湖温泉热矿水赋存于燕山期花岗岩裂隙之中，受断裂构造控制，热储为带状。该温泉自流量为25m³/d，水温为46℃。现已被韩江淹没（图2.7）。

图 2.7　已被韩江淹没的归湖温泉

GDQ003 柘林温泉

位置： 广东省潮州市饶平县柘林镇南约800m海滩。地面高程2m。

概况： 有硬底化道路通至拓林镇。温泉出露于海积平原前缘，地势平缓，地表为海积松散砂土和黏性土，下伏燕山早期花岗岩。受北东断裂控制发育，泉水自流，呈股状涌出。泉口水温78℃，流量320m³/d。泉口沉积物有粉细砂。天然泉眼仍为自然状态。该泉赋存于燕山期黑云母花岗岩裂隙之中，热能为0.03MW。

开发利用： 目前仅供当地人洗浴。该温泉尚未被正式开发利用，现正准备投资开发，已施工两眼地热开采井（图2.8）。

图 2.8 柘林温泉

GDQ004 三水温泉（代表三个温泉）

位置： 广东省佛山市三水区芦苞镇长岐村三水温泉度假村。地面高程12m。

概况： 距广州约50km，靠近广州新机场，离广三高速公路三水出口仅20km，交通方便。井口水温42.3℃。流量59.63m³/h。温泉出露于第四系冲-洪积平原，表层覆盖物为砂质黏性土，砂砾等，未发现断裂带痕迹。长岐温泉有三处温泉出露，呈北东向带状分布，经正规水文地质勘查，成井两眼，孔深93.0～171.0m，热矿水赋存于石炭系下统石磴子组石灰岩裂隙溶洞之中，受此西向和北东向断裂构造控制，呈北东向带状分布。三水温泉度假村施工有三口热水井，据访最高水温可达44℃（现测得水温为42.3℃）。

水化学成分： 2013年11月4日采集水样进行水质检测（表2.2）。

表2.2　三水温泉化学成分　　　　　　　　　　（单位：mg/L）

T_S/℃	pH	TDS	Na⁺	K⁺	Ca²⁺	Mg²⁺
42.3	7.46	461.26	7.68	3.4	109.38	31.98
Li	Rn/(Bq/L)	Sr	NH₄⁺	CO₃²⁻	HCO₃⁻	SO₄²⁻
0.029	na.	0.54	0.4	0	496.71	29
Cl⁻	F⁻	CO₂	SiO₂	HBO₂	As	化学类型
9.56	0.43	21.18	20.41	<0.20	0.01	HCO₃-Ca·Mg

开发利用： 该地区已建成大型温泉度假村，占地约400亩，总建材面积约49.7×10⁴m²。该地热田的采矿权为佛山市三水金水湾投资有限公司所有，主要用途为抽水至三水温泉供游客洗浴、浸泡（图2.9）。

图 2.9　三水温泉

GDQ005 良口北溪温泉

位置： 广东省广州市从化市良口镇北溪村委暖水村，良口镇东北向约20km。地面高程205m。

概况： 可由G105国道至良口镇，再沿县道287，有乡道与县道相通，交通较便利。温泉出露于河边一级阶地上，受北东向恩平-新丰断裂和东西向佛冈-丰良断裂控制。四周植被发育，其上被第四系冲洪积层覆盖，覆盖物为粉质黏土，淤泥质黏土。泉口沉积物中有白色沉淀物，水温31.5℃，流量7m³/d。据访，温泉以往水温约40℃，适宜泡浴，但呈逐年下降趋势，于五年前曾有地质队想前来钻孔，但由于水温过低，最终放弃。

开发利用： 良口北溪温泉现已鲜有人利用，泉水自然排泄（图2.10）。

图 2.10　良口北溪温泉

GDQ006 碧水湾温泉（代表三个温泉）

位置： 广东省广州市从化市良口镇碧水湾温泉度假区，广州从化市北23km处流溪河边。地面高程56m。

概况： 在从化沿105国道直接北上即可抵达。温泉赋存于石炭系下流石磴子组石灰岩与燕山期黑云母花岗岩接触带中，受北西向和北东向断裂构造控制，温泉呈带状沿流溪河分布，原有三处上升温泉点。地热田已被开发利用，共有13个热矿水钻孔，由于经常抽水，原有温泉不再自流。平均水温50.9℃，属低温地热资源中的温热水。经长期开采，其水温下降1.3～5.5℃。主要开采井位于河道边上，表面盖层为砂质黏性土，砂砾等，下伏岩性为花岗岩，未发现断裂带痕迹。井口高程56m。井口水温55℃，流量6000m³/d。

水化学成分： 根据收集的水质分析资料，地热流体水化学成分见表2.3。

表2.3　碧水湾温泉化学成分　　　　　　（单位：mg/L）

$T_S/℃$	pH	TDS	Na^+	K^+	Ca^{2+}	Mg^{2+}
55	8.69	270	na.	na.	na.	na.
Li	$Rn/(Bq/L)$	Sr	NH_4^+	CO_3^{2-}	HCO_3^-	SO_4^{2-}
na.	na.	na.	na.	na.	na.	na.
Cl^-	F^-	CO_2	SiO_2	HBO_2	As	**化学类型**
na.	12	na.	na.	na.	na.	HCO_3-Na

开发利用： 碧水湾温泉度假村抽水供游客洗浴、浸泡，但并没有自主开采权，需向温泉管委会购买热泉水使用。度假村因临近广州，建设规模大、档次高、环境美，故游客多，生意红火。特别是节假日客房和浴池爆满，无处停车，经济效益较好（图2.11）。

图 2.11　碧水湾温泉

GDQ007 石坑温泉（代表两个温泉）

位置： 广东省广州市从化市温泉镇石坑村委伟下村。地面高程56m。

概况： 温泉有硬底化道路与S355省道相通，交通方便。温泉出露于第四系冲积平原，泉眼附近出露的表层盖物为砂质黏性土、黏土质砂砾等，四周植被发育。该地区原有两口天然泉眼出露，一处现今已钻探成井，呈自流状态，井口水温33.5℃，流量577m³/d；另一个已被填埋。该地区的七个热水井皆为地质队所施工。石坑温泉已经过水文地质勘查，赋存于石炭系下统砂页岩和石灰岩交界处之裂隙中，受恩平-新丰断裂构造控制，热储为带状。经备案批准的C级储量为1176m³/d，热能为0.797MW。

水化学成分： 根据收集的水质分析资料，地热流体水化学成分见表2.4。

表2.4　石坑温泉化学成分　　　　（单位：mg/L）

T_s/℃	pH	TDS	Na^+	K^+	Ca^{2+}	Mg^{2+}
33.5	7.3	210	na.	na.	na.	na.
Li	Rn/(Bq/L)	Sr	NH_4^+	CO_3^{2-}	HCO_3^-	SO_4^{2-}
na.	na.	na.	na.	na.	na.	na
Cl^-	F⁻	CO_2	SiO_2	HBO_2	As	化学类型
na.	4	na.	na.	na.	na.	HCO_3-Na

开发利用： 石坑温泉因水温低，目前还未被广泛开发利用，主要用途为养殖观赏鱼和青蛙（图2.12）。

图 2.12　石坑温泉

GDQ008 高滩温泉（代表五个温泉）

位置： 广东省广州市增城市派潭镇高滩温泉大酒店内。地面高程47m。

概况： 有S355省道与硬底化道路相通至泉点，交通便捷。高滩温泉热矿水赋存于石炭系下统石磴子组石灰岩裂隙溶洞之中，受北西向和北东向断裂构造控制，温泉热储呈带状发育。泉眼被第四系所覆盖，表层覆盖物为砂砾、黏土质砂、砂质黏性土等，现为高滩温泉酒店的"龙池"，现水温60℃，自流量203.04m³/d。据访，该泉眼仍呈自流状，但由于出水量过少，故并不是高滩温泉酒店的主要供水来源。该泉原有五处泉眼，自流量170m³/d，水温37～56℃。成井三眼，孔深83.00～177.10m。

水化学成分： 2013年10月25日采集水样进行水质检测（表2.5）。

表2.5　高滩温泉化学成分　　　　　　（单位：mg/L）

T_S/℃	pH	TDS	Na+	K^+	Ca^{2+}	Mg^{2+}
55	7.66	263.68	28.13	3.62	40.17	1.17
Li	Rn/(Bq/L)	Sr	NH_4^+	CO_3^{2-}	HCO_3^-	SO_4^{2-}
0.055	1.1	0.43	0.02	0	136.33	41.76
Cl^-	F^-	CO_2	SiO_2	HBO_2	As	化学类型
5.21	4.9	4.24	69.65	<0.2	0.029	HCO_3–Ca·Na

开发利用： 高滩温泉开发商在高滩温泉东部半山腰处修建温泉度假村，将高滩温泉水抽送至度假村保温蓄水池，供各用水点使用。温泉度假村处于山林之中，原生态环境优美，风景秀丽，各类建筑物和温泉池具有华南小巧玲珑建筑风范。由于其距广州、东莞较近，游客特别多，生意红火（图2.13）。

图 2.13　高滩温泉

GDQ009 上坪热水温泉

位置：广东省河源市龙川县上坪镇热水村中，上坪镇东北侧约3.96km。地面高程270m。

概况：从省道S227有乡道相通，方便交通。热水温泉口附近水温82.8℃。流量480m³/d。上坪热水温泉热矿水赋存于燕山期黑云母花岗岩裂隙之中，受龙川-河源断大裂构造控制，热储为带状。温泉出露于丘陵谷地中，周围地形起伏，植被发育。下伏地层岩石为花岗岩（$J_3\gamma$）。该处有三个主要泉眼，泉水呈股状涌出，沿北西排列。泉口主要有粉砂沉积。村内亦有数口地热井，深度仅5~10m，自流量较大。

水化学成分：2013年10月27日采集水样进行水质检测（表2.6）。

表2.6　上坪热水温泉化学成分　　　　　　（单位：mg/L）

T_s/℃	pH	TDS	Na⁺	K⁺	Ca²⁺	Mg²⁺
82.8	8.37	385.01	96.75	6.43	7.08	0.92
Li	Rn/(Bq/L)	Sr	NH₄⁺	CO₃²⁻	HCO₃⁻	SO₄²⁻
0.339	2.8	0.07	0	15.93	132.28	35.17
Cl⁻	F⁻	CO₂	SiO₂	HBO₂	As	化学类型
15.64	17.24	0	123.68	<0.2	0.002	HCO₃-Na

开发利用：上坪热水温泉为轻度小型开发，村内建有公共浴池，供当地居民日常洗涤。另有数家营业性小型浴馆，抽取温泉供客人洗浴、洗涤。上坪热水温泉开发程度为小型，个体经营，经济效益一般（图2.14）。

图 2.14　上坪热水温泉

GDQ010 店下温泉

位置： 广东省河源市龙川县麻布岗镇店下村南稻田中。地面高程258m。

概况： 可由S227省道直接抵达，在省道S227公路旁，步行20m可至泉点。店下温泉水温35.4℃，流量48m³/d。店下温泉出露于丘陵山谷稻田中，有一条小溪流过，处于侏罗系（J_2j）和震旦系（Z_2b）分界附近，受河源大断裂控制，热矿水赋存于三叠系—侏罗系火山岩裂隙之中。泉水清澈，四周植被发育茂盛，泉口沉积物中有粉细砂。

水化学成分： 2013年11月13日采集水样进行水质检测（表2.7）。

表2.7　店下温泉化学成分　　　（单位：mg/L）

$T_s/℃$	pH	TDS	Na^+	K^+	Ca^{2+}	Mg^{2+}
35.4	8.59	264.88	69.15	3.36	4.05	0.92
Li	Rn/(Bq/L)	Sr	NH_4^+	CO_3^{2-}	HCO_3^-	SO_4^{2-}
0.198	6.7	0.06	0	9.29	109.33	4.85
Cl^-	F^-	CO_2	SiO_2	HBO_2	As	化学类型
12.16	18.73	0	87.61	0.27	<0.001	HCO_3-Na

开发利用： 温泉天然出露，未经开发，当地居民砌成一长方形水池，供洗涤用途，无经济效益（图2.15）。

图 2.15　店下温泉

GDQ011 上盘村北温泉

位置：广东省河源市龙川县贝岭镇上盘村北，距158县道约30m。地面高程262m。

概况：有S227省道与158县道相接，交通较方便。泉口水温71.1℃，流量115m³/d。热矿水赋存于二叠系上统石英砂岩和混合岩裂隙之中，受河源大断裂构造控制，温泉出露于丘陵谷地山坡，四周地形起伏，山上植被发育，地层岩石为元古宇混合花岗岩（Pzmi）。受大气降雨补给，泉水自流，呈股状涌出，泉水清澈，汇入东面小溪向南排泄。

水化学成分：根据收集的水质分析资料，地热流体水化学成分见表2.8。

表2.8   上盘村北温泉化学成分   （单位：mg/L）

$T_s/℃$	pH	TDS	Na^+	K^+	Ca^{2+}	Mg^{2+}
71.1	8.5	365	na.	na.	na.	na.
Li	Rn/(Bq/L)	Sr	NH_4^+	CO_3^{2-}	HCO_3^-	SO_4^{2-}
na.	na.	na.	na.	na.	na.	na.
Cl^-	F$^-$	CO_2	SiO_2	HBO_2	As	化学类型
na.	23	na.	na.	na.	na.	HCO_3-Na

开发利用：泉口沉积物中有少量硅化现象。温泉尚未被合理有效地开发利用，仅利用简易钢管引热泉，免费供给附近村民作屠宰家禽、家畜，洗浴，洗涤（图2.16）。

图 2.16   上盘村北温泉

GDQ012 上盘村温泉

位置： 广东省河源市龙川县贝岭镇上盘村中，距158县道约200m。地面高程258m。

概况： 有S227省道与158县道相接，交通方便。泉口水温70.7℃，流量132m³/d。热矿水赋存于二叠系上统石英砂岩和混合岩裂隙之中，受河源大断裂构造控制，温泉出露于丘陵谷地，地形起伏，山上植被发育，下伏岩性为元古宙混合岩（Pzmi），泉口沉积物中有少量硅化现象，泉水清澈，自流。泉眼处已安装一条钢管，水头高1.2m，管旁有少量泉水溢出。

水化学成分： 2013年11月13日采集水样进行水质检测（表2.9）。

表2.9 上盘村温泉化学成分　　　　　　　（单位：mg/L）

T_s/℃	pH	TDS	Na^+	K^+	Ca^{2+}	Mg^{2+}
70.7	8.66	352.63	89	5.32	3.04	0.92
Li	Rn/（Bq/L）	Sr	NH_4^+	CO_3^{2-}	HCO_3^-	SO_4^{2-}
0.31	1.1	0.05	0	18.59	126.88	4.85
Cl^-	F^-	CO_2	S_iO_2	HBO_2	As	化学类型
19.12	21.33	0	127.02	0.27	<0.001	HCO3-Na

开发利用： 温泉尚未被合理有效地开发利用，仅利用简易钢管和管道引热泉，免费供给附近村民作屠宰家禽、家畜，洗浴，洗涤（图2.17）。

图 2.17　上盘村温泉

GDQ013 含水温泉

位置： 广东省河源市龙川县贝岭镇含水村矿坑中（虎瓜湾），贝岭镇东南侧约4km。地面高程158m。

概况： 由S227省道至麻布岗镇，再沿158县道向西行驶，距158县道约2km，437乡道通至该泉，混凝土公路，各省道、县道和乡道相通，交通便利。含水温泉口附近水温58.7℃，流量96m³/d。该温泉赋存于二叠系上统石英砂岩裂隙之中，受河源大断裂控制，热储为带状。温泉出露于丘陵山谷中，原为采矿区，现形成一个矿坑，积水成塘，周围地形起伏，植被发育。下伏岩石为变质砂岩。现场调查时为丰水期，泉眼被淹没，泉水清澈、自流，泉口沉积物中有粉砂。

水化学成分： 2013年11月13日采集水样进行水质检测（表2.10）。

表2.10　含水温泉化学成分　　　　　　（单位：mg/L）

T_s/℃	pH	TDS	Na$^+$	K$^+$	Ca^{2+}	Mg^{2+}
58.7	7.9	647.5	182.65	10.22	34.41	5.52
Li	Rn/（Bq/L）	Sr	NH$_4^+$	CO$_3^{2-}$	HCO$_3^-$	SO$_4^{2-}$
0.687	2.7	0.32	0	0	453.52	65.49
Cl$^-$	F$^-$	CO$_2$	SiO$_2$	HBO$_2$	As	化学类型
20.85	19.48	6.78	81.93	0.35	<0.001	HCO$_3$–Na

开发利用： 现含水村有数家私人营业性温泉浴馆，用水泵抽水供客人洗浴，抽水量不大，平均每天估计100m³左右。含水温泉目前还没有被合理有效地开发利用，仅供当地人洗浴、洗涤（图2.18）。

图 2.18　含水温泉

GDQ014 暖水塘温泉

位置： 广东省河源市和平县长塘镇暖水塘村中，距省道S229约2.5km。地面高程215m。

概况： 有乡道330相通，交通方便。暖水塘温泉水温32.4℃，流量72m³/d。温泉位于丘陵谷地，受北东向断裂控制，周围地形起伏，表层被第四系覆盖，出露岩性为亚砂土（Q_4^{al}），下伏岩石为花岗岩。泉口沉积物中含粉细砂，井深0.72m，泉水自流，呈股状涌出，偶冒泡。

开发利用： 暖水塘温泉属轻度开发，主要用途为方便村民免费洗浴、洗涤。泉眼四周民房分布，已围砌成井状的两个长方形水池，方便附近村民用水（图2.19）。

图 2.19 长塘暖水塘温泉

GDQ015 大坝汤湖温泉

位置： 广东省河源市和平县大坝镇汤湖村中。地面高程240m。

概况： 距省道S330仅100m，交通方便。温泉出露于谷地平原中，周围地形平坦，出露岩性为花岗岩（$J_3\gamma$），受河源断裂影响，裂隙发育。泉口附近已硬底化，泉口沉淀物中含有粉细砂。四周汤湖村民房分布，泉眼处已围砌建成三处长方形水池，属汤湖村委所有。汤湖温泉是上升自流泉，泉水从池底呈股状涌出，强烈冒泡，雾气腾腾。温泉水温64.7℃，流量600m³/d。泉供村民免费使用，每天都有不少村民利用泉水洗涤、屠宰禽畜或者挑水回家使用。

水化学成分： 2013年11月15日采集水样进行水质检测（表2.11）。

表2.11 大坝汤湖温泉化学成分 （单位：mg/L）

T_s/℃	pH	TDS	Na^+	K^+	Ca^{2+}	Mg^{2+}
64.7	7.68	318.56	70.71	3.9	13.66	1.53
Li	Rn/(Bq/L)	Sr	NH_4^+	CO_3^{2-}	HCO_3^-	SO_4^{2-}
0.293	2.8	0.13	0	0	187.62	15.77
Cl^-	F^-	CO_2	SiO_2	HBO_2	As	化学类型
3.48	11.06	5.08	104.64	<0.2	0.01	HCO_3-Na

开发利用：在汤湖村中有多家私人小型浴室，抽水供客人洗浴；另外附近还有多家营利性温泉浴馆、度假村。汤湖温泉开发程度较高，带给当地一定的经济效益（图2.20）。

图 2.20 大坝汤湖温泉

GDQ016 车田汤湖温泉

位置：广东省河源市龙川县车田镇汤湖村东，车田镇东北向约5km处。地面高程171m。

概况：可由S339省道到达车田镇，再沿Y307乡道往东北向行驶即可抵达，交通较方便。车田汤湖温泉水温58.2℃，流量100m³/d。温泉出露于丘陵谷地，谷地为稻田，山上植被发育，地表被第四系松散层覆盖，出露岩性为黏性土（Q_4^{pl}），下伏岩石为闪长花岗岩（$T\gamma\delta$），受河源深断裂控制，热储为带状。温泉为钻探揭露，用简易管道引水以方便村民用水，部分直接补充地表水。另外在不远处有个天然泉眼，泉水自流而出，泉口沉淀物中含有粉细砂。热矿水赋存于燕山期黑云母花岗岩裂隙之中，受断裂构造控制，热储为带状，热能为1.124MW。

水化学成分：根据收集的水质分析资料，地热流体水化学成分如表2.12所示。

表2.12 车田汤湖温泉化学成分 （单位：mg/L）

T_s/℃	pH	TDS	Na^+	K^+	Ca^{2+}	Mg^{2+}
58.2	7	1405	na.	na.	na.	na.
Li	Rn/(Bq/L)	Sr	NH_4^+	CO_3^{2-}	HCO_3^-	SO_4^{2-}
na.	na.	na.	na.	na.	na.	na.
Cl^-	F^-	CO_2	SiO_2	HBO_2	As	化学类型
na.	28	na.	na.	na.	na.	HCO_3–Na

开发利用：目前车田汤湖温泉属轻度开发，建有公共浴室，供当地居民免费温泉泡浴、洗涤等，还未被合理有效地开发利用（图2.21）。

图 2.21 车田汤湖温泉

GDQ017 贝溪温泉

位置： 广东省河源市和平县贝墩镇贝溪村委会旁。地面高程189m。

概况： 附近有S399省道与县、乡道相通，交通较方便。贝溪温泉水温83.9℃，自流量125m³/d。温泉出露于低山丘陵地貌边缘，泉口处见早三叠世花岗岩、闪长岩（Tγδ）。泉口沉积物有粉细砂。泉是裂隙上升泉，在一座残丘石山出露，泉水清澈，呈股状涌出，冒泡，雾气腾腾。

水化学成分： 根据收集的水质分析资料，地热流体水化学成分见表2.13。

表2.13　贝溪温泉化学成分　　　　　　　　（单位：mg/L）

T_s/℃	pH	TDS	Na^+	K^+	Ca^{2+}	Mg^{2+}
83.9	7.5	474	na.	na.	na.	na.
Li	Rn/(Bq/L)	Sr	NH_4^+	CO_3^{2-}	HCO_3^-	SO_4^{2-}
na.	na.	na.	na.	na.	na.	na.
Cl^-	F⁻	CO_2	SiO_2	HBO_2	As	化学类型
na.	11	na.	na.	na.	na.	HCO_3-Na

开发利用： 贝溪温泉被贝墩镇政府开发，已建一座公共浴室，供居民免费洗浴、洗涤、屠宰牲畜。该泉具有较大开发利用价值，曾有投资者规划利用高温热矿水进行发电。但温泉目前还未被合理规模地开发利用，经济效益不高（图2.22）。

图 2.22　贝溪温泉

GDQ018 拥口温泉

位置：广东省河源市和平县贝墩镇拥口村中。地面高程164m。

概况：位于省道S339公路边，交通便利。温泉出露于丘陵谷地，地形缓状起伏，出露岩性为花岗岩（Tγδ），可见硅化变质现象。温泉水温90.5℃。泉口沉积物中含有粉砂，泉水清澈，雾气腾腾，池底可见杂物。泉水自流，呈股状涌出，流量240m³/d。拥口温泉热矿水赋存于燕山期花岗闪长岩裂隙之中，受河源断裂控制，此处有多个温泉出露点。

水化学成分：2013年11月14日采集水样进行水质检测（表2.14）。

表2.14　拥口温泉化学成分　　　　　　　（单位：mg/L）

T_s/℃	pH	TDS	Na⁺	K⁺	Ca²⁺	Mg²⁺
90.5	8.3	421.23	118.34	6.17	7.08	0.92
Li	Rn/(Bq/L)	Sr	NH_4^+	CO_3^{2-}	HCO_3^-	SO_4^{2-}
0.413	19.4	0.09	0.2	10.62	221.36	29.11
Cl⁻	F⁻	CO₂	SiO₂	HBO₂	As	化学类型
6.08	18.36	0	113.66	0.23	0.002	HCO₃-Na

开发利用：贝墩拥口村温泉属轻度开发，已建水池、公共浴池，供村民免费洗浴、洗涤、屠宰禽畜。据访，附近土地正在征收，拟扩大开发温泉利用，具有较大开发利用潜力（图2.23）。

图 2.23　拥口温泉

GDQ019 三多北温泉

位置： 广东省河源市和平县贝墩镇三多村北稻田中。地面高程87m。

概况： 与和平县县城距离约25.5km，距贝墩镇仅约4km，有省道S339相通，泉位于公路边，交通条件较好。温泉位于丘陵谷地，地形起伏，山上植被发育，地表出露岩性为第四系冲洪积亚砂土（Q_4^{al}），下伏岩性为花岗闪长岩（$T\gamma\delta$）。受北西向断裂控制，该处有三个泉眼，串珠状分布。温泉是从花岗闪长岩裂隙中直接涌出地面，泉口处多个泉眼呈股状涌出，冒泡强烈，热气腾腾，泉水清澈，泉口沉积物中含有碎石、粉细砂。江尾热水村东口附近泉口水温82.5℃。流量139.2m³/d。

水化学成分： 2013年11月14日采集水样进行水质检测（表2.15）。

表2.15　三多北温泉化学成分　　　　　　（单位：mg/L）

T_s/℃	pH	TDS	Na⁺	K⁺	Ca²⁺	Mg²⁺
82.5	8.49	491.84	130.14	8.18	6.58	1.23
Li	Rn/(Bq/L)	Sr	NH_4^+	CO_3^{2-}	HCO_3^-	SO_4^{2-}
0.617	3.7	0.07	0	15.93	183.57	81.25
Cl⁻	F⁻	CO_2	SiO_2	HBO_2	As	化学类型
10.43	15.07	0	131.03	0.75	<0.001	$HCO_3 \cdot SO_4 - Na$

开发利用： 该温泉尚未被合理有效地开发利用，仅建一个简易水池，供附近居民临时打水洗浴、洗涤、屠宰禽畜等日常简易利用（图2.24）。

图2.24　三多北温泉

GDQ020 三多桥头温泉

位置： 广东省河源市和平县贝墩镇三多村三多桥头。地面高程96m。

概况： 与和平县县城距离约25.5km，距贝墩镇仅约4km。泉位于省道S339公路边，即三多桥头，交通方便。温泉出露于谷地平原，河溪古岸，受河源大断裂影响控制，水温55.5℃。地表出露岩性为第四系冲洪积亚砂土（Q_4^{al}），下伏岩性为花岗闪长岩（$T\gamma\delta$）。泉口见粉细砂沉积，泉眼处围砌成一个圆形水池，泉水呈股状涌出，流量10m³/d，偶有气泡。

水化学成分： 2013年11月14日采集水样进行水质检测（表2.16）。

表2.16　三多桥头温泉化学成分　　　　（单位：mg/L）

T_S/℃	pH	TDS	Na^+	K^+	Ca^{2+}	Mg^{2+}
55.5	7.9	643.12	163.5	11.72	12.14	1.53
Li	Rn/(Bq/L)	Sr	NH_4^+	CO_3^{2-}	HCO_3^-	SO_4^{2-}
0.883	0.2	0.06	0	0	213.26	174.64
Cl^-	F^-	CO_2	SiO_2	HBO_2	As	化学类型
15.64	12.84	3.39	144.48	0.99	<0.001	$SO_4 \cdot HCO_3 - Na$

开发利用： 三多桥头温泉仅供当地居民洗浴、洗涤（图2.25）。

图 2.25　三多桥头温泉

GDQ021 洋坑温泉

位置：广东省河源市和平县热水镇南湖村委洋坑村西河边。地面高程200m。

概况：距热水镇约3km，乡道相通，交通方便。南湖裂隙上升泉群热矿水赋存于寒武系八村群浅变质石英砂岩和硅质岩裂隙之中，受北东向和北西向断裂控制，多处泉眼出露，泉点呈带状分布于河中和河两岸。部分温泉水从河床中呈片状渗出，形成热水河，地热资源丰富，属小型地热田。四周山青水秀，空气清新，风光秀丽。洋坑温泉出露于丘陵谷地河床中，河床切割深度5~8m，出露岩性为变质长石石英砂岩，受断裂影响，岩石破碎，裂隙发育。泉口沉积物中有粉细砂，水温89.5℃。流量77m³/d。

水化学成分：2013年11月15日采集水样进行水质检测（表2.17）。

表2.17　洋坑温泉化学成分　　　　　（单位：mg/L）

T_s/℃	pH	TDS	Na⁺	K⁺	Ca²⁺	Mg²⁺
89.5	7.71	571.85	152.3	9.99	21.76	1.84
Li	Rn/(Bq/L)	Sr	NH₄⁺	CO₃²⁻	HCO₃⁻	SO₄²⁻
0.424	3.5	0.3	0.1	0	384.68	50.94
Cl⁻	F⁻	CO₂	SiO₂	HBO₂	As	化学类型
7.82	10.31	8.47	124.35	0.31	0.017	HCO₃-Na

开发利用：已建多家公、私营温泉浴室、度假村。附近村民及度假村施工了数不清的浅井，流量无法测量。此处温泉开发利用程度较高，给当地村民生活带来便利，并具有一定经济效益（图2.26）。

图 2.26　洋坑温泉

GDQ022 墩史温泉

位置： 广东省河源市和平县彭寨村墩史村河边。地面高程147m。

概况： 距省道S339约100多米，交通方便。温泉赋存于燕山期花岗岩与二叠系石英砂岩接触带之裂隙之中，受北西向和北东向断裂控制，多处泉眼呈带状分布于河中和河岸边。墩史温泉在丘陵谷地小河边，北西地形平坦，地表出露岩性为第四系黏性土，下伏地层岩性为花岗岩（ $T\gamma\delta$ ）。泉口沉积物中有粉砂，水温51.2℃，流量120m³/d。

水化学成分： 2013年11月14日采集水样进行水质检测（表2.18）。

表2.18　墩史温泉化学成分　　　　　　　　　　（单位：mg/L）

T_S/℃	pH	TDS	Na⁺	K⁺	Ca²⁺	Mg²⁺
51.2	8.2	246.24	43.45	4.13	31.88	3.99
Li	Rn/(Bq/L)	Sr	NH₄⁺	CO₃²⁻	HCO₃⁻	SO₄²⁻
0.29	4.4	0.15	0	7.97	197.07	13.34
Cl⁻	F⁻	CO₂	SiO₂	HBO₂	As	化学类型
4.34	3.43	0	35.17	0.97	<0.001	HCO₃–Na·Ca

开发利用： 温泉多被墩史村私人开发，施工了数十眼地热井，深度40～80m，出水温度41.8～51.2℃，河边还有泉水天然出露，自流，温度41.6℃，已开发有十多家营利性私人浴馆，抽水供客人洗浴、洗涤，具有一定经济效益（图2.27）。

图 2.27　墩史温泉

GDQ023 黎咀镇温泉

位置：广东省河源市龙川县黎咀镇龙川矿泉水有限公司。地面高程96m。

概况：又名不二泉，县道、乡道为混凝土公路，交通便利。水温34.3℃，流量279m³/d。温泉附近地形起伏，为丘陵地貌，泉眼位于丘陵山脚下一山洞中，洞高约2m，长10m，为以往采矿坑道，出露岩性为凝灰质砂岩，裂隙发育、硅化，泉出露受断裂构造控制。山上植被发育，环境优美。泉口处安装有水管，泉水从水管喷出，泉口处见铁锈物质沉淀。

开发利用：该泉已申报探矿权，采矿权属龙川矿泉水有限公司，生产规模9.20×10⁴m³/a。主要作生活用水、饮用矿泉水等用途，经济效益好（图2.28）。

图 2.28　黎咀镇温泉

GDQ024 颐和温泉

位置：广东省河源市和平县公白镇新聚村西500m。地面高程110m。

概况：距公白镇约8km，山路弯，均已硬底化为水泥路，交通较方便。颐和温泉热矿水赋存于白垩系—侏罗系火山喷发而形成的粗面岩脉裂隙之中，即火山岩型温泉，受北西向和北东向断裂控制，温泉以上升泉的形式出露于山间谷地，周围地形起伏，山坡植被发育，出露岩性为白垩系合水组（K_1h）砾砂岩，裂隙发育，有断裂露头。泉口沉积物中有少量粉细砂，泉眼处挖成一个约100m²的近圆形水池，泉水从池底呈股状涌出，强烈冒泡，泉目前未被利用，直接流入北东面小溪。实测水温73.2℃，流量1728m³/d。

水化学成分：2013年11月15日采集水样进行水质检测（表2.19）。

表2.19 颐和温泉化学成分 （单位：mg/L）

T_s/℃	pH	TDS	Na⁺	K⁺	Ca²⁺	Mg²⁺
73.2	8.59	541.5	173.66	8.41	5.06	0.92
Li	Rn/(Bq/L)	Sr	NH₄⁺	CO₃²⁻	HCO₃⁻	SO₄²⁻
0.711	5.7	0.2	0.6	33.19	364.44	25.47
Cl⁻	F⁻	CO₂	SiO₂	HBO₂	As	化学类型
9.56	6.75	0	95.62	1.54	<0.001	HCO₃-Na

开发利用： 颐和温泉度假区已建成三栋别墅，另有数栋正在兴建。主要用途为温泉洗浴，未来具有一定的经济效益。该泉已开展正规水文地质勘查工作，和平县颐和大温泉度假区有限公司持有开采许可证。经核实批准的C+D级储量为1028m³/d，生产规模为30×10⁴m³/a，属大型矿山规模（图2.29）。

图 2.29 颐和温泉

GDQ025 东水镇热水村温泉（代表两个温泉）

位置： 广东省河源市和平县东水镇热水村西面小溪中。地面高程100m。

概况： 热水村与173县道有约60m硬底化村道相通，交通较便利。现测得水温56.5℃；泉旁施工成井一口，井水自流，水温61.3℃。温泉出露于丘陵地貌中-山间盆地内，小溪河床中，地表为第四系松散洪冲积层，主要岩性为中粗砂，热矿水赋存于燕山期花岗闪长岩裂隙之中，受河源大断裂构造控制；泉水呈股状冒出，偶有气泡。泉口沉积物以粉细砂为主，次为中粗砂粒，泉水流出后汇入小溪向南东排泄。泉南侧施工有一口水井，深约70m，自流。热水村中另有一处温泉出露，泉口处已筑有简便浴池，抬高水位约0.3m，泉水从池底分若干小股涌出，泉口沉积物中有少量粉细砂，涌水范围约4m²，推测两处温泉同源，具有相同的水文地质条件和热储特征。

水化学成分：2013年11月8日采集水样进行水质检测（表2.20）。

表2.20　东水镇热水村温泉化学成分　　　　　（单位：mg/L）

T_s/℃	pH	TDS	Na$^+$	K$^+$	Ca^{2+}	Mg^{2+}
56.5	7.98	716.82	180.5	14.18	36.43	1.53
Li	Rn/(Bq/L)	Sr	NH$_4^+$	CO$_3^{2-}$	HCO$_3^-$	SO$_4^{2-}$
1.072	21.2	0.1	0	0	568.25	31.53
Cl$^-$	F$^-$	CO$_2$	SiO$_2$	HBO$_2$	As	化学类型
9.56	9.57	6.78	149.16	1.72	0.002	HCO$_3$–Na

开发利用：目前，热水村的两处温泉均未加以专门利用，利用率较低，主要作村民的日常洗浴、洗涤和灌溉用途（图2.30）。

图 2.30　东水镇热水村温泉

GDQ026 高涧村温泉

位置：广东省河源市龙川县佗城镇高涧村南稻田中。地面高程78m。

概况：从高涧村步行至泉点，交通条件较差。实测高涧温泉口水温32.7℃，流量88m³/d。温泉位于丘陵谷地中，周围地形起伏，植被发育，表层岩性为第四系粉质黏土，温泉南山边出露岩性为花岗岩残积土，热矿水赋存于燕山期黑云母花岗岩裂隙之中，受河源断裂构造控制，热储为带状。温泉出露于稻田中一片沼泽，形成一个不规则形状的小水洼，泉水呈股状冒出，泉水清澈，无色无味，有喷砂现象，泉口沉淀物中有粉细砂、黏性土等。

开发利用：目前该泉仍为天然状态，未经开发，泉水自然流出后总体向南东径流排泄，作灌溉用途（图2.31）。

图 2.31　佗城镇高涧村温泉

GDQ027 龙川合溪温泉

位置：广东省河源市龙川县佗城镇寨塘村东400m。地面高程76m。

概况：距205国道约2km，有乡道与国道相通，交通方便。合溪温泉热矿水赋存于燕山期黑云母花岗岩裂隙之中，受河源断裂构造控制，热储为带状。温泉出露于丘陵山脚洼地，现已经人工堆填平整，填土厚度约为3m，下伏地层岩性为花岗岩（$T\gamma\delta$），泉水天然出露，自流，呈股状涌出，强烈冒泡。现测得水温78.3℃，流量432m³/d。泉口沉积物中有粉细砂、铁质沉淀。

水化学成分：2013年11月7日采集水样进行水质检测（表2.21）。

表2.21　龙川合溪温泉化学成分　　　　　　　　（单位：mg/L）

T_s/℃	pH	TDS	Na+	K+	Ca^{2+}	Mg^{2+}
78.3	7.21	501.48	120.11	8.41	24.29	2.45
Li	Rn/(Bq/L)	Sr	NH$_4^+$	CO$_3^{2-}$	HCO$_3^-$	SO$_4^{2-}$
0.507	3.9	0.07	0	0	363.09	18.19
Cl$^-$	F$^-$	CO$_2$	SiO$_2$	HBO$_2$	As	化学类型
6.95	8.24	27.1	131.12	< 0.2	0.003	HCO$_3$-Na

　　开发利用：在温泉附近已施工三眼地热开采井，深度均为70m余，井口泉温度71.5～71.8℃。该温泉已开发利用，由龙川合溪温泉浴室开发作温泉洗浴用，目前由于更换投资人及扩大规模，正处于扩建改造阶段（图2.32）。

图 2.32　龙川合溪温泉

GDQ028 佗城镇西温泉（荒废）

位置：河源市龙川县佗城镇西。

概况：佗城镇西温泉原自流量为83m³/d，水温35℃。目前被河水淹没。

GDQ029 禄溪温泉

位置： 广东省河源市东源县黄田镇禄溪村山边。地面高程95m。

概况： 有106乡道通至该点，均为混凝土道路，交通较方便。温泉出露于山脚，周围地形起伏，为丘陵地貌，山上植被发育，岩石天然出露，岩性为二长花岗岩，裂隙发育。温泉天然出露，水温54.4℃，自流，呈股状涌出，冒泡，泉水清澈。泉口沉积物有粉细砂。禄溪温泉热矿水赋存于燕山期黑云母花岗岩裂隙之中，受河源大断裂构造控制，热储为带状，流量396m³/d。

水化学成分： 2013年11月8日采集水样进行水质检测（表2.22）。

表2.22　禄溪温泉化学成分　　　　（单位：mg/L）

T_s/℃	pH	TDS	Na$^+$	K$^+$	Ca^{2+}	Mg^{2+}
54.5	8.54	204.66	39.33	2.19	7.08	0.92
Li	Rn/(Bq/L)	Sr	NH$_4^+$	CO$_3^{2-}$	HCO$_3^-$	SO$_4^{2-}$
0.094	6.8	0.03	0	9.29	79.64	12.13
Cl$^-$	F$^-$	CO$_2$	SiO$_2$	HBO$_2$	As	化学类型
5.21	6.72	0	81.93	0.21	0.004	HCO$_3$-Na

开发利用： 泉眼处被当地人砌成一个不规则的水池，池水深0.5～1.2m。禄溪温泉主要供当地村民作洗浴、洗涤用途。目前正兴建一座营业性温泉浴馆，属小型开发，开采方式为天然开采（图2.33）。

图 2.33　禄溪温泉

GDQ030 东江源温泉

位置： 广东省河源市东源县仙塘镇热水村。地面高程56m。

概况： 东源县城附近，205国道旁，处于G25高速、G4511高速等交界处，交通极便利。温泉天然出露于山间小盆地内，附近岩石为侏罗纪—三叠纪侵入岩，构造位置为河源大断裂破碎带。泉口沉积物中有砂，强烈冒泡，泉水清澈，水温61.8℃。东江源温泉热矿水赋存于燕山期黑云母花岗岩裂隙之中，受河源大断裂构造控制，热储为带状，流量60m³/d。另一个地热井井水自流，流量3.5L/s，水头高大于1.5m，最高温度61.8℃。

水化学成分： 2014年1月9日采集水样进行水质检测（表2.23）。

表2.23　东江源温泉化学成分　　　　　（单位：mg/L）

T_s/℃	pH	TDS	Na⁺	K⁺	Ca²⁺	Mg²⁺
61.8	7.1	na.	103.6	4.221	18.73	0.47
Li	Rn/(Bq/L)	Sr	NH_4^+	CO_3^{2-}	HCO_3^-	SO_4^{2-}
0.371	37.1	0.24	0	0	261.65	83.73
Cl⁻	F⁻	CO_2	SiO_2	HBO_2	As	化学类型
16.53	11.67	na.	99.85	na.	0	$SO_4 \cdot HCO_3$–Na

开发利用： 温泉目前少量开采，仅用于附近村民及工地工人洗浴。该温泉准备大量开采，温泉周围正在施工建设"东江源温泉度假村"（图2.34）。

图 2.34　东江源温泉

GDQ031 黄村热水温泉

位置： 广东省河源市东源县黄村镇上热水村小溪旁。地面高程170m。

概况： 当地百姓出资建成水泥路，交通较便利。温泉出露于丘陵谷地平原的小溪中，四周植被发育，地表被第四系覆盖，下伏岩性为燕山期花岗岩，裂隙发育。泉水呈股状涌出，水温82.4℃，强烈冒泡，具硫黄味。泉口沉积物中有粉砂。黄村热水温泉热矿水赋存于构造破碎带之燕山期花岗岩中，受河源大断裂构造控制，热储为带状，流量82m³/d。

水化学成分： 2013年11月6日采集水样进行水质检测（表2.24）。

表2.24 黄村热水温泉化学成分 （单位：mg/L）

T_s/℃	pH	TDS	Na⁺	K⁺	Ca²⁺	Mg²⁺
82.4	8.8	na.	na.	na.	na.	na.
Li	Rn/(Bq/L)	Sr	NH₄⁺	CO₃²⁻	HCO₃⁻	SO₄²⁻
na.	na.	na.	na.	na.	na.	na.
Cl⁻	F⁻	CO₂	SiO₂	HBO₂	As	化学类型
na.	22.75	na.	na.	na.	na.	na.

开发利用： 当地居民在小溪中钻探一口水井，用抽汲式水泵抽至家庭作洗浴用途。小溪旁建成水池，泉水天然出露、自流，汇入小溪，往北排泄。黄村热水温泉主要作洗浴、洗涤、屠宰禽畜、灌溉用途，开发利用程度低，经济效益一般（图2.35）。

图 2.35 黄村热水温泉

GDQ032 回龙村温泉（荒废）

位置： 河源市东源县新回龙镇回龙村。

概况： 该温泉原自流量为100m³/d，水温50℃，现已被淹没。

GDQ033 上埔温泉

位置： 广东省河源市东源县康禾镇若坝村中。地面高程140m。

概况： 附近有X155县道通过，与河源市各镇均有县道或硬底化公路相通，交通较便利。温泉出露于丘陵地貌-沟谷内，受佛冈-丰良深断裂控制，分布岩石为下侏罗统黑云母花岗岩。泉口已经过人工改造，建有封闭浴池，天然露头情况不明。泉口周围钻探了两口水井，均可自流，水温63.1℃，流量107m³/d。

开发利用： 目前仅供当地村民洗浴和洗涤用水；旁边另有当地村民经营一家小温泉浴室，对外经营，经济效益低（图2.36）。

图 2.36　上埔温泉

GDQ034 龙源温泉

位置： 广东省河源市源城区龙泉源温泉。地面高程63m。

概况： 附近有惠河高速、粤赣高速、广河高速、G205国道，交通便捷。泉水清澈，泉口有沉积物，冒泡，现温度为56.5℃，冬天水温上升至62℃，流量657m³/d。温泉位于丘陵谷地地貌，出露于北东向槽谷的北西边缘，受北东向河源深断裂控制发育，泉及附近浅表分布白垩系，下伏侏罗纪侵入岩，地热水赋存于侵入岩体带状热储中。

开发利用： 该温泉现已开发成洗浴、疗养、旅游为一体的休闲温泉度假区——龙源温泉度假城，具有较大的经济效益。龙源温泉是河源市重点发展的旅游龙头项目，由深圳祥祺集团旗下的河源市广润投资有限公司投资，其规模大、档次高、特色鲜明，项目总占地面积56×10⁴m²，总体规划以"世界沐浴"为主题，按4A级风景区标准建设。整个城区将世界各地的沐浴文化与主题建筑风格完美融合，为华南地区罕有的超大规模温泉度假胜地。这里拥有原生态自然环境，负离子纯净鲜氧，大自然灵韵水涧，独特稀有矿物质温泉。度假城具岭南文化精髓，世界温泉风情理念。整体规划近百万平方米，南北两区均为大规模别墅区域，另设有20×10⁴m²的温泉度假区，规划设施的配套项目包括：温泉度假区、政府接待中心、商务豪华酒店、泛地中海式风情别墅群等。城区内设有别墅标准双人房、独立温泉套房、标准双人房、家庭套房、公寓标双、公寓复式套房等，客服设施齐全（图2.37）。

图 2.37　龙源温泉

GDQ035 敬梓温泉

位置： 河源市紫金县敬梓镇敬梓村。地面高程180m。

概况： S120省道与硬底化道路相通可至泉点，交通方便。温泉出露于河流左岸河浸滩，水温59.3℃。四周植被发育，此处有多处天然泉眼出露，受紫金-博罗大断裂控制。地表出露岩性为粗砂，钻孔揭露下伏岩性为花岗岩，裂隙发育。敬梓温泉地热流体赋存于燕山期黑云母花岗岩热储之中，受断裂构造控制，为带状热储，自流量129.6m³/d，热能为0.067MW。

水化学成分： 根据收集的水质分析资料，地热流体水化学成分见表2.25。

表2.25　敬梓温泉化学成分　　　　　（单位：mg/L）

T_s/℃	pH	TDS	Na⁺	K⁺	Ca²⁺	Mg²⁺
59.3	7.5	315	na.	na.	na.	na.
Li	Rn/(Bq/L)	Sr	NH₄⁺	CO₃²⁻	HCO₃⁻	SO₄²⁻
na.	na.	na.	na.	na.	na.	na.
Cl⁻	F⁻	CO₂	SiO₂	HBO₂	As	化学类型
na.	12	na.	na.	na.	na.	HCO₃-Na

开发利用： 该温泉被当地分散开采，已建成十几家小型浴馆，管道引水，供游客洗浴，日开采量总计500m³/d（图2.38）。

图 2.38　敬梓温泉

GDQ036 热汤子温泉

位置：广东省河源市紫金县惠热汤子村。地面高程158m。

概况：S340省道可至，但通往温泉处道路未硬底化，交通极为不便，不适宜汽车行驶。温泉出露于岩浆岩低山地貌山间坡脚，水温62℃。四周植被发育茂盛，出露岩体为侏罗纪岩浆岩，受五华-深圳大断裂控制，附近次一级断裂发育。泉口处筑有围墙蓄水，抬高水位约0.5m，泉口沉积物中含有砂砾。热汤子温泉热矿水赋存于燕山期黑云母花岗岩裂隙之中，流量6.8m³/h。

水化学成分：2013年11月10日采集水样进行水质检测（表2.26）。

表2.26　热汤子温泉化学成分　　　　　　　　（单位：mg/L）

T_s/℃	pH	TDS	Na⁺	K⁺	Ca²⁺	Mg²⁺
62	8.47	455.6	112.97	7.97	10.12	1.53
Li	Rn/(Bq/L)	Sr	NH₄⁺	CO₃²⁻	HCO₃⁻	SO₄²⁻
0.352	54.1	0.06	0.2	18.59	153.87	48.51
Cl⁻	F⁻	CO₂	SiO₂	HBO₂	As	化学类型
24.33	15.96	0	138.47	0.5	<0.001	HCO₃–Na

开发利用：该温泉尚未被合理有效地开发利用，仅建有一露天浴池，供当地人浸泡洗浴。不过该地正在规划筹备较大规模的开发利用（图2.39）。

图2.39　热汤子温泉

GDQ037 御临门温泉

位置：河源市紫金县九和镇热水村委龙楼村。地面高程105m。

概况：又称"九和温泉"，在X157县道旁，交通便利。温泉出露于山间谷地河漫滩，水温81.3℃，出露岩性为石英砂岩（Jqy），温泉西南约4km出露有燕山期花岗岩，岩石裂隙发育。御临门温泉热矿水赋存于燕山期黑云母花岗岩裂隙之中，受北西向和北东向断裂构造控制，热水坝至下汤围一带共有十多处温泉点沿北西向呈带状分布。泉水自流，流量1800m³/d。该泉先后经过多个单位进行水文地质勘查，成井七眼，井深56.1～217m，获取B+C级储量2990m³/d，热能为9.18MW。

水化学成分：根据收集的水质分析资料，地热流体水化学成分见表2.27。

表2.27　御临门温泉化学成分　　　　（单位：mg/L）

T_S/℃	pH	TDS	Na^+	K^+	Ca^{2+}	Mg^{2+}
81.3	9.1	510	na.	na.	na.	na.
Li	Rn/(Bq/L)	Sr	NH_4^+	CO_3^{2-}	HCO_3^-	SO_4^{2-}
na.	na.	na.	na.	na.	na.	na.
Cl^-	F^-	CO_2	SiO_2	HBO_2	As	化学类型
na.	14.7	na.	na.	na.	na.	HCO_3-Na

开发利用：早在1981年当地人就利用温泉水养殖甲鱼等，之后温泉被地方开发成几个温泉浴馆，河边还有一个公共浴池供附近村民洗浴。该地热田采矿权属紫金县金鹅温泉投资有限公司，矿区面积0.7683km³，生产规模59.40×10⁴m³/d，开采方式为露天开采。目前修建有四星级宾馆、别墅、各类型温泉浸泡池等。其中一处泉水管道供御临门温泉度假村使用，温泉主要作洗浴用途（图2.40）。

图 2.40　御临门温泉

GDQ038 上东村温泉

位置：惠州市龙门县蓝田镇上东村，距龙门县城22km。地面高程78m。

概况：省道244与乡村硬底化通往相连，交通条件较好。温泉出露于河床漫滩，为谷地平原地貌类型，出露岩性为花岗岩，水温40.4℃。受佛冈-丰良深断裂控制，热矿水赋存于燕山期黑云母花岗岩裂隙之中，温泉从河边涌出，自流量87m³/d。有冒砂、冒泡现象。

水化学成分：2014年1月9日采集水样进行水质检测（表2.28）。

表2.28　上东村温泉化学成分　　（单位：mg/L）

T_S/℃	pH	TDS	Na⁺	K⁺	Ca²⁺	Mg²⁺
40.4	7.05	na.	31.53	2.213	44.6	4.22
Li	Rn/(Bq/L)	Sr	NH₄⁺	CO₃²⁻	HCO₃⁻	SO₄²⁻
0.093	5	0.24	0	0	284.55	13.22
Cl⁻	F⁻	CO₂	SiO₂	HBO₂	As	化学类型
4.52	3.24	na.	51.19	na.	0.001	HCO₃-Ca·Na

开发利用：该泉正在勘探，已施工两口热水孔。目前该温泉没有正式开发利用，仅供当地人洗浴、洗涤（图2.41）。

图 2.41　上东村温泉

GDQ039 永新村温泉

位置： 惠州市龙门县蓝田镇永新村旁的沼泽地中，距龙门县城约20km。地面高程170m。

概况： 省道244与乡道相连，还要步行至测点，交通条件较差。现泉水出露于小河边的沼泽地中，泉口水温40.2℃。周围地形平坦，植物较发育，为冲洪积平原地貌类型。出露岩性为第四系亚黏土，热矿水赋存于燕山期黑云母花岗岩裂隙之中，受佛冈-丰良深断裂构造控制，自流流量220m³/d。泉水从沼泽地呈片状从地下渗出，水质清澈，无色无味，偶见气泡。

开发利用： 该温泉区未经过水文地质勘察，亦尚未开发利用，泉眼处于天然状态（图2.42）。

图 2.42　永新村温泉

GDQ040 龙门温泉

位置： 惠州市龙门县龙田镇江冚村。地面高程84m。

概况： 省道244连接乡村硬底化约2.4km通至温泉。温泉出露于山间谷地上，受佛冈-丰良深断裂控制。温泉周围谷地地形平坦，浅表被第四系覆盖，覆盖物为砂性土、黏性土，上为农田分布。谷地周围为丘陵地形，由层状沉积岩和侵入岩构成，植被发育。泉口处已被围砌成池，可见冒泡。水温59.5℃，流量321m³/d。

水化学成分： 2014年1月9日采集水样进行水质检测（表2.29）。

表2.29 龙门温泉化学成分　　　　　　　（单位：mg/L）

T_s/℃	pH	TDS	Na$^+$	K$^+$	Ca^{2+}	Mg^{2+}
59.5	7.19	na.	101.3	6.383	50.86	1.86
Li	Rn/(Bq/L)	Sr	NH$_4^+$	CO$_3^{2-}$	HCO$_3^-$	SO$_4^{2-}$
0.479	2.3	1.5	0	0	201.47	271.76
Cl$^-$	F$^-$	CO$_2$	SiO$_2$	HBO$_2$	As	化学类型
12.73	6.99	na.	105.58	na.	0.015	SO$_4$–Na·Ca

开发利用：该温泉现属轻度开发，建有简易男女浴池，仅供当地人洗浴，开发利用程度低，不过开发潜力较大（图2.43）。

图 2.43　龙门温泉

GDQ041 金童子温泉

位置：广东省惠州市龙门县永汉镇上埔村，金童子度假山庄内。

概况：附近有S119省道可至，交通方便。泉出露于丘间洼地，泉口实测水温72.9℃。四周丘陵环绕，洼地表层为冲洪积松散层，下伏燕山期侵入岩体，周边丘陵由侵入岩并泥盆系和寒武系岩石组成，植被发育，坡度一般15°～35°。地热流体赋存于断裂构造和岩石裂隙中，主要受佛冈-丰良大断裂影响，泉位次一级断裂发育，流量53m³/d。

水化学成分：2014年1月9日采集水样进行水质检测（表2.30）。

表2.30　金童子温泉化学成分　　　　　　（单位：mg/L）

T_s/℃	pH	TDS	Na$^+$	K$^+$	Ca^{2+}	Mg^{2+}
72.9	7.02	na.	100.5	4.128	22.11	0.49
Li	Rn/(Bq/L)	Sr	NH$_4^+$	CO$_3^{2-}$	HCO$_3^-$	SO$_4^{2-}$
0.439	3.8	0.42	0	0	361.74	22.93
Cl$^-$	F$^-$	CO$_2$	SiO$_2$	HBO$_2$	As	化学类型
11.32	8.3	na.	90.4	na.	0.002	HCO$_3$–Na

开发利用： 金童子温泉坐落于惠州龙门南昆山脉的老虎山下，是一个精心打造的"温泉+避暑"两栖型的全时四季度假天堂。该温泉由金童子度假村开发，主要供度假村用水和旅客洗浴、浸泡。泉口旁现已施工一口热水井，钻孔深度110m。数百年来，温泉都被当地人视为仙泉，而旁边的百年龙树，更被看成是温泉龙脉的守护神，每逢初一、十五当地人都会前来膜拜。如果当地人身体不适，他们更会前来取仙泉之水沐浴净身，谓可驱除百病（图2.44）。

时至今日，依靠现代科学检验技术，发现该区域的水中（包括温泉水和山泉水），富含对人体有益的各种微量元素，沐浴后让人神清气爽，肌肤倍感柔滑。经常浸泡，能对各种常见病和亚健康状态起到保健预防之功效。

金童子度假山庄全年平均气温为22℃，生长着百年龙树的百亩原始生态丛林是一个天然的大氧吧，在这里，你可以流连于冰火岛水上乐园中，在火热的温泉水和冰凉的山泉水间游玩，体验冰火两重天的刺激感受；还可以在百年龙树下呼吸高纯度的新鲜负离子；此外，可登山至老虎山顶，尽情享受大自然的美好风景。

图 2.44　金童子温泉

GDQ042 黄洞村温泉

位置： 惠州市龙门县永汉镇黄洞村。泉口高程108m。

概况： 黄洞村温泉出露于山脚，热储受佛冈-丰良深断裂控制发育，属裂隙型带状热储。该泉自流量为104m³/d，水温26℃。由于温度低、流量小，目前该泉尚未开发利用（图2.45）。

图 2.45　黄洞村温泉

GDQ043 热汤温泉

位置： 广东省惠州市惠东县安墩镇热水村。泉口高程108m。

概况： S243省道与硬底化道路相通至泉点，交通方便。热汤温泉热矿水赋存于燕山期黑云母花岗岩裂隙之中，泉点分布于山谷，四面环山，有一条小河流过。泉眼出露在河床及河边，可见有十几处泉眼天然出露，地热受莲花山深断裂的分支断裂控制，水温为50～70℃，平均60℃。泉眼处已建成井状，封闭，呈自流状态，泉水清澈，水温67.6℃，该泉自流量为833m³/d，热能为1.556MW。

水化学成分： 根据收集的水质分析资料，地热流体水化学成分见表2.31。

表2.31　热汤温泉化学成分　　　　　　　　　（单位：mg/L）

T_s/℃	pH	TDS	Na⁺	K⁺	Ca²⁺	Mg²⁺
67.6	8.6	186	na.	na.	na.	na.
Li	Rn/（Bq/L）	Sr	NH_4^+	CO_3^{2-}	HCO_3^-	SO_4^{2-}
na.	na.	na.	na.	na.	na.	na.
Cl⁻	F⁻	CO_2	SiO_2	HBO_2	As	化学类型
na.	8	na.	na.	na.	na.	HCO_3-Na

开发利用：热汤温泉目前还没有被合理有效地开发利用，村民用温泉水烫宰家禽、洗浴、洗涤等。2014年，有个体老板引温泉建浴馆，已建成"河东温泉"、"石龙岗温泉"等小型浴馆（图2.46）。

图2.46 热汤温泉

GDQ044 中信汤泉

位置：广东省惠州市博罗县汤泉镇。泉口高程108m。

概况：S324省道、G35高速与硬底化道路泉区相通，交通方便。温泉处及附近出露岩性为白垩系侵入花岗岩，可见硅化、变质现象。受北东向博罗大断裂控制泉水从破碎带喷涌而出，水温58.2℃。汤泉热矿水赋存于燕山期黑云母花岗岩裂隙之中，自流量为430m³/d，热能为0.756MW。

水化学成分：2013年8月12日采集水样进行水质检测（表2.32）。

表2.32 中信汤泉化学成分　　　　　　　　（单位：mg/L）

T_s/℃	pH	TDS	Na⁺	K⁺	Ca²⁺	Mg²⁺
58.2	7.3	380	na.	na.	na.	na.
Li	Rn/(Bq/L)	Sr	NH₄⁺	CO₃²⁻	HCO₃⁻	SO₄²⁻
na.	na.	na.	na.	na.	na.	na.
Cl⁻	F⁻	CO₂	SiO₂	HBO₂	As	化学类型
na.	12	na.	na.	na.	na.	HCO₃-Na

开发利用：中信汤泉早已开发利用，修建有博罗县汤泉疗养院。现由中信集团重新开发，正在修建中信汤泉度假村，现已建成三栋65套别墅，景点及其他建筑正在建设中，该度假村已施工建成一口热水孔，具体情况不详。目前温泉供度假村使用和游客洗浴（图2.47）。

图 2.47 中信汤泉

GDQ045 小金洞温泉

位置：惠州市博罗县罗阳镇义和马山。泉口高程108m。

概况：小金洞温泉出露于坡脚，热储受紫金-博罗大断裂控制发育，属裂隙型带状热储。自流量为17m³/d，水温31℃。由于温度低、流量小，目前该泉尚未开发利用（图2.48）。

图 2.48 小金洞温泉

GDQ046 白盆珠水库温泉（荒废）

位置：惠州市龙门县永汉镇黄洞村。泉口高程108m。

概况：该泉原自流量为504m³/d，水温48℃，由于白盆珠水库蓄水，该泉现已被淹没。

GDQ047 黑泥温泉

位置：广东省恩平市良西镇黑泥村东侧，150m处之黑泥小溪旁边。

概况：黑泥温泉热矿水赋存于燕山期黑云母花岗岩裂隙之中，受北西向和北东向断裂构造控制，呈北东向带状分布，实测水温48.2℃，流量259m³/d。场地被第四系冲积物覆盖，表层一般为亚黏土，松散层厚度约3.8m。经过水文地质勘查，测绘、物探和钻探工作，成井三眼，孔深77.10～146.70m，平均水温47.6℃。经储量审批，C+D级储量2347m³/d，热能2.934MW。

水化学成分：根据收集的水质分析资料，地热流体水化学成分见表2.33。

表2.33 黑泥温泉化学成分 （单位：mg/L）

T_s/℃	pH	TDS	Na⁺	K⁺	Ca²⁺	Mg²⁺
48.2	8.59	240	na.	na.	na.	na.
Li	Rn/(Bq/L)	Sr	NH₄⁺	CO₃²⁻	HCO₃⁻	SO₄²⁻
na.	na.	na.	na.	na.	na.	na.
Cl⁻	F⁻	CO₂	SiO₂	HBO₂	As	化学类型
na.	6.89	na.	na.	na.	na.	HCO₃-Na

开发利用：该温泉已由恩平市国土资源局办理了采矿证手续，用招拍挂形式转让给广州一家公司开发利用。之后，这家公司又将采矿权转卖给广东恒大房地产公司。由于黑泥温泉水量不大、水温不高，满足不了恒大地产之需要，现正在继续勘探，拟扩大流量至4000m³/d以上，水温50℃以上。目前一个勘探孔和自流泉供村民沐浴、洗涤使用。现广东地建集团正在勘探，其中1井、2井已完工，正在施工3号、4号钻井。据访，已完工钻井孔的最高温度为48℃左右（图2.49）。

图2.49 黑泥温泉

GDQ048 锦江温泉

位置： 江门市恩平市朗底镇锦江河边，恩平市北西330° 方向17km处。泉口高程108m。

概况： 原名朗底天湖温泉。温泉出露于河漫滩，现地形经人工改造，河流稍作改道，下伏基岩为燕山期黑云母花岗岩，实测水温78.5℃。由于地处北东向和北西向两组断裂带的交汇处，受断裂构造影响，局部破碎，形成地热上升通道，流量3000m³/d。

水化学成分： 根据收集的水质分析资料，地热流体水化学成分见表2.34。

表2.34　锦江温泉化学成分 （单位：mg/L）

T_s/℃	pH	TDS	Na^+	K^+	Ca^{2+}	Mg^{2+}
78.5	8.32	250	na.	na.	na.	na.
Li	Rn/(Bq/L)	Sr	NH_4^+	CO_3^{2-}	HCO_3^-	SO_4^{2-}
na.	na.	na.	na.	na.	na.	na.
Cl^-	F^-	CO_2	SiO_2	HBO_2	As	**化学类型**
na.	7.86	na.	na.	na.	na.	HCO_3-Na

开发利用： 该泉已被开发利用，矿区面积1.77km²，生产规模151×10⁴m³/a，现已建成度假村，供游客游玩洗浴等。锦江温泉附近是广东省有名的飞瀑玉带天池瀑布，又临近恩平七星坑原始森林探险区和锦江水库，环境优美，被旅客赞不绝口；该泉首创利用温泉水进行河流和冲浪及热床，也都被游客称为第一。正因为如此，有人又把锦江温泉称为动感激情温泉。锦江温泉是（加拿大籍）华人梁瑞廉先生投资开发的，占地2500亩，已开发利用700亩。已建大小温泉池、药物温泉池48个，绿化设施齐全。区内建筑是现代化的五星级装修，而参差不齐，依样有序的围墙则是当地所产杉木作料，使现代化与古色古香气息相融洽，显得高雅纯朴（图2.50）。

图 2.50　锦江温泉

GDQ049 香江温泉

位置： 江门市开平市赤水镇。地面高程15m。

概况： 香江温泉有主要县道穿过，该县道往台山市方向可经由省道直达台山市；往恩平市方向，可经过省道S367直达恩平市。香江温泉周围地形平坦，为冲积平原地貌，钻孔揭露岩性为燕山期斑状角闪石黑云母闪长岩，受恩平-新丰断裂控制，属恩平-新丰断裂的分支。现最高水温66.5℃。本温泉区内有三个勘探孔，据访，深度均在150m左右，水温66～68℃，其中两个已成为开采孔，另一为监测井，将温泉区内三个勘探孔与康桥温泉的勘探孔联成直线，走向约为135°。该泉点在不抽水时水位很高，几乎可以自流而出，水质清澈，无色无味；本区内的三个钻孔在抽水时互相影响，并与康桥温泉的井、泉水力联系密切。

开发利用： 香江温泉已开发成温泉度假区，经营状况良好（图2.51）。

图 2.51　香江温泉

GDQ050 古兜山温泉

位置： 江门市新会区崖门镇古兜温泉度假村。温泉口地面高程9m。

概况： 距新会区55km，距沿海高速崖南出入口10km，交通方便。1993年，古兜水电站发现该处地热资源。1996年，广东省工程勘察院进行详勘，钻探深度230m。2012年，采用深井测温仪对热水孔进行测温，测得最高温59℃。古兜温泉位于谷地中，北西面为东方红水库。谷地沿北西-南东向展布，两侧为古兜山脉，出露岩性为长石花岗岩，裂隙发育，有一组北东向断裂通过。古兜温泉已经过水文地质勘查工作，地表无温泉出露，是在水文地质普查过程中被发现的地热田。已成井三眼，其中有一眼热水井自流，井深71.10～135.50m，在井深51.10m处发现地下热水。古兜温泉C+D级储量为2745m³/d，热能为3.82MW。

水化学成分：根据收集的水质分析资料，地热流体水化学成分见表2.35。

表2.35 古兜山温泉化学成分　　　　　　（单位：mg/L）

T_s/℃	pH	TDS	Na$^+$	K$^+$	Ca^{2+}	Mg^{2+}
59	8.9	470	na.	na.	na.	na.
Li	Rn/(Bq/L)	Sr	NH$_4^+$	CO$_3^{2-}$	HCO$_3^-$	SO$_4^{2-}$
na.	na.	na.	na.	na.	na.	na.
Cl$^-$	F$^-$	CO$_2$	SiO$_2$	HBO$_2$	As	化学类型
na.	13.58	na.	na.	na.	na.	Cl·HCO$_3$−Na

开发利用：古兜山温泉已被香港老板开发利用多年，生产规模66×10⁴m³/a。新修浴池为日式，豪华舒适，生意红火。井中水温随深度增加而增大。据访，该处温泉流量及温度20多年来变化不大。该公司还开发一处咸水温泉，位于古兜温泉正南3km处之海中（图2.52）。

图 2.52 古兜山温泉

GDQ051 金山温泉

位置：江门市恩平市那吉镇金山温泉度假村。泉口高程38m。

概况：与325国道相连，交通方便。金山温泉地处燕山期黑云母花岗岩之中，受北东向和北西两组断裂构造控制。该泉为上升泉群，现人工围砌成一个不规则状水池，据访有300多个天然泉眼，基本上以线状排列，近南北走向。该泉天然出露，泉水从基岩裂隙中涌出，泉眼处热气腾腾，伴有大量气泡，有硫黄气味，呈串珠状，可见整片水池热气腾腾。1975年，水文一队开展了1：20万开平幅水文地质普查，对该泉进行了调查，当时未开发，泉出露于河漫滩，当时水温最高为75℃，自流量大于5L/s，现水温76℃，水温对比变化不大。该泉由广东省地矿局七五七地质队勘查评价，成井两孔，孔深50.4～100.2m，其B+C+D级允许开采量3600m³/d。

水化学成分：根据收集的水质分析资料，地热流体水化学成分见（表2.36）。

表2.36　金山温泉化学成分　　　　　（单位：mg/L）

T_s/℃	pH	TDS	Na⁺	K⁺	Ca²⁺	Mg²⁺
76	8.39	215	na.	na.	na.	na.
Li	Rn/(Bq/L)	Sr	NH₄⁺	CO₃²⁻	HCO₃⁻	SO₄²⁻
na.	na.	na.	na.	na.	na.	na.
Cl⁻	F⁻	CO₂	SiO₂	HBO₂	As	化学类型
na.	14.59	na.	na.	na.	na.	HCO₃-Na

开发利用：金山温泉于2002年12月，被国家旅游局评定为4A级旅游区；2003年3月被国家命名为"中国温泉之乡"，度假区主采天然出露的温泉水，目前经营状况良好（图2.53）。

图 2.53　金山温泉

GDQ052 富都飘雪温泉

位置： 江门市台山市都斛镇莘村东3000m。地面高程1m。

概况： 靠近广东西部沿海高速，距沿海高速都斛出口仅约800m，交通极为便利。富都温泉位于都斛镇莘都海边，地形低平，周围为养殖池，为海积平原地貌类型。地表出露岩性为灰黑色淤泥，厚度约5m，热矿水赋存于燕山期黑云母花岗岩裂隙之中，受北西向和北北东向断裂构造控制，呈条带状分布。1975年，广东省水文一队开展了1∶20万开平幅水文地质普查，对该泉进行了调查，当时水温62℃，自流量0.5L/s；2012年8月14日，用深井测温仪对地热孔进行测温，井内最高水温82.2℃。该泉已经过正规水文地质勘查，获得B+C级储量1128m³/d，属中型规模。热能为2.68MW，属小型规模。此处共施工五眼机井，其中有四眼井未抽水的均自流，有气泡。泉水无色透明，味咸。

水化学成分： 根据收集的水质分析资料，地热流体水化学成分见表2.37。

表2.37　富都飘雪温泉化学成分　　　　　（单位：mg/L）

$T_s/℃$	pH	TDS	Na^+	K^+	Ca^{2+}	Mg^{2+}
82.2	6.8	na.	na.	na.	na.	na.
Li	Rn/(Bq/L)	Sr	NH_4^+	CO_3^{2-}	HCO_3^-	SO_4^{2-}
na.	na.	na.	na.	na.	na.	na.
Cl^-	F^-	CO_2	SiO_2	HBO_2	As	化学类型
na.	14.59	na.	na.	na.	na.	Cl–Na·Ca

开发利用： 修建水管供度假村，开采量约50m³/d。富都飘雪温泉目前经营状况良好（图2.54）。

图 2.54　富都飘雪温泉

GDQ053 东洲温泉

位置： 江门市台山市都斛镇东洲村西200m。泉口高程8m。

概况： 距都斛镇镇区约3km有乡道、村道相通，交通条件较好。温泉出露于小河边，据访泉眼西侧30m处的鱼塘底部有地热异常，南侧为低山丘陵地貌，浅层为第四系冲洪积，表层为亚黏土、亚砂土，底部为砾卵石层，下伏基岩为白垩系花岗岩。构造部位为紫金-博罗深断裂带的西南延伸段。1975年，省水文一队曾调查该泉，水质清澈，为淡水温泉，当时水温52℃，2012年8月实地调查实测最高水温68.8℃，自流量72m³/d。

开发利用： 泉眼处当地人砌成长方形水池，长宽分别为10.5m、5.5m，池底是较厚的粗砂砾，水深0.5m，时有水泡冒出，周围有引河水设备，浴池为半封闭状，混凝土平顶，是一个简易公共浴池，有专人管理（图2.55）。

图 2.55 东洲温泉

GDQ054 五经富温泉

位置： 广东省揭阳市揭西县五经富镇。地面高程32m。

概况： 有S335省道和S224省道可至，交通较便利。温泉出露于低山丘陵与冲洪积谷地交汇部位，西侧为丘陵地形东侧为河谷，周围地形平缓。分布岩体为燕山期晚侏罗纪（J₃r）花岗岩，上覆三叠系上统（T₃）碎屑岩。温泉现已建成井，呈自流状态，泉水清澈，水温60.8℃，流量300m³/d。泉附近已施工有30口开采井，多处天然泉眼出露，地热资源丰富。五经富温泉热矿水赋存于燕山期黑云母花岗岩裂隙之中，受断裂构造控制，呈带状分布。该泉热能为1.167MW。

水化学成分： 根据收集的水质分析资料，地热流体水化学成分见表2.38。

表2.38　五经富温泉化学成分　　　　　　　（单位：mg/L）

$T_S/℃$	pH	TDS	Na^+	K^+	Ca^{2+}	Mg^{2+}
60.8	6.4	871	na.	na.	na.	na.
Li	Rn/(Bq/L)	Sr	NH_4^+	CO_3^{2-}	HCO_3^-	SO_4^{2-}
na.	na.	na.	na.	na.	na.	na.
Cl^-	F^-	CO_2	SiO_2	HBO_2	As	化学类型
na.	6.0	na.	na.	na.	na.	HCO_3-Na

开发利用：该泉早已修建浴池，供当地人作洗浴疗养用途（图2.56）。

图 2.56　五经富温泉

GDQ055 良田田心温泉

位置：广东省揭阳市揭西县良田镇田心村。地面高程160m。

概况：有硬底化道路通至泉点。温泉出露于低山丘陵边缘，山间河谷东侧阶地，发育于侏罗系上统南山村组（$J_3—K_1n$）中。四周为村屋，以便当地村民取水使用，泉眼处已钻孔成井，呈自流状态，但水温过低，仅30℃，流量89m³/d。

开发利用：该泉尚未被正式开发使用，现主要供作洗浴、洗涤用途。由于温泉水温较低，无法带来经济效益（图2.57）。

图 2.57　田心温泉

GDQ056 圣泉温泉

位置： 广东省揭阳市揭西县河婆镇东星村。地面高程58m。

概况： 附近S238省道、S335省道与乡镇道相通，交通方便。最高水温91.0℃。温泉位于丘陵谷地地貌一南北向谷地边缘，出露于南北向河溪东侧坡脚，区域构造位置属莲花山深断裂带，地热流体补给主要来自泉东、北东面丘陵地带断裂带（脉）状水。热储呈带状发育，岩性为侏罗系二长花岗岩。泉附近形成小片状沼泽地，沼泽地内原有数口泉眼用水，后因施工十数口地热井进行开采，水位降低而不能自涌成泉。

水化学成分： 根据收集的水质分析资料，地热流体水化学成分见表2.39。

表2.39　圣泉温泉化学成分　　　　　　　　（单位：mg/L）

T_s/℃	pH	TDS	Na^+	K^+	Ca^{2+}	Mg^{2+}
86.2	7.45	282.44	na.	na.	na.	na.
Li	Rn/（Bq/L）	Sr	NH_4^+	CO_3^{2-}	HCO_3^-	SO_4^{2-}
na.	na.	na.	na.	na.	na.	na.
Cl^-	F^-	CO_2	SiO_2	HBO_2	As	化学类型
na.	na.	na.	na.	na.	na.	$HCO_3 \cdot SO_4-Ca$

开发利用： 目前，泉附近建有13家温泉浴馆，经营理疗、洗浴，节假日及冬季生意较旺。现测得抽水管出口水温86.2℃，曾测得的最高水温达91℃。由于该地热田及附近常温地下水贫乏，地热流体温度只能是通过置于水池中冷的方式降至适宜洗浴温度，所以造成热能很大的浪费（图2.58）。

图 2.58 圣泉温泉

GDQ057 汤头温泉

位置：广东省揭阳市普宁市星湖镇汤头村。地面高程62m。

概况：有S328省道与硬底化道路相通至泉点，交通方便。温泉出露于燕山晚期花岗岩岩体中，夹于潮安-普宁大断裂和莲花山大断裂之间，受次一级北西间断裂控制。水温64℃，流量410m³/d。汤头温泉热矿水赋存于燕山期花岗岩裂隙之中，受断裂构造控制，呈带状分布。该泉热能为0.826MW。

水化学成分：根据收集的水质分析资料，地热流体水化学成分见表2.40。

表2.40 汤头温泉化学成分 （单位：mg/L）

T_S/℃	pH	TDS	Na⁺	K⁺	Ca²⁺	Mg²⁺
64	9	216	na.	na.	na.	na.
Li	Rn/(Bq/L)	Sr	NH₄⁺	CO₃²⁻	HCO₃⁻	SO₄²⁻
na.	na.	na.	na.	na.	na.	na.
Cl⁻	F⁻	CO₂	SiO₂	HBO₂	As	化学类型
na.	20	na.	na.	na.	na.	HCO₃-Na

开发利用：该温泉已开发，原天然温泉出露处附近现施工15口热水孔，供附近橡园温泉、龙珠温泉、康园温泉等八个温泉度假山庄及洗浴场使用（图2.59）。

75

图 2.59　汤头温泉

GDQ058 汤坑温泉

位置： 广东省揭阳市普宁市下架镇汤坑乡汤坑村。地面高程22m。

概况： 温泉出露于山前洪积平原近后缘部位——溪流漫滩中，上覆第四系洪坡积物，下伏燕山早期下侏罗统花岗岩。汤坑温泉水温60℃，流量90m³/d。

开发利用： 泉口出露处现施工有一口热水井，自流，供当地村民洗浴；另在附近还施有一口热水井，供一塑料厂使用（图2.60）。

图 2.60　汤坑温泉

GDQ059 玉龙温泉

位置：广东省揭阳市普宁市下营村。地面高程66m。

概况：有硬底化道路可至泉点，交通较便利。温泉出露于山间凹地中，周围植被发育，后山有小型水库一座，泉出露受北东向莲花山深断裂带控制，钻孔揭露岩性为黑云母花岗岩，局部裂隙发育，有硅化现象。玉龙温泉水温48℃，流量151m³/d。该泉赋存于燕山期黑云母花岗岩裂隙之中，受断裂构造控制，呈带状分布。热能为0.195MW。

水化学成分：根据收集的水质分析资料，地热流体水化学成分见表2.41。

表2.41　玉龙温泉化学成分 （单位：mg/L）

T_S/℃	pH	TDS	Na^+	K^+	Ca^{2+}	Mg^{2+}
48	8.6	241	na.	na.	na.	na.
Li	Rn/(Bq/L)	Sr	NH_4^+	CO_3^{2-}	HCO_3^-	SO_4^{2-}
na.	na.	na.	na.	na.	na.	na.
Cl^-	F^-	CO_2	SiO_2	HBO_2	As	化学类型
na.	9	na.	na.	na.	na.	HCO_3-Na

开发利用：该温泉已开发，供玉龙温泉度假山庄使用，玉龙温泉休闲中心集洗浴、饮食、住宿于一体，目前处于开发初期阶段。该度假山庄现施工有两口热水井，主要作理疗洗浴用途（图2.61）。

图 2.61　玉龙温泉

GDQ060 热水湖温泉

位置： 广东省信宜市新宝镇热水湖村。地面高程199m。

概况： 有道通至热水湖村，走过混凝土小桥有乡村小道通至泉口。热水湖温泉热矿水赋存于寒武系八村群石英砂岩裂隙之中，受断裂构造控制，呈带状分布。温泉位于山间谷地，附近地形起伏，泉口处已被当地村民砌成不规则形状浴池，可见有粉细砂沉积。泉水清澈，自流状态，呈股状从地下渗出，有冒泡，泉口沉积物中有粉细砂。热水湖温泉水温42℃，流量120m³/d。

水化学成分： 2013年11月23日采集水样进行水质检测（表2.42）。

表2.42　热水湖温泉化学成分　　　　　　　（单位：mg/L）

T_s/℃	pH	TDS	Na⁺	K⁺	Ca²⁺	Mg²⁺
42	8.22	260.1	70.15	2.74	9.11	0.92
Li	Rn/(Bq/L)	Sr	NH₄⁺	CO₃²⁻	HCO₃⁻	SO₄²⁻
0.313	1.4	0.07	0	9.29	113.38	21.83
Cl⁻	F⁻	CO₂	SiO₂	HBO₂	As	化学类型
13.03	13.46	0	62.87	0.52	<0.001	HCO₃-Na

开发利用： 该村共有四个泉眼出露，温泉尚未被正式开发利用，仅供村民日常洗浴（图2.62）。

图 2.62　热水湖温泉

GDQ061 郭村温泉

位置： 广东省高州市荷花镇郭村。地面高程70m。

概况： 有县道直通荷花镇到达泉点，温泉位于县道旁约10m处。郭村温泉口有沉积物，见冒泡。泉流量62m³/d，泉口水温55℃。温泉已初步开发，泉口处已用混凝土堵住，用水管将泉水引出，已建成简易矩形池。

水化学成分： 2013年11月23日采集水样进行水质检测（表2.43）。

表2.43 郭村温泉化学成分 （单位：mg/L）

T_S/℃	pH	TDS	Na⁺	K⁺	Ca²⁺	Mg²⁺
55	7.92	477.14	134.03	7.12	10.63	0.92
Li	Rn/(Bq/L)	Sr	NH₄⁺	CO₃²⁻	HCO₃⁻	SO₄²⁻
0.365	19.4	0.06	0	0	372.53	8.49
Cl⁻	F⁻	CO₂	SiO₂	HBO₂	As	化学类型
9.56	8.39	6.78	111.69	0.94	<0.001	HCO₃–Na

开发利用： 郭村温泉目前主要供当地村民洗浴、洗涤（图2.63）。

图 2.63 郭村温泉

GDQ062 温汤村温泉

位置：广东省高州市宝圩镇龙南村委温汤村旁。地面高程47m。

概况：距石板镇约5.5km，有省道通至宝圩镇温汤村，从村中步行至测点，交通不便。温汤泉口附近水温53.1℃，流量158m³/d。温泉位于山间盆地，村民农田中，地貌类型为山间冲积平原，周围植被发育。地表出露岩性为第四系黏性土，热矿水赋存于燕山期花岗岩裂隙中，受北东向信宜-廉江大断裂控制。泉口处已筑水泥圈围住，泉水呈股状从泉口流出。泉口沉积物中有铁锈。据访，热水井出水量与天然温泉口出水量相差不大。

水化学成分：2013年11月23日采集水样进行水质检测（表2.44）。

表2.44　温汤村温泉化学成分　　　　　　（单位：mg/L）

T_s/℃	pH	TDS	Na⁺	K⁺	Ca²⁺	Mg²⁺
53.1	7.51	1056.66	193.85	21.53	157.88	3.37
Li	Rn/(Bq/L)	Sr	NH₄⁺	CO₃²⁻	HCO₃⁻	SO₄²⁻
0.706	5.6	0.58	0.06	0	971.83	76.4
Cl⁻	F⁻	CO₂	SiO₂	HBO₂	As	化学类型
13.03	4.49	33.88	98.74	1.66	<0.001	HCO₃-Na·Ca

开发利用：温泉未进行过正规的勘察，目前只是初步开发，供附近村民挑水洗浴。该村于温泉东南面约50m处，有另一泉眼，用于制造矿泉水（图2.64）。

图 2.64　温汤村温泉

GDQ063 大拜温泉（荒废）

位置： 广东省高州市长坡镇大拜圩桥头市场。地面高程95m。

概况： 从高州市有县道（水泥路）直至测点，交通条件一般。大拜温泉泉水最高水温40℃，自流量为34m³/d。该处温泉位于丘陵谷地，热水河右岸，原泉眼处为农田，20世纪60～70年代天然出露，附近居民利用作洗浴用途，现泉口已经被填埋。温泉出露岩性为黏性土，赋存于寒武系八村群石英砂岩裂隙之中，有一条近东西向小断裂从附近通过，控制热水的发育。该处泉眼已被农贸市场覆盖。该处地热田70年代的水文地质普查时曾进行过简单的勘察评价，当时测得水温为37～40℃，热能为0.027MW。据访，80年代政府在该处建成农贸市场，将泉眼填埋，近期市场重建，在其附近民井测温，均为常温地下水（图2.65）。

水化学成分： 根据收集的水质分析资料，地热流体水化学成分见表2.45。

表2.45　大拜温泉化学成分　　　　　（单位：mg/L）

T_s/℃	pH	TDS	Na⁺	K⁺	Ca²⁺	Mg²⁺
40	8.2	264	na.	na.	na.	na.
Li	Rn/（Bq/L）	Sr	NH_4^+	CO_3^{2-}	HCO_3^-	SO_4^{2-}
na.	na.	na.	na.	na.	na.	na.
Cl⁻	F⁻	CO_2	SiO_2	HBO_2	As	化学类型
na.	12	na.	na.	na.	na.	HCO_3–Na

原泉口位置

图 2.65　大拜温泉

GDQ064 黄岭山塘村温泉

位置： 茂名市电白县黄岭镇石陂村委山塘村290°方向650m。泉口高程44m。

概况： 有乡道、村道相通，交通条件一般。1976年，广东省水文一队开展了1：20万阳江幅水文地质普查，该泉为上升泉，涌水量0.344L/s。当时气温22.5℃，水温42℃。现测最高水温45.5℃。该泉出露阶地中的小溪河漫滩，泉点处出露岩性为灰黄色灰质黏土、细砂，河流阶地为基座阶地，基岩为混合岩（Ebc）受区域构造影响，风化裂隙发育。为基岩裂隙上升泉，泉水清澈透明，泉口沉积物中有褐黄色细砂，有轻微硫黄气味，泉水从河边陡坎下风化岩石裂隙中涌出，见小气泡，冒出后与河水混合，作灌溉用途。

开发利用： 该温泉未经开发，雨季河水淹没泉眼（图2.66）。

图 2.66　黄岭山塘村温泉

GDQ065 黄岭热水湖温泉

位置： 茂名市电白县黄岭镇石陂村委镇热水湖村东50m。泉口地面高程38m。

概况： 有乡道、村道相通，交通条件一般。1976年，广东省水文一队进行1：20万阳江幅水文地质普查时曾调查过该泉，原水温47.5℃，涌水量1.451L/s。现测得水温41.7℃，流量6m³/d。热水湖温泉出露于一级阶地与小河溪交汇处，赋存于燕山期黑云母花岗岩裂隙之中，吴川-四会大断裂从本温泉西侧2.5km处经过，但在本温泉及近距离，未见断裂露头，地热与断裂的关系有待进一步研究。泉眼上部有三棵榕树，可见较明显的泉眼有三个，从蓄水池内不断冒泡，有少量硫黄气味。蓄水池水深0.39～0.50m，水质受树叶洗涤影响，不洁净。泉水清澈，有轻微硫黄气味。

水化学成分： 2012年7月11日采集水样进行水质检测（表2.46）。

表2.46　黄岭热水湖温泉化学成分　　　　　　　　（单位：mg/L）

$T_S/℃$	pH	TDS	Na^+	K^+	Ca^{2+}	Mg^{2+}
41.7	8.92	202	na.	na.	na.	na.
Li	Rn/（Bq/L）	Sr	NH_4^+	CO_3^{2-}	HCO_3^-	SO_4^{2-}
na.	na.	na.	na.	na.	na.	na.
Cl^-	F^-	CO_2	SiO_2	HBO_2	As	化学类型
na.	20.27	na.	na.	na.	na.	HCO_3-Na

开发利用：2010年11月当地村民捐资37276元人民币在温泉位置修建两个洗浴池，面积约为50.15m²，为混凝土结构，外围墙高约1.5m，供村民洗浴、洗涤。闲时泉水汇入旁边的溪流（图2.67）。

图 2.67　黄岭热水湖温泉

GDQ066 透田坡温泉

位置：茂名市电白县马踏镇透田坡南西150m。泉口地面高程17m。

概况：有村道至透田坡，然后步行至该温泉，交通不便。1971年12月，广东省水文一队在开展1∶20万的阳江幅水文地质普查时调查该泉，泉水无色、无味。原测得水温34℃，涌水量0.670 L/s。现水温为36℃。对比1971年时所测的水温有所上升。该泉眼位于水稻田中的沼泽地，周围地形平坦，为冲积平原地貌类型，出露岩性为粉质黏土、白色细砂，底部为花岗岩，受北东向吴川-四会大断裂控制。泉口为水田中一个水坑，坑底冒泡，该沉积物为粉细砂，有冷水混入水坑，现今无法测得流量。据访，泉口处冬天热气腾腾。该温泉过去温度较高，自修水库、渠道以后，水温降低。

开发利用：温泉为未开发的天然状态，平时主要用作灌溉（图2.68）。

图 2.68 马踏透田坡温泉

GDQ067 罗架园温泉

位置： 茂名市电白县马踏镇罗架园70°方向50m。泉口地面高程20.1m。

概况： 有村道至罗架园村，然后步行至该温泉，交通不便。1971年，广东省水文一队在开展1：20万的阳江幅水文地质普查时调查该泉，泉水无色、无味，测得泉水涌水量为0.32L/s，当时气温17.5℃，水温39℃。现水温36.5℃，较1971年时水温有所下降。该泉眼位于水稻田中的沼泽地，周围地形平坦，为冲积平原地貌类型，温泉附近被第四纪冲积物覆盖，出露岩性为粉质黏土，下伏基岩为花岗岩，受区域构造控制。泉水位于农田中，保留了一个约4m×5m的水坑，有田中冷水流入，见间歇性气泡上升，冬天泉水处有热气上升。该泉常年自流，流量变化不大。据访，以往水温略高，1970年地震后流量变大异常。

开发利用： 泉点未经开发，处于天然状态，主要用作灌溉用途（图2.69）。

图 2.69 马踏罗架园温泉

GDQ068 车田子小庙温泉

位置： 茂名市电白县马踏镇车田子小庙60°方向110m。泉口地面高程20.8m。

概况： 有村道至车田子村，然后步行至该温泉，交通不便。1971年，广东省水文一队在开展1∶20万的阳江幅水文地质普查时调查该泉，测得泉水涌水量为0.993L/s，水温55℃。如今水温52.8℃，流量86m³/d。该泉眼位于农田中的沼泽地，周围地形平坦，为冲积平原地貌类型，该泉附近被第四系冲积物覆盖，出露岩性为灰黑色淤泥，下伏基岩为花岗岩，泉水受北东向四会-吴川大断裂控制。该泉位于沼泽草地中，有四个大小不一的土窝，泉水从池底呈股状向上冒，有冒泡、吐砂现象，沉积物为粉细砂，主要成分为石英、云母。该泉常年自流，据访冬天流量变化不明显，较1971年测量水温对比，水温略有下降。该泉水质清澈，有轻微的硫黄气味，微咸。

水化学成分： 根据收集的水质分析资料，地热流体水化学成分见表2.47。

表2.47　车田子小庙温泉化学成分 （单位：mg/L）

T_s/℃	pH	TDS	Na^+	K^+	Ca^{2+}	Mg^{2+}
52.8	6.9	474	na.	na.	na.	na.
Li	Rn/（Bq/L）	Sr	NH_4^+	CO_3^{2-}	HCO_3^-	SO_4^{2-}
na.	na.	na.	na.	na.	na.	na.
Cl^-	F^-	CO_2	SiO_2	HBO_2	As	化学类型
na.	na.	na.	na.	na.	na.	Cl-Na

开发利用： 目前该泉保持天然状态，未经开发，泉水流出后与地表水混合后，灌溉面积约300亩（图2.70）。

图2.70　马踏车田子小庙温泉

GDQ069 咸水村温泉

位置： 茂名市电白县马踏镇咸水村147° 方向250m小河南岸边。泉口地面高程13m。

概况： 有乡道、村道相通，交通条件一般。1971年，广东省水文一队在开展1：20万的阳江幅水文地质普查时调查该泉，泉水涌水量为0.149L/s，水温57℃。现水温43℃，流量14m³/d。水温较1971年比，水温降低较明显。该泉眼位于农田中的沼泽地，周围地形平坦，为冲积平原地貌类型，该泉附近被第四系冲积物覆盖，出露了黑色及灰色黏土、亚黏土。下伏基岩为花岗岩，受北东向四会-吴川大断裂控制。泉眼已被河水淹没，出露不明显，水底有大量砂夹淤泥沉积。泉口沉积物中有砂、淤泥。泉水清澈，微咸，有轻微硫黄气味。

水化学成分： 根据收集的水质分析资料，地热流体水化学成分见表2.48。

表2.48 咸水村温泉化学成分 （单位：mg/L）

T_s/℃	pH	TDS	Na⁺	K⁺	Ca²⁺	Mg²⁺
43	6.9	1116	na.	na.	na.	na.
Li	Rn/(Bq/L)	Sr	NH₄⁺	CO₃²⁻	HCO₃⁻	SO₄²⁻
na.	na.	na.	na.	na.	na.	na.
Cl⁻	F⁻	CO₂	SiO₂	HBO₂	As	化学类型
na.	na.	na.	na.	na.	na.	Cl-Na

开发利用： 泉眼处为天然状态，未被开发，泉水流出后与地表水混合流入农田，灌溉作物（图2.71）。

图 2.71 马踏咸水村温泉

GDQ070 御水古温泉

位置：茂名市茂港区麻岗镇热水村，距茂名市区约28km。泉口地面高程28m。

概况：有水泥公路与G325国道和沈海（G15）高速相连，距离G325国道约6km，距离沈海（G15）高速约12km，交通十分便利。1966年，广东省水文一队在开展1：20万阳江幅水文地质普查时调查该泉，测得最高水温为79℃，自流量为2.157L/s；现开发后御水古温泉热水孔抽水最高水温为82℃。御水古温泉位于丘陵山脚，周围地形起伏，植被发育，热矿水赋存于燕山期黑云母花岗岩裂隙之中，区域上受四会-吴川深大断裂带控制，北西向次级张性断裂为地热水的导水、导热和储水构造。属开放型构造裂隙带状热储。

水化学成分：根据收集的水质分析资料，地热流体水化学成分见表2.49。

表2.49 御水古温泉化学成分 （单位：mg/L）

T_s/℃	pH	TDS	Na^+	K^+	Ca^{2+}	Mg^{2+}
82	na.	na.	na.	na.	na.	na.
Li	Rn /(Bq/L)	Sr	NH_4^+	CO_3^{2-}	HCO_3^-	SO_4^{2-}
na.	na.	na.	na.	na.	na.	na.
Cl^-	F^-	CO_2	SiO_2	HBO_2	As	化学类型
na.	6.05	na.	na.	na.	na.	Cl-Na

开发利用：目前温泉区共有四口热水井开采，每口水井均装有20m³/h的潜水泵抽水，日开采量随着季节性变化明显，夏季开采量较少，约100m³/d，冬季开采量较大，约450m³/d。全年日均开采量约300m³/d，总开采量为10.9×10⁴m³。电白县御水温泉旅游发展有限公司自2012年10月22日获得茂名市国土资源局采矿许可证以来，目前已正常开采，供以温泉为主题的休闲养生旅游度假区使用，目前经营状况良好，社会和经济效益好（图2.72）。

图 2.72 御水古温泉

GDQ071 咸田坡温泉

位置： 茂名市茂港区沙院镇咸田坡村，距电白县城约2km。泉口地面高程15m。

概况： 乡道可达该处，交通较方便。1980年，广东省水文一队进行1：20万廉江幅水文地质普查时发现该泉，呈泉群出露，其中一处水温59℃，流量0.448L/s，现地热孔自流最高水温76.5℃。咸田坡温泉热矿水赋存于燕山期黑云母花岗岩裂隙之中，受断裂构造控制。该断裂呈隐伏状，由该温泉至水东镇均被第四系覆盖，无断裂露头。泉群附近为第四系冲洪积洼地，受温泉影响，已沼泽化、盐碱化。温泉出露于冲洪积洼地中，具多处自流泉眼，温泉自井管流出，时有冒泡，成泉群状，泉眼周围荒草丛生，为废弃耕地。另在泉群附近有三个钻孔，均有热水涌出，与1980年相比，水温、流量都有所增加。该自流温泉与2号井、3号井的总自流量大于3.0L/s，流向下游的溪流及稻田中，仅部分用于灌溉。泉水清澈，水质咸，有硫黄气味。

水化学成分： 根据收集的水质分析资料，地热流体水化学成分见表2.50。

表2.50　咸田坡温泉化学成分　　　　　　　（单位：mg/L）

$T_s/℃$	pH	TDS	Na^+	K^+	Ca^{2+}	Mg^{2+}
76.5	6.54	na.	na.	na.	na.	na.
Li	Rn/（Bq/L）	Sr	NH_4^+	CO_3^{2-}	HCO_3^-	SO_4^{2-}
na.	na.	na.	na.	na.	na.	na.
Cl^-	F^-	CO_2	SiO_2	HBO_2	As	化学类型
na.	na.	na.	na.	na.	na.	Cl-Na·Ca

开发利用： 该温泉未充分利用，温泉出露处及附近具腐臭味，时常有村民利用温泉水宰杀三禽、家畜等（图2.73）。

图 2.73　咸田坡温泉

GDQ072 大桥头温泉

位置： 梅州市兴宁市罗浮镇大桥头。泉口高程108m。

概况： 温泉水温为26℃。

开发利用： 温泉出露于谷地中，周围植被发育，热储受兴宁-汕头大断裂控制发育，属裂隙型带状热储。该温泉仅作当地居民生活用水（图2.74）。

图 2.74　大桥头温泉

GDQ073 下佑温泉

位置： 梅州市兴宁市罗浮镇下佑村。泉口高程108m。

概况： 下佑温泉出露于山间谷地，周围植被发育，热储受兴宁-汕头大断裂控制发育，属裂隙型带状热储。水温为29.2℃，由于温度低，该泉尚未被开发利用（图2.75）。

图 2.75　下佑温泉

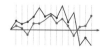

GDQ074 热拓热水温泉

位置：广东省梅州市平远县热拓镇热水村。地面高程130m。

概况：附近有G206国道，从热拓镇至热水村均有混凝土公路相通，交通便利。热拓热水温泉水温46.9℃，流量334m³/d。热拓热水温泉热矿水赋存于侏罗系火山岩裂隙之中，受北西向次级断裂影响控制，温泉呈带状分布。温泉出露于丘陵谷地小溪边，周围山上植被发育，出露岩性为热水洞组（J_3r）流纹岩，泉口沉积物中含有粉砂、铁锈。

水化学成分：2013年10月23日采集水样进行水质检测（表2.51）。

表2.51　热拓热水温泉化学成分　　　　　　　（单位：mg/L）

T_s/℃	pH	TDS	Na⁺	K⁺	Ca²⁺	Mg²⁺
46.9	7.72	459.82	124.49	5.46	25.17	0.88
Li	Rn/（Bq/L）	Sr	NH₄⁺	CO₃²⁻	HCO₃⁻	SO₄²⁻
0.378	3.8	0.48	0	0	191.67	138.03
Cl⁻	F⁻	CO₂	SiO₂	HBO₂	As	化学类型
10.43	5.72	5.08	53.24	0.56	0.002	HCO₃·SO₄–Na

开发利用：该泉为当地私人开发利用，此处约100m²范围共施工30多眼地热井，深度40m左右，村中建有20多家营业性温泉浴室。据访，旺季抽水量较大，该处泉眼亦无法自流。该泉开发利用程度较高，多为当地私人开发作洗浴用途，带给当地一定的经济效益，不过由于竞争激烈经济效益较低（图2.76）。

图 2.76　热拓热水温泉

GDQ075 九岭温泉

位置：广东省梅州市平远县石正镇东九岭上村鳗鱼养殖场。地面高程196m。

概况：温泉距石正镇约2.5km，与206国道有500m水泥路相通，交通便利。2013年10月，实测九岭温泉口水温32.1℃，自流流量48m³/d。温泉出露于丘陵地貌-山间盆地内，周边附近分布地层及岩性较为多样，主要有泥盆系老虎头组石英砂岩、侏罗系龙潭坑组凝灰质砂砾岩、砂岩，侏罗系—白垩系高基坪组大山熔岩、大山碎屑岩以及第四系松散层，温泉出露受北西向和北东向次级断裂影响控制。泉眼就在乡道水泥路路边，成一不规则小水洼，泉水从底部股状涌出，偶见气泡。

开发利用：据访，对面鱼塘底部也有泉眼，被鱼塘水淹没，泉水常年自流，但流量较小，温度较低。鱼塘属于九岭上村鳗鱼养殖场，泉水主要用于鱼类养殖，泉口处由人工蓄水成塘，抬高水位约1.5m。养殖喜温鱼类。鱼塘对面的温泉，目前为正式开发利用（图2.77）。

图 2.77　九岭温泉

GDQ076 煤矿温泉

位置：广东省梅州市梅县梅西镇杭坑村北侧关帝宫旁。地面高程160m。

概况：水泥路相通，泉位于路边，交通便利。煤矿温泉口附近水温35℃。煤矿温泉出露于丘陵谷地中，坡脚处，周围地形起伏，地表出露岩性为粉质黏土（Q^{el}），下伏基岩为含煤碎屑岩（Pt—d）。泉口沉积物中含有见铁质物质沉积。另泉边有一眼勘探井，仍有自流，井口水温33.8℃。

水化学成分：2013年10月23日采集水样进行水质检测（表2.52）。

表2.52　煤矿温泉化学成分　　　　　　　（单位：mg/L）

$T_s/℃$	pH	TDS	Na^+	K^+	Ca^{2+}	Mg^{2+}
35	7.69	200.61	7.42	5.84	42.59	9.39
Li	Rn/（Bq/L）	Sr	NH_4^+	CO_3^{2-}	HCO_3^-	SO_4^{2-}
0.035	10.8	0.38	0	0	144.42	30.16
Cl^-	F	CO_2	SiO_2	HBO_2	As	化学类型
1.74	4.49	4.24	25.68	<0.20	0.002	HCO_3-Ca

开发利用：温泉和勘探井均未开发利用，当地村民引水作灌溉用途（图2.78）。

图 2.78　煤矿温泉

GDQ077 大坪汤湖温泉

位置：广东省梅州市梅县大坪镇汤湖村。地面高程147m。

概况：有水泥路通至泉眼，交通较方便。调查实测汤湖温泉口水温43.8℃，流量144m³/d。温泉出露于丘陵山脚，附近地形起伏，为丘陵地貌类型。温泉附近出露岩性为侏罗纪—白垩纪喷发的高基坪组大山熔岩、碎屑岩，受北东向及北西向断裂构造影响，岩石节理裂隙发育，可见硅化等变质现象。泉眼处围成一个椭圆形水池，温泉从岩石裂隙涌出，可见冒泡现象，有轻微硫黄气味。

开发利用：泉口处建成公共浴池，供村集体免费洗浴、经营性浴池（图2.79）。

图 2.79 大坪汤湖温泉

GDQ078 中镇温泉

位置： 梅州市兴宁市宁中镇。泉口高程108m。

概况： 温泉出露于坡脚，热储受兴宁-汕头大断裂控制发育，属裂隙型带状热储。该泉水温为30℃，流量19m³/d。由于温度低、流量小，该泉尚未被开发利用（图2.80）。

图 2.80 中镇温泉

GDQ079 叶南温泉

位置： 广东省梅州市兴宁县叶塘镇汤湖村中。地面高程137m。

概况： 有S226省道、S225省道、G205与乡镇道路相连，道路均已硬底化，交通方便。热矿水赋存于燕山期黑云母花岗岩裂隙之中，受北西向次级断裂构造控制，呈带状分布。实测水温80.5℃，流量324m³/d。温泉出露于谷地平原，周围地形平坦，地面已硬底化，四周均为村屋。温泉出露受北面断裂控制，位于震旦系（Z_2b）及白垩系（K_2t）接触带，天然涌出，泉口沉积物中可见硅化及铁质沉淀。

水化学成分： 2013年10月21日采集水样进行水质检测（表2.53）。

表2.53　叶南温泉化学成分　　　　　　（单位：mg/L）

T_S/℃	pH	TDS	Na^+	K^+	Ca^{2+}	Mg^{2+}
80.5	6.82	891.62	295.41	20.05	8.71	4.11
Li	Rn/（Bq/L）	Sr	NH_4^+	CO_3^{2-}	HCO_3^-	SO_4^{2-}
1.165	2.1	0.64	0.15	0	639.79	109.03
Cl^-	F^-	CO_2	SiO_2	HBO_2	As	化学类型
29.54	5.58	24.82	98.64	2.6	0.004	HCO_3-Na

开发利用： 已建成一座公共浴池，并预留接水管，方便当地居民使用。当地居民每天在此取水，主要作洗浴、洗涤用途，社会效益显著。另外附近有数十家营业性私人浴室，施工多口热水井，深度20~100m，总开采量较大（图2.81）。

图 2.81　叶南温泉

GDQ080 塘坪温泉

位置： 梅州市兴宁市刁坊镇塘坪村。

概况： 温泉出露于山谷间，热储受兴宁-汕头大断裂控制发育，属裂隙型带状热储。水温为

28.5℃，流量545m³/d。由于温度低，该泉尚未被开发利用（图2.82）。

图 2.82　塘坪温泉

GDQ081 韩江温泉

位置： 广东省梅州市丰顺县小胜镇小胜渡村。地面高程21m。

概况： 沿江有硬底化公路通至养殖场，交通方便。野外实测韩江温泉抽水水温55℃。泉水清澈透明，无色无味。该温泉出露于韩江河漫滩上，韩江两边地形起伏，为低山丘陵地貌类型，温泉处经人工堆填平整，人工填土厚约5m，下伏岩石为花岗岩，受北东向莲花山断裂控制，泉水与韩江水力联系不密切。

开发利用： 养殖场在原泉眼处施工一口大锅锥井，用抽汲式水泵开采热水，每天开采量约100m³。井上建有两层水塔。泉水被韩江温泉养殖场开发，用作养殖热带鱼，每天开采量约100m³，经济效益较好（图2.83）。

图 2.83　丰顺韩江温泉

GDQ082 坭陂汤湖村温泉

位置： 广东省梅州市兴宁县坭陂镇汤湖村，距坭陂镇仅约3km。地面高程106m。

概况： 有水泥公路至该点，交通方便。坭陂汤湖文笔桥下温泉口水温71.6℃，汤一村中泉口水温78.5℃。温泉出露于谷地平原后缘，西面为山，被小河冲刷，地势较低，浅部被第四系砂性土覆盖，厚约3m，下伏岩为元古宇混合岩，构造上受北西向断裂的影响，主要有两处泉群出露，一处为汤湖文笔桥下，另一处位于汤一村中。温泉出露于小河河床中，泉眼多处呈带状排列，股状涌出，有强烈气泡。

水化学成分： 根据收集的水质分析资料，地热流体水化学成分见表2.54。

表2.54　坭陂汤湖村温泉化学成分　　　　　（单位：mg/L）

T_s/℃	pH	TDS	Na^+	K^+	Ca^{2+}	Mg^{2+}
71.6	7.4	1195	na.	na.	na.	na.
Li	Rn/(Bq/L)	Sr	NH_4^+	CO_3^{2-}	HCO_3^-	SO_4^{2-}
na.	na.	na.	na.	na.	na.	na.
Cl^-	F⁻	CO_2	SiO_2	HBO_2	As	化学类型
na.	7.5	na.	na.	na.	na.	HCO_3-Na

开发利用： 当地人在河床施工了20几个浅孔，深度3～5m，引水至公路边则建成几十家私人浴馆供旅客洗浴。汤一村中的温泉为当地施工的地热钻孔，深度不详，主要供村民洗浴，洗涤，管引和桶装，利用率较低（图2.84）。

图 2.84　坭陂镇汤湖村温泉

GDQ083 转水温泉

位置： 广东省梅州市五华县转水镇围龙村，距五华县县城约28km。地面高程106m。

概况： 又称热矿泥温泉，与县道相通，交通方便。地热田位于丘陵谷地中，周围地形缓状起伏，山上植被发育。现温泉口附近水温91.8℃，流量360m³/d。转水温泉为一个面积约1km²的地热田，地表被第四系松散层覆盖，厚度约10m，岩性为黏性土，下伏地层为震旦系板岩、片岩和石英砂岩，受北东向紫金-博罗断裂及一组北西向断裂构造控制，呈北东向带状分布。温泉经过正规水文地质勘查，获取C+D级储量2880m³/d，热能为4.964MW。

水化学成分： 根据收集的水质分析资料，地热流体水化学成分见表2.55。

表2.55 转水温泉化学成分 （单位：mg/L）

T_s/℃	pH	TDS	Na^+	K^+	Ca^{2+}	Mg^{2+}
91.8	8.6	1200	na.	na.	na.	na.
Li	Rn/(Bq/L)	Sr	NH_4^+	CO_3^{2-}	HCO_3^-	SO_4^{2-}
na.	na.	na.	na.	na.	na.	na.
Cl^-	F^-	CO_2	SiO_2	HBO_2	As	化学类型
na.	7.68	na.	na.	na.	na.	$HCO_3 \cdot SO_4-Na$

开发利用： 已被地方开发，供几十家小型温泉浴馆洗浴用途，温泉附近2000多平方米范围内，施工数十口热水井，地热孔钻探时间多为20世纪90年代后期，井深均为20m左右。热矿泥温泉是广东省第一家温泉泥温泉，利用温泉泥涂（糊）满全身，可治皮肤病、骨痛、神经痛等疾病，前去涂（糊）温泉泥的男女游客很多，据说疗效不错（图2.85）。

图 2.85 转水温泉

GDQ084 丰良温泉（代表三个温泉）

位置： 广东省丰良县丰良镇丰良河北岸，距丰顺县城约20km。地面高程106m。

概况： 有国道相通，交通十分方便。丰良温泉以泉群形式出露，天然泉眼水温89℃、地热孔井口水温94℃。温泉位于山谷河流左岸，泉眼处已砌成河岸堤，可见青灰、灰黑色岩石于河岸、河床直接出露，节理裂隙发育，硅质充填，断层明显，温泉从岩石裂隙中流出。热矿水赋存于侏罗系火山岩（英安斑岩等）裂隙之中，受断裂构造控制，温泉沿北西向呈带状分布。丰良温泉于河中及其两岸共有24处温泉点组成三处泉群，其中在桥头丰良镇地下地下水观测站处有一排泉眼。此外，在泉口附近施工有三眼机井，钻井自流，水温相对较高。该泉经过正规水文地质勘查，已获取B级储量5700m³/d，属大型规模地热田。热能为17.97MW。属中型规模。

水化学成分： 根据收集的水质分析资料，地热流体水化学成分见表2.56。

表2.56　丰良温泉化学成分　　　　　　（单位：mg/L）

T_s/℃	pH	TDS	Na^+	K^+	Ca^{2+}	Mg^{2+}
94	8	4500	na.	na.	na.	na.
Li	Rn/(Bq/L)	Sr	NH_4^+	CO_3^{2-}	HCO_3^-	SO_4^{2-}
na.	na.	na.	na.	na.	na.	na.
Cl^-	F^-	CO_2	SiO_2	HBO_2	As	化学类型
na.	20	na.	na.	na.	na.	HCO_3-Na

开发利用： 温泉处建成一个公共男女浴室，免费供民众洗浴，并接管供附近居民用桶装水使用。该泉水量大、水温高，但未被合理有效地的开发利用，大部分泉水自然流出后汇入丰良河（图2.86）。

图 2.86　丰良温泉

GDQ085 鹿湖温泉

位置：广东省梅州市丰顺县留隍镇鹿湖温泉度假村。地面高程35m。

概况：附近混凝土公路相通，交通方便。该温泉出露于丘陵谷地，四周植被发育茂盛，原为稻田，现已堆填平整，地表岩性为人工填土及第四系黏性土（Q_4^{al}），下伏地层为燕山花岗岩，受莲花山深断裂带控制影响。温泉处场地已人工堆填平整，仍有泉水天然涌出，呈股状，有冒泡现象，水温61.3℃。天然泉口附近已施工热水孔三眼，自流，热水孔深110m，井口口径219mm，井管为钢管。三口井自流量约6.5L/s。据访，温泉多年流量及温度变化不大，地热井自流量较大，抽水后则不再自流。该温泉赋存于燕山期花岗闪长岩裂隙之中，受断裂构造控制，流量880m³/d，热能为1.893MW。

水化学成分：根据收集的水质分析资料，地热流体水化学成分见表2.57。

表2.57　鹿湖温泉化学成分 （单位：mg/L）

T_s/℃	pH	TDS	Na^+	K^+	Ca^{2+}	Mg^{2+}
61.3	8.8	240	na.	na.	na.	na.
Li	Rn/(Bq/L)	Sr	NH_4^+	CO_3^{2-}	HCO_3^-	SO_4^{2-}
na.	na.	na.	na.	na.	na.	na.
Cl^-	F^-	CO_2	SiO_2	HBO_2	As	化学类型
na.	17.5	na.	na.	na.	na.	HCO_3-Na

开发利用：目前，鹿湖温泉已被马来西亚华侨开发利用，投资20亿元人民币进行温泉度假村的建设。现处于建设阶段，热水孔为2012年施工，暂未开采，未来经济效益可观（图2.87）。

图 2.87　鹿湖温泉

GDQ086 小汤温泉

位置：广东省梅州市丰顺县留隍镇小汤村。地面高程37m。

概况：附近有S334、S233省道与乡、镇道相通，混凝土公路，交通较方便。温泉出露于丘陵山谷小河边，实测水温43.5℃。四周植被发育，出露岩性为花岗岩，中风化节理裂隙发育，主要一组裂隙产状35°∠72°，裂隙面褐黄色铁质浸染，岩石破碎。该泉赋存于燕山期黑云母花岗岩裂隙之中，受断裂构造控制，流量405m³/d，热能为0.152MW。附近河床边缘有个热水孔，孔口已密封，孔深100m。

水化学成分：根据收集的水质分析资料，地热流体水化学成分见表2.58。

表2.58　小汤温泉化学成分　　　　　　　（单位：mg/L）

T_s/℃	pH	TDS	Na^+	K^+	Ca^{2+}	Mg^{2+}
43.5	7.1	230	na.	na.	na.	na.
Li	Rn/(Bq/L)	Sr	NH_4^+	CO_3^{2-}	HCO_3^-	SO_4^{2-}
na.	na.	na.	na.	na.	na.	na.
Cl^-	F⁻	CO_2	SiO_2	HBO_2	As	化学类型
na.	na.	na.	na.	na.	na.	HCO_3-Na

开发利用：泉口处筑有小型矩形浴池，泉水清澈，供当地村民泡浴、洗涤。小汤温泉目前已小规模开发利用，修建浸泡浴池，现正规划和筹备规模化开发利用（图2.88）。

图 2.88　小汤温泉

GDQ087 横陂汤湖温泉

位置： 广东省梅州市五华县横陂镇汤湖村。地面高程120m。

概况： 附近有S120省道与乡、镇道相通，混凝土公路，交通方便。温泉（地热井）分布于丘陵谷地地貌的谷地边缘，谷地表层为冲积松散层，约7～9m厚，下伏白垩系合水组（K_1w）砂岩，未揭露有侏罗纪中期侵入岩体，地热点北面见侏罗纪侵入花岗闪长岩（$J_2r\delta$）。温泉出露于谷地中，水温62.15℃，呈股状涌出。该温泉赋存于燕山期黑云母花岗岩裂隙之中，受断裂构造控制，呈带状分布，自流量240m³/d，热能为0.98MW。现经人为改造（打井、铺路），原状况已改变。据访，温泉与自流地热井水温及流量均较稳定。目前，在温泉出露范围内已施工有数十口热水井，深度20～65m不等。

水化学成分： 根据收集的水质分析资料，地热流体水化学成分见表2.59。

表2.59 横陂汤湖温泉化学成分 （单位：mg/L）

T_s/℃	pH	TDS	Na^+	K^+	Ca^{2+}	Mg^{2+}
62.15	6.9	721	na.	na.	na.	na.
Li	Rn/(Bq/L)	Sr	NH_4^+	CO_3^{2-}	HCO_3^-	SO_4^{2-}
na.	na.	na.	na.	na.	na.	na.
Cl^-	F	CO_2	SiO_2	HBO_2	As	化学类型
na.	9	na.	na.	na.	na.	HCO_3-Na

开发利用： 横陂汤湖温泉以小型农家浴室方式开发利用，利用率较低、经济效益差。当地正筹备和规划更好地开发利用（图2.89）。

图 2.89 横陂汤湖温泉

GDQ088 黄泥寨温泉

位置：广东省梅州五华县双华镇黄泥寨村中。地面高程145m。

概况：附近X032与各混凝土公路相接，交通条件较好。温泉出露于丘陵谷地后缘，南面为丘陵，北面地形平坦，地表被第四系黏性土覆盖，厚度约40m，下伏岩性为灰黑色混合岩，受莲花山断裂和佛冈-丰良深断裂控制。该处为天然出露的泉眼，已建成一个正方形浴池，现施工一眼地热井，井深约50m，自流，水温49.7℃，流量264m³/d。据访，温泉流量年变化幅度不大，冬天大量抽水时无法自流。该温泉赋存于片麻岩裂隙之中，热能为0.511MW。

水化学成分：根据收集的水质分析资料，地热流体水化学成分见表2.60。

表2.60 黄泥寨温泉化学成分　　　　　　（单位：mg/L）

T_S/℃	pH	TDS	Na^+	K^+	Ca^{2+}	Mg^{2+}
49.7	7.9	250	na.	na.	na.	na.
Li	Rn/(Bq/L)	Sr	NH_4^+	CO_3^{2-}	HCO_3^-	SO_4^{2-}
na.	na.	na.	na.	na.	na.	na.
Cl^-	F^-	CO_2	SiO_2	HBO_2	As	化学类型
na.	12.5	na.	na.	na.	na.	HCO_3-Na

开发利用：附近私人热水井有十数口左右，温泉被当地居民分散开采，大部分热水井为20世纪90年代末期施工，已建成数十家小型私人温泉浴馆，供客人洗浴，冬天开采量较大（图2.90）。

图 2.90 黄泥寨温泉

GDQ089 苏山温泉及益康温泉

位置： 广东省梅州市丰顺县北斗镇苏山村。地面高程45m。

概况： 附近有G206国道，有乡镇道相通，交通便利。益康温泉地热孔出露于低山丘陵，水温49℃，流量100m³/d。周围地形平缓，下伏岩性为二长花岗岩，受莲花山断裂构造影响。苏山温泉位于低山丘陵，水温48℃，流量130m³/d。周围地形平缓，下伏岩性为二长花岗岩。

开发利用： 益康温泉地热孔热水孔已开发，孔口周围建有小型浴室供附近及游客洗浴。苏山温泉处建有小型浴室，供客人洗浴。现于泉口处施工一口热水井，主要作洗浴用途（图2.91）。

图 2.91 益康温泉

GDQ090 石桥温泉（代表两个温泉）

位置： 广东省梅州市丰顺县汤坑镇石桥。地面高程33m。

概况： 丰顺县汤坑镇附近有机场、铁路、206国道、S224省道等，交通四通八达，极方便。温泉出露于丘陵-谷地，周围地形平缓，分布侏罗系热水组（J_3r）喷出岩，下伏晚侏罗世侵入花岗岩，地热受莲花山深断裂控制。石桥温泉位于石桥温泉广场中，分别有两个天然露头，相隔距离约为40m，泉水从泉口处呈股状涌出，可见强烈冒泡。

开发利用： 该温泉已开发，现泉口侧建有一小型浴室，供当地村民泡浴。水温72.3℃。流量168m³/d。与该泉距离约40m处可见另一天然温泉出露。目前，石桥温泉水开发利用方式单一，仅供当地村民泡浴（图2.92）。

图 2.92　石桥温泉

GDQ091 石江温泉

位置：广东省梅州市丰顺县汤西镇石江村。地面高程23m。

概况：丰顺县汤西镇附近有G78高速公路、206国道、S224省道等，交通四通八达，方便。该泉地处丘陵地貌边缘，周围地形起伏，南西侧为丘陵。地热受莲花山深断裂和北西向次一级断裂控制，岩石裂隙发育。上覆第四系松散层，下伏晚侏罗系侵入花岗岩，受深大断裂影响。该温泉为天然出露，一年四季均自流，水温59.3℃，流量120m³/d，温度及流量变化不大。温泉处建有浴池，浴池低于石江村地面，泉眼位于浴池一角，泉水从池底呈股状涌出，偶见气泡，池底沉积物为粗砂。附近有私人施工三眼地热井。村中一户村民施工一口热水孔，将温泉水向当地村民销售，井水24小时自流，每天自流量约为4.0～5.0L/s。石江温泉赋存于侏罗系火山岩（流纹岩）裂隙之中，热能为0.386MW。

水化学成分：根据收集的水质分析资料，地热流体水化学成分见表2.61。

表2.61　石江温泉化学成分　　　　　　（单位：mg/L）

T_s/℃	pH	TDS	Na^+	K^+	Ca^{2+}	Mg^{2+}
59.3	7.4	200	na.	na.	na.	na.
Li	Rn /(Bq/L)	Sr	NH_4^+	CO_3^{2-}	HCO_3^-	SO_4^{2-}
na.	na.	na.	na.	na.	na.	na.
Cl^-	F^-	CO_2	SiO_2	HBO_2	As	化学类型
na.	17	na.	na.	na.	na.	$HCO_3 \cdot SO_4-Na$

开发利用：该温泉被石江村开发建成免费公共男女浴池，供附近居民温泉泡浴。石江温泉目前还没有被开发利用，仅供当地村民泡浴（图2.93）。

图 2.93　石江温泉

GDQ092 汤坑温泉（代表 11 个温泉）

位置： 广东省梅州市丰顺县汤坑镇汤坑村，距丰顺县约2km，汤坑镇汤坑路边。地面高程20m。

概况： 交通便捷。汤坑温泉赋存于侏罗系火山岩（流纹岩、玄武岩）裂隙之中，受北西向和北东向断裂构造控制，沿北西向呈带状分布。汤坑温泉位于丰顺县城汤河北岸地带，温泉成群出现，共有11个温泉出露点。周围均已硬底化，未见岩性露头，水温87℃，流量479m³/d。据访，钻孔揭露下伏岩性为花岗岩，裂隙发育，为主要含水层。

水化学成分： 根据收集的水质分析资料，地热流体水化学成分见表2.62。

表2.62　汤坑温泉化学成分　　　　　　（单位：mg/L）

T_s/℃	pH	TDS	Na^+	K^+	Ca^{2+}	Mg^{2+}
87	7.1	329	na.	na.	na.	na.
Li	Rn/(Bq/L)	Sr	NH_4^+	CO_3^{2-}	HCO_3^-	SO_4^{2-}
na.	na.	na.	na.	na.	na.	na.
Cl^-	F^-	CO_2	SiO_2	HBO_2	As	化学类型
na.	12	na.	na.	na.	na.	HCO_3-Na

开发利用： 汤坑温泉历史悠久，自古以来就供当地人洗浴等使用，修建有男女大浴池，各容纳数百人。该温泉是目前广东省内规模最大的免费自然温泉公共浴池，也是高居全省医疗氡水第一名的温泉，对类风湿病、皮肤病有一定疗效。汤坑温泉已成为一张独特的城市名片，更有"来到汤坑不洗汤，枉到丰顺走一趟"的说法。尤其是冬天，人们在温泉池赤身相见，大事小事天下事，一吐为快，让浸泡者在氤氲中享受畅快的感觉（图2.94）。

图 2.94 汤坑温泉

GDQ093 福全温泉

位置：广东省梅州市五华县双华镇福全村。地面高程140m。

概况：附近有X029，混凝土公路，交通较方便。温泉出露于丘陵坡脚山间硅地边缘，受莲花山断裂和佛冈-丰良深断裂控制。水温42.7℃。流量192m³/d。温泉口已经人工改造成蓄水池，水深约3m，据访，该泉涌水量较小，水量与水温稳定。温泉处及附近分布白垩纪侵入岩（$K_2\eta r$）和侏罗纪晚期侵入岩体，偶见零星侏罗纪漳平组（J_2z）碎屑岩。

开发利用：该温泉目前由福全村一户人家私人开采利用，主要用于洗浴（图2.95）。

图 2.95 福全温泉

GDQ094 颍川温泉

位置：广东省梅州市丰顺县汤西镇石湖村。地面高程21m。

概况：附近有S224省道、汕昆高速，至泉点均有硬底化道路相通，交通方便。颍川温泉赋存于侏罗系火山岩裂隙之中，地热受莲花山断裂和北西向次一级断裂控制。水温62.2℃，流量360m³/d。温泉出露于丘陵地貌边缘，北东侧为冲洪积谷地，分布第四系松散层，南西侧为丘陵，分布侏罗系热水组（J_3r）喷出岩，下伏晚侏罗世侵入花岗岩。

开发利用：该温泉已开发，泉口处建成井状，自流，泉水清澈，泉口周围已筑成小型浴室，管道引水至浴池，供当地村民洗浴（图2.96）。

图 2.96 颍川温泉

GDQ095 龙光温泉

位置：广东省梅州市丰顺县汤南镇龙光村。地面高程12m。

概况：附近有G206国道、S224省道、G78汕尾高速，至泉点均道路硬底化，交通方便。龙光温泉热矿水赋存于燕山期黑云母花岗岩裂隙之中，处于桂洲群组（QhG）与晚侏罗世花岗岩接触带上，受莲花山断裂和一北西向次一级断裂控制。龙光温泉水温65.4℃，流量192m³/d。

开发利用：该温泉已开发，由附近15条村集资，于泉口处建有一间小型浴室，泉水清澈见底，自流，呈股状涌出、冒泡，已建成几个矩形浴池，供当地村民泡浴。在附近施工两口地热井，一口在养殖场旁，自流井，以供养殖。一口在好又多温泉门前，管道引水至浴室内供村民免费泡浴（图2.97）。

图 2.97　龙光温泉

GDQ096 塔下温泉

位置：广东省梅州市丰顺县埔寨镇塔下村。地面高程19m。

概况：附近有S224省道和G78高速，处于河汤公路旁，交通极便。温泉处于银瓶山组（T_3ji）沉积岩、碎屑岩，侏罗系花岗岩接触部位。受莲花山断裂和北西向次一级断裂控制。塔下温泉水温53.8℃。流量19m³/d。现泉附近施工一口热水井。据访，井深100余米，井口密封。该泉赋存于燕山期黑云母花岗岩裂隙之中，受断裂构造控制，呈带状分布，热能为0.022MW。

水化学成分：根据收集的水质分析资料，地热流体水化学成分见表2.63。

表2.63　塔下温泉化学成分　　　　　　　（单位：mg/L）

T_s/℃	pH	TDS	Na^+	K^+	Ca^{2+}	Mg^{2+}
53.8	6.9	711	na.	na.	na.	na.
Li	Rn/(Bq/L)	Sr	NH_4^+	CO_3^{2-}	HCO_3^-	SO_4^{2-}
na.	na.	na.	na.	na.	na.	na.
Cl^-	F	CO_2	SiO_2	HBO_2	As	化学类型
na.	8.0	na.	na.	na.	na.	$HCO_3·Cl–Na·Ca$

开发利用：温泉尚未正式开发，附近村民于原天然出露处筑有一间小型浴室，供当地村民泡浴，偶有村民到此装水回家洗浴（图2.98）。

图 2.98 塔下温泉

GDQ097 杨群村温泉

位置： 广东省清远市佛冈县石角镇杨群村。地面高程78m。

概况： 距佛冈县城仅约3km，距有国道及高速公路出口3.5km，交通极为便利。温泉周围地形起伏，为丘陵地貌，植被发育，地表出露岩性为砂质黏土、黏土等。该泉赋存于燕山期黑云母花岗岩裂隙之中，受东西向及北东向断裂控制，泉水清澈透明，无色无味，水温32℃。

开发利用： 该地区主要有两个天然泉眼，一个因水温过低而未被利用，呈自流状，补给地表水；另一个泉眼周围施工有多口钻孔，用混凝土砌成大水池，主要抽水引至篁胜温泉大酒店，供游客洗浴浸泡（图2.99）。

图 2.99 杨群村温泉

GDQ098 凤凰温泉

位置： 广东省清远市佛冈县水头镇碧桂园清泉城。地面高程124m。

概况： 距京珠高速佛冈出口仅约5km，交通十分方便。温泉出露于山脚边，周围地形起伏，植被发育，为丘陵地貌类型，水温37℃。该泉赋存于燕山期黑云母花岗岩裂隙之中，流量为534m³/d。

水化学成分： 根据收集的水质分析资料，地热流体水化学成分见表2.64。

表2.64　凤凰温泉化学成分 　　　　　（单位：mg/L）

T_S/℃	pH	TDS	Na^+	K^+	Ca^{2+}	Mg^{2+}
42	7.3	187	na.	na.	na.	na.
Li	Rn/(Bq/L)	Sr	NH_4^+	CO_3^{2-}	HCO_3^-	SO_4^{2-}
na.	na.	na.	na.	na.	na.	na.
Cl^-	F^-	CO_2	SiO_2	HBO_2	As	化学类型
na.	na.	na.	na.	na.	na.	HCO_3–Na·Ca

开发利用： 据访，在原有的泉眼位置上施工一口1200多米的热水井，出水温度42℃。该泉引管供水至温泉区（大型的综合园林式露天温泉，总占地达2300多平方米）供游客洗浴浸泡（图2.100）。

图 2.100　凤凰温泉

GDQ099 金龟泉

位置： 清远市佛冈县汤塘镇。地面高程58m。

概况： 地处京珠高速汤塘出口处右转佛冈方向3km处，交通便利。天然泉眼出露于河道附近，受佛冈-丰良深断裂控制，但现已封闭，水温34.5℃。下伏岩性以中粗粒黑云母花岗岩为主。流量为766m³/d。

开发利用： 金龟泉现被金龟泉生态度假村使用，是由广东佛冈县金土地实业发展有限公司于2011年投资建设的生态度假村项目，位于素称广州后花园和温泉之乡的佛冈县黄花湖温泉度假区的金龟山谷，龟谷四面山林，藏风聚水生气。区内湖光山色，汤塘氡温泉驰名。村口野逸悠然，涵烟浸月，清江一曲抱村流、桃花春雨江南，小桥流水人家。"金龟泉"为原创4A级苏州山水园林式的生态旅游度假村，"水逸园"为五星级龟道养生会馆的精品酒店，客房300余间。金龟泉生态度假村精于生态旅游和山林SPA，专于苏州园林和中华养生，以金龟山溪、金龟林泉、金龟灵石为"三绝"，集天然、古淡、精灵、独辟"四美"之大成，独特构筑江南风雅的山郭水村和生态健康的体验园林。金龟泉目前主要用途为引水至温泉区供游客洗浴，建有温泉水疗池、野溪温泉等，具有一定的经济效益（图2.101）。

图 2.101　金龟泉

GDQ100 汤塘温泉

位置：广东省清远市佛冈县汤塘镇汤塘村委热水塘。地面高程26m。

概况：可由G106国道至汤塘镇，再沿乡镇道路和道路硬底化至泉点，交通便利。温泉出露于第四系冲洪积平原，表层覆盖物为砂质黏土、砂砾等，下伏岩性为花岗岩，最高水温可达85℃。汤塘温泉赋存于燕山期黑云母花岗岩裂隙之中，受北西向和北东向断裂构造控制，流量为4000m³/d。

水化学成分：2013年10月26日采集水样进行水质检测（表2.65）。

表2.65　汤塘温泉化学成分　　　　　　　　　　　　　　　　（单位：mg/L）

T_s/℃	pH	TDS	Na^+	K^+	Ca^{2+}	Mg^{2+}
75	7.79	466.98	132.2	7.03	5.81	0.59
Li	Rn/(Bq/L)	Sr	NH_4^+	CO_3^{2-}	HCO_3^-	SO_4^{2-}
0.438	1	0.29	0	0	342.84	9.28
Cl^-	F^-	CO_2	SiO_2	HBO_2	As	化学类型
14.77	7.89	6.78	117.4	0.26	0.002	HCO_3-Na

开发利用：该泉1996年就被开发利用。共有五处温泉点，均进行过水文地质钻探，并建有生产井。先后有三家单位进行开发利用，各自建有"温泉宾馆"、"金龟泉生态度假村"、"温泉度假中心"等。其中"金龟泉生态度假村"是4A级生态旅游度假村，生意红火，效益甚好。

在泉眼位置施工一口200多米深的热水井，出水量惊人，已在出水口附近扩建成直径10m的大井，并接有12条水管，调查期间大部分正在抽水，水位埋深约为1m，未见有下降的趋势。主要用途为引水至附近多间温泉区供游客洗浴及当地居民日常洗涤用水（图2.102）。

图 2.102　汤塘温泉

GDQ101 大东山温泉

位置： 广东省清远市连州市龙坪镇朝天圩龙坪林场。地面高程720m。

概况： 距龙坪镇1.6km，朝天约6.8km，附近交通极便利，有清贺高速、323国道、259省道。温泉出露于花岗岩构造低山的半坡沟谷中，表面盖层分别为第四系冲洪积层和坡残积层，岩性主要为砂砾石、块石及砂、砾质黏土等，出露基岩为浅肉红色细-中粒斑状花岗岩，水温51.5℃。该泉主要赋存于燕山早期中粒斑状花岗岩的构造裂隙中，受南北向断裂构造控制，自流量为380~400m³/d，热能为3.297MW。

水化学成分： 根据收集的水质分析资料，地热流体水化学成分见表2.66。

表2.66　大东山温泉化学成分　　　　　（单位：mg/L）

T_S/℃	pH	TDS	Na⁺	K⁺	Ca²⁺	Mg²⁺
51.5	7.9	na.	na.	na.	na.	na.
Li	Rn/(Bq/L)	Sr	NH₄⁺	CO₃²⁻	HCO₃⁻	SO₄²⁻
na.	na.	na.	na.	na.	na.	na.
Cl⁻	F⁻	CO₂	SiO₂	HBO₂	As	化学类型
na.	na.	na.	na.	na.	na.	HCO₃–Ca

开发利用： 该温泉现已开发成大型的温泉旅游度假区，每天抽水至温泉区，供游客洗浴、浸泡（图2.103）。

图 2.103　大东山温泉

GDQ102 大岭村温泉

位置： 广东省清远市连州市龙坪镇马步村委大岭村。地面高程130m。

概况： 距马步村委约2.5km，可由G107国道到达马步村委，再沿便道即可抵达。泉眼出露于小河边上，周围植被发育茂盛，泉口有大量细-中砂沉积，受北东向和北西向断裂控制，水温33℃。下伏岩性为砂砾岩，砂岩。泉眼处有大量气泡冒出，流量较大，上表有大量植被的干腐体。流量为2958m³/d。

水化学成分： 2013年10月16日采集水样进行水质检测（表2.67）。

表2.67　大岭村温泉化学成分　　　　　　（单位：mg/L）

T_S/℃	pH	TDS	Na^+	K^+	Ca^{2+}	Mg^{2+}
33	7.36	211.78	4.07	0.83	63.4	4.4
Li	Rn /(Bq/L)	Sr	NH_4^+	CO_3^{2-}	HCO_3^-	SO_4^{2-}
0.023	0.7	0.21	0	0	215.96	16.24
Cl^-	F^-	CO_2	SiO_2	HBO_2	As	化学类型
0.87	0.53	13.55	12.39	<0.2	0.003	HCO_3-Ca

开发利用： 由于地处偏远，交通条件恶劣等因素，鲜有人至，该泉未被开发利用，泉水自泉眼自然涌出，流入河道，直接补给地表水（图2.104）。

图 2.104　大岭村温泉

GDQ103 车田温泉

位置：广东省清远市连州市星子镇昌黎村委车田村。地面高程359m。

概况：距马水镇东南向约3.8km，星子镇约8km多，附近交通便利，有S346、S259省道到达星子镇，再沿县道和简易公路即可抵达。泉眼出露于山谷中，四周植被发育，周围有细粉砂岩及少量夹硅质灰岩出露，推测与附近呈南北走向的断裂带有关，水温45.9℃。该泉赋存于燕山期黑云母花岗岩裂隙之中，流量为162m³/d。

水化学成分：根据收集的水质分析资料，地热流体水化学成分见表2.68。

表2.68　车田温泉化学成分　　　　　　　　　　（单位：mg/L）

T_s/℃	pH	TDS	Na⁺	K⁺	Ca²⁺	Mg²⁺
45.9	7.85	180	na.	na.	na.	na.
Li	Rn/(Bq/L)	Sr	NH_4^+	CO_3^{2-}	HCO_3^-	SO_4^{2-}
na.	na.	na.	na.	na.	na.	na.
Cl⁻	F⁻	CO_2	SiO_2	HBO_2	As	化学类型
na.	28	na.	na.	na.	na.	HCO_3–Na·Ca

开发利用：车田温泉目前未被合理开发利用，仅供当地人洗浴。泉眼处已筑成椭圆形浴池，泉水清澈，池底有少许沉积物。在该泉周围发现有日常洗浴用品的包装纸，可见该浴池平时亦有人前来洗浴。泉水自然涌出，补给地表水（图2.105）。

图 2.105　车田温泉

GDQ104 上田温泉

位置： 广东省清远市连州市星子镇昌黎村委上田村。地面高程316m。

概况： 距马水镇约2.8km，星子镇约8km多，附近交通便利，有S346、S259省道到达星子镇，再沿县道和简易公路即可抵达。泉眼出露于半山腰中，温泉周围出露岩性为粉砂岩，植被发育茂盛，泉水清澈、透明，水温47℃。下伏岩性为深灰色石灰岩夹硅质灰岩。泉水自岩石裂隙间流出，少有气泡，无硫黄气味。上田温泉赋存于燕山期黑云母花岗岩裂隙之中，受南北向断裂构造控制，流量为592m³/d。

水化学成分： 2013年10月16日采集水样进行水质检测（表2.69）。

表2.69 上田温泉化学成分   （单位：mg/L）

$T_s/℃$	pH	TDS	Na^+	K^+	Ca^{2+}	Mg^{2+}
47	7.18	146.99	15.58	1.22	17.91	2.35
Li	Rn/(Bq/L)	Sr	NH_4^+	CO_3^{2-}	HCO_3^-	SO_4^{2-}
0.048	4.3	0.09	0	0	97.18	12.76
Cl^-	F^-	CO_2	SiO_2	HBO_2	As	化学类型
0.87	2.73	8.47	44.43	<0.20	0.006	HCO_3-Ca·Na

开发利用： 泉眼处已围成大池。泉水通过一条直径约8cm的钢管引水至鱼塘进行养殖及引水至路边的民营浴室供游客洗浴，虽地处偏远，但秋冬季仍有不少游客前来游玩（图2.106）。

图 2.106 上田温泉

GDQ105 百岁温泉

位置：广东省清远市清新县飞来峡镇社岗村委社岗村。地面高程31m。

概况：附近有S252、S253省道，省道与乡镇道相通，道路均硬底化，交通便利。温泉出露于河道附近，受佛冈-丰良深断裂控制，水温60℃。四周环境幽静，空气清新，周围植被发育，未见断裂带痕迹。下伏基岩以中粗粒黑云母花岗岩为主。流量为350m³/d。

水化学成分：2013年11月14日采集水样进行水质检测（表2.70）。

表2.70　百岁温泉化学成分　　　　　　　（单位：mg/L）

T_S/℃	pH	TDS	Na⁺	K⁺	Ca²⁺	Mg²⁺
60	8.15	298.82	79.45	2.86	8.6	0.92
Li	Rn/(Bq/L)	Sr	NH₄⁺	CO₃²⁻	HCO₃⁻	SO₄²⁻
0.535	na.	0.06	0	7.97	143.07	3.64
Cl⁻	F⁻	CO₂	SiO₂	HBO₂	As	化学类型
10.43	21.46	0	91.91	1.43	0.020	HCO₃-Na

开发利用：该区原有两个天然泉眼出露，现已施工两口热水井。平日主要抽水至蓄水池，再供水至各个浴池。由于该度假村地处偏远，现将引水至5km外的升平温泉度假村，同时营业。百岁温泉主要用途是供游客洗浴浸泡，经济效益一般（图2.107）。

图 2.107　百岁温泉

GDQ106 清新社六温泉

位置：广东省清远市清新县飞来峡镇社岗村委社六村。

概况：附近有S252、S253省道，省道与乡镇道相通，道路均硬底化，交通便利。温泉周围植被发育，泉水较为清澈，硫黄气味较重，附近出露的基岩为粗粒黑云母花岗岩，偶见石英脉（断层）出露，推测与温泉附近东南向的断裂带存在密切联系。泉水自流，直接补给地表水。温泉周围有大量翠绿色的泉华物质和腐殖物悬浮。水温57.4℃，自流量为115.68m³/d。附近有多处天然泉眼出露，测得泉眼水温为55～57.4℃，总流量450m³/d。

水化学成分：2013年11月14日采集水样进行水质检测（表2.71）。

表2.71 清新社六温泉化学成分 （单位：mg/L）

$T_s/℃$	pH	TDS	Na^+	K^+	Ca^{2+}	Mg^{2+}
57.4	8.3	282.98	75.56	2.85	5.06	0.92
Li	Rn/(Bq/L)	Sr	NH_4^+	CO_3^{2-}	HCO_3^-	SO_4^{2-}
0.492	na.	0.06	0	13.28	117.43	2.43
Cl^-	F^-	CO_2	SiO_2	HBO_2	As	化学类型
12.16	20.73	0	91.23	1.03	0.019	HCO_3-Na

开发利用：有一钻孔为京广铁路的地质队所施工，孔深不详。据访，该地区于两三年前已被某财团征收，面积约100亩，目前仍未有开发迹象（图2.108）。

图 2.108 清新社六温泉

GDQ107 白屋温泉

位置： 广东省清远市清新县龙颈镇佈田村委白屋村。地面高程45m。

概况： 附近有S350省道与乡镇道相通，交通便利。温泉出露于该村的河坝边上，受吴川-四会大断裂控制，村民于泉眼出露处围成直径约7m的水池，泉口沉积物含有中-粗砂，池底有大量泉眼出露，泉水自流呈股状涌出，清澈见底，水温27.5℃。池底泉眼出露处有大量砾石、中粗砂覆盖，四周植被发育茂盛，未见断裂带痕迹。流量为432m³/d。

水化学成分： 2013年11月14日采集水样进行水质检测（表2.72）。

表2.72 白屋温泉化学成分 （单位：mg/L）

T_s/℃	pH	TDS	Na⁺	K⁺	Ca²⁺	Mg²⁺
27.5	7.45	282.44	2.45	2.8	79.44	7.06
Li	Rn/(Bq/L)	Sr	NH₄⁺	CO₃²⁻	HCO₃⁻	SO₄²⁻
0.007	1.8	0.18	0	0	203.81	66.7
Cl⁻	F⁻	CO₂	SiO₂	HBO₂	As	化学类型
2.61	0.14	10.16	19.34	<0.20	<0.001	HCO₃·SO₄-Ca

开发利用： 龙颈白屋温泉时常有当地居民前来洗浴。据访，之前曾有财团想投资开发成温泉度假村，后由于各种因素而放弃（图2.109）。

图 2.109 白屋温泉

GDQ108 广东第一峰温泉（代表三个温泉）

位置： 广东省清远市阳山县秤架瑶族乡广东第一峰温泉度假村。地面高程213m。

概况： 称天门岭脚温泉，又称温汤温泉或天泉。附近有G323国道可至，交通便利。温泉水温50℃。该温泉正处于海拔标高1902m的石坑崆，广东最高峰的山脚下，故当地人和开发商称其为"天下第一峰温泉"。温泉热矿水赋存于燕山期黑云母花岗岩裂隙之中，受北西向断裂构造控制，三处温泉呈北西向带状分布，原来的天然泉眼出露在景区的河道边上，即称架镇天井山天门岭脚称架河边，附近见有花岗岩出露，裂隙发育，植被发育茂盛。水温50℃，温泉共有三处温泉出露，总自流量为105m³/d。

水化学成分： 2013年10月22日采集水样进行水质检测（表2.73）。

表2.73 广东第一峰温泉化学成分　　　　（单位：mg/L）

T_s/℃	pH	TDS	Na^+	K^+	Ca^{2+}	Mg^{2+}
50	7.2	139.11	24.6	1.42	6.78	1.47
Li	Rn/(Bq/L)	Sr	NH_4^+	CO_3^{2-}	HCO_3^-	SO_4^{2-}
0.131	7.7	0.04	0	0	82.34	3.48
Cl^-	F⁻	CO_2	SiO_2	HBO_2	As	化学类型
1.74	4.71	8.47	52.9	<0.2	0.004	HCO_3-Na

开发利用： 该温泉于2005年开发，由当地人经营，实际上是香港商人投资开发的。施工两口生产井，井深63.00～105.56m，经抽水试验，获得总涌水量为672m³/d。现在温泉主要用途为抽水至天泉度假村（酒店）供游客洗浴。该度假村（酒店）共有30多个浴池，和200多间客房。调查期间，由于天气凉爽，前来游玩的旅客较多（图2.110）。

图 2.110　广东第一峰温泉

GDQ109 高朗温泉

位置：广东省清远市阳山县黄坌镇梅田村委麻地冲，曹田坑水库北侧，黄坌镇西侧约2.5km。地面高程130m。

概况：由G323国道到达黄坌镇，再沿乡道即可抵达。泉眼出露于山间谷地中，受郴县-怀集断裂控制，下伏岩性为细粉砂岩，页岩夹石灰岩，水温35.4℃，自流量为1512m³/d。

水化学成分：2013年10月19日采集水样进行水质检测（表2.74）。

表2.74　高朗温泉化学成分　　　　　　（单位：mg/L）

T_S/℃	pH	TDS	Na^+	K^+	Ca^{2+}	Mg^{2+}
35.4	7.48	243.94	3.84	0.94	67.76	8.22
Li	Rn/(Bq/L)	Sr	NH_4^+	CO_3^{2-}	HCO_3^-	SO_4^{2-}
0.035	20.8	0.24	0	0	188.97	44.08
Cl^-	F^-	CO_2	SiO_2	HBO_2	As	化学类型
1.74	0.5	9.32	21.28	<0.2	0.007	HCO_3-Ca

开发利用：该地有多处天然泉眼出露，之前曾有集团想投资开发此处，但由于水温太低，最终放弃。据访，以往曾测得水温达38℃。温泉已被围砌成人工混凝土筑成的水池，泉水清澈透明，周围植被发育茂盛，主要方便当地居民前来洗涤、浸泡，亦供给附近的菜地和鱼塘，用来种植蔬菜及鱼塘养殖（图2.111）。

图 2.111　高朗温泉

GDQ110 凹凸温泉

位置： 清远市阳山县江英镇。泉口高程242m。

概况： 由S347省道转406县道可至江英镇，然后沿小道可达泉点，交通不便。温泉出露于粤北岩溶石山地区一岩溶盆地，泉口沉积物为砾石、砂，水温36.8℃。泉眼附近地形平坦，盆地内岩溶孤峰耸立，植被较发育。泉眼处出露岩层为泥盆系碳酸盐岩，溶蚀现象明显，未发现有断裂露头。该地处在北东向郴县-怀集大断裂带东侧，次一级羽状断裂群发育，以北西向断裂为主，并有北东向断裂交叉发育。热矿水水源主要由碳酸盐岩溶洞裂隙水补给，热量来自深部热液（汽）上升传递，热储类型属岩溶型层状热储。自流量为289m³/d。

开发利用： 该泉尚未得到充分合理开发利用，仅作附近居民洗浴、洗涤用，利用率较低（图2.112）。

图 2.112　凹凸温泉

GDQ111 暖塘坑温泉

位置： 广东省清远市阳山县七拱镇西路村委暖塘坑村。地面高程143m。

概况： 距七拱镇约6km，有S114、S260与乡镇道相接，均已硬底化，交通较便利。暖塘坑温泉热矿水赋存于燕山期黑云母花岗岩裂隙之中，受郴县-怀集断裂影响控制。泉眼出露于山脚边，四周植被发育茂盛，表面覆盖物为砂质黏土，下伏岩性为中粗粒花岗岩，水温58.2℃。汤泉热矿水赋存于燕山期黑云母花岗岩裂隙之中，自流量为430m³/d，热能为0.756MW。

水化学成分：2013年10月19日采集水样进行水质检测（表2.75）。

表2.75 暖塘坑温泉化学成分 （单位：mg/L）

T_s/℃	pH	TDS	Na⁺	K⁺	Ca²⁺	Mg²⁺
48.3	7.34	176.98	35.81	3.08	13.55	2.05
Li	Rn /(Bq/L)	Sr	NH₄⁺	CO₃²⁻	HCO₃⁻	SO₄²⁻
0.197	15.1	0.16	0	0	101.23	12.76
Cl⁻	F⁻	CO₂	SiO₂	HBO₂	As	化学类型
4.34	5.99	7.62	48.21	<0.2	0.001	HCO₃–Na·Ca

开发利用：温泉天然出露，泉眼处已修建有男女浴室，据说已有100多年历史，为当地居民提供免费的洗浴场所。男浴室测得最高水温48.3℃，流量79m³/d。紧邻该浴室有间民宅式浴场，据访，供水源头为一人工开挖的热水井，井深1.6m，按30元/房进行收费。暖塘坑温泉目前未较好的开发利用，仅供当地人洗浴（图2.113）。

图 2.113 暖塘坑温泉

GDQ112 石螺温泉

位置：广东省清远市阳山县小江镇热水池村委热水村小江镇石螺河边。地面高程78m。

概况：可由S114省道直接抵达，交通方便。石螺温泉水温52℃。流量220 m³/d。石螺温泉的分布大部分位于石炭系和泥灰岩中，泉眼集中于北东向构造与北北西-南南东向的河流交汇处，与当地的地壳断层活动及其下伏花岗岩存在密切联系，受其影响，热储呈带状分布，水温52℃。

水化学成分：2013年10月19日采集水样进行水质检测（表2.76）。

表2.76 石螺温泉化学成分 （单位：mg/L）

T_s/℃	pH	TDS	Na⁺	K⁺	Ca²⁺	Mg²⁺
52	7.72	263.05	1.64	1.11	70.66	9.39
Li	Rn/(Bq/L)	Sr	NH_4^+	CO_3^{2-}	HCO_3^-	SO_4^{2-}
0.01	13.2	0.23	0	0	257.8	17.4
Cl^-	F^-	CO_2	SiO_2	HBO_2	As	化学类型
0.87	0.44	5.93	32.04	<0.2	0.007	HCO_3-Ca

开发利用：石螺温泉于2006年已被香港商人李林、李茶香夫妇开发利用，在温泉旁边的小山包上修建了20几个浸泡温泉池，并建有宾馆、别墅等，生意红火，游客特别多，经济效益甚好。但由于没有采矿证，属于违法开采，于2011年被阳山县政府取缔，待办证。此处为该地区最早的公共浴池，男女各一间，为天然泉眼出露，男浴室水温52℃，女浴室42.5℃。该地区现在分别有龙凤温泉浴场和阳山森林温泉大酒店两家温泉旅游设施隔江相望。据闻靠江边的龙凤温泉浴场施工有一口热水井，孔深不详。而河对岸的阳山森林温泉大酒店，据访施工一口热水孔，但水温不高，客源较少（图2.114）。

图 2.114 石螺温泉

GDQ113 热水塘村温泉

位置：广东省清远市英德市白沙镇热水塘村。地面高程99m。

概况：有乡道通至该泉，交通较为方便。温泉出露于丘陵谷地，附近地形平坦，为谷地平原地貌，地表被第四系冲洪积物覆盖，第四系冲洪积层厚度较大，水温48℃。上部浅层为亚黏土。泉眼在鱼湾圩旁边鱼湾河鱼塘中间，鱼塘面积约30m×40m，整片鱼塘的水均为热的。泉眼有水泥圈圈住，可见不断有热气往上冒。白沙热水塘村温泉热矿水赋存于燕山期黑云母花岗岩裂隙之中，受北东向断裂构造控制，热储呈北东向带状发育。

水化学成分：2013年9月14日采集水样进行水质检测（表2.77）。

表2.77　热水塘村温泉化学成分　　　　　（单位：mg/L）

T_s/℃	pH	TDS	Na^+	K^+	Ca^{2+}	Mg^{2+}
48	7.72	731.88	36.39	12.27	151.97	3.81
Li	Rn/(Bq/L)	Sr	NH_4^+	CO_3^{2-}	HCO_3^-	SO_4^{2-}
0.118	1.6	1.46	0	0	76.94	402.49
Cl^-	F^-	CO_2	SiO_2	HBO_2	As	化学类型
5.21	2.26	0	78.74	0.26	0.004	SO_4-Ca

开发利用：目前，该温泉由村民自发利用，见数根抽水管接驳至村民的家中，用作家庭式温泉洗浴房，供游客洗浴、浸泡（图2.115）。

图 2.115　热水塘村温泉

GDQ114 白沙新潭温泉

位置： 广东省清远市英德市白沙镇潭头村委新潭村。地面高程94m。

概况： 距英德市区约30km，距S252省道约2.4km，省道与乡间便道相通，交通较方便。温泉出露于山脚边上，受北东向断裂构造控制，沿途发现石灰岩断层出露，下伏岩性以灰岩为主。水温52℃，流量为392m³/d。

水化学成分： 2013年9月14日采集水样进行水质检测（表2.78）。

表2.78 白沙新潭温泉化学成分　　　　　　　　（单位：mg/L）

$T_S/℃$	pH	TDS	Na^+	K^+	Ca^{2+}	Mg^{2+}
52	7.63	732.4	23.53	12.05	158.74	2.35
Li	Rn/(Bq/L)	Sr	NH_4^+	CO_3^{2-}	HCO_3^-	SO_4^{2-}
0.05	1.1	1.09	0.02	0	67.49	401.33
Cl^-	F^-	CO_2	SiO_2	HBO_2	As	化学类型
3.48	1.49	3.39	95.55	<0.2	0.005	SO_4-Ca

开发利用： 在泉眼位置，村民已集资修建有男女浴室各一间，男浴室占地约8m×10m，女浴室占地约5m×10m。白沙新潭温泉未被合理有效地开发利用，主要供村民洗浴（图2.116）。

图 2.116 白沙新潭温泉

GDQ115 仙湖温泉（代表九个温泉）

位置： 广东省清远市英德市横石塘镇新群村委蓝木村。地面高程89m。

概况： 由S347省道与乡、镇道连接，均为混凝土公路，交通较方便。仙湖温泉已经过详细水文地质勘查，温泉明显受北东向吴川-四会深大断裂构造和北西向断裂构造控制，热储为带状。地热流体赋存于石炭系下统石磴子组（C_1ds）石灰岩裂隙溶洞之中。地下水类型：上部为松散岩类孔隙水，水位埋深1.0～3.5m，单井涌水量80～200m³/d。下部为块状岩类裂隙溶洞水，水位埋深2.7～3.9m，单井涌水量500～1200m³/d。温泉热储量埋藏深度10～15m，由于岩溶发育不均一，连续性差，故热储盖层保温性能较差，天然出露的热矿水水温低于46℃。本地热田属于沉积岩类开启型地热储。此处有九处温泉，自流量为1368m³/d。可采水量2467m³/d，总可采水量C+D级为3835m³/d，热能为4.33MW，属小型规模地热资源。温泉水温41～45℃，平均44℃。

水化学成分： 根据收集的水质分析资料，地热流体水化学成分见表2.79。

表2.79 仙湖温泉化学成分 （单位：mg/L）

T_s/℃	pH	TDS	Na^+	K^+	Ca^{2+}	Mg^{2+}
46	7.3	2655.48	na.	na.	na.	na.
Li	Rn/(Bq/L)	Sr	NH_4^+	CO_3^{2-}	HCO_3^-	SO_4^{2-}
na.	na.	na.	na.	na.	na.	na.
Cl^-	F^-	CO_2	SiO_2	HBO_2	As	化学类型
na.	2	na.	na.	na.	na.	SO_4-Ca

开发利用： 据访，原来的天然泉眼现已暂时封存，并还在泉眼的周围施工数口钻井，温泉由英德仙湖发展有限公司于2005年2月获得采矿许可证，投资5亿元人民币兴建"仙湖温泉度假村"，目前正在建设中（图2.117）。

泉口位置

图 2.117 仙湖温泉

GDQ116 英德热水村温泉

位置： 广东省清远市英德市水边镇热水村委热水村。地面高程51m。

概况： 距水边镇约6km，有乡镇相接，交通方便。热水村温泉热矿水赋存于燕山期黑云母花岗岩裂隙之中，受吴川-四会深断裂构造控制，热储为带状。表层覆盖物为花岗岩残积土，以砂质黏性土为主，下伏基岩为花岗岩。未发现断裂带痕迹。该地方有三个泉眼，有一个用水泥封盖，并围成蓄水池，并接有一条8in（1in=2.54cm）水管引水使用。该地方出露的三个泉眼较远的相隔仅10余米，其中两个仅隔5m，呈自流状。水温54.3℃，流量为186m³/d。

水化学成分： 2013年9月15日采集水样进行水质检测（表2.80）。

表2.80　英德热水村温泉化学成分　　　　　　（单位：mg/L）

T_S/℃	pH	TDS	Na⁺	K⁺	Ca²⁺	Mg²⁺
54.3	7.79	417.2	107.39	5.39	11.62	0.88
Li	Rn/(Bq/L)	Sr	NH₄⁺	CO₃²⁻	HCO₃⁻	SO₄²⁻
0.329	14.9	0.23	0	0	209.21	61.48
Cl⁻	F⁻	CO₂	SiO₂	HBO₂	As	化学类型
15.64	11.62	4.24	98	0.5	0.006	HCO₃-Na

开发利用： 沿途的小河边上发现有岩心，疑为钻探施工所遗留。三个泉点仅有一个已用水泥围成蓄水池并接有水管，其余两个未见成井痕迹。该泉目前还没有被广泛开发利用，仅供当地人洗浴（图2.118）。

图 2.118　英德热水村温泉

GDQ117 鹅地温泉

位置：广东省汕头市潮南区雷岭镇鹅地村。地面高程27m。

概况：距惠来县县城约7km，南约6km为G15沈海高速，有省道通至温泉附近，交通条件较好。鹅地温泉周围地形缓状起伏，为低丘陵地貌，泉点位于山间小溪边，溪边岸出露岩性为燕山期黑云母花岗岩，裂隙发育，石英脉充填，可见硅化现象。区域上受北东向莲花山深断裂控制，泉水从溪边花岗岩裂隙中呈股状涌出，泉眼主要有四股，可见泉口处有暗褐色铁质侵染现象，局部见泉华，水温69.6℃，流量为1037m³/d。

水化学成分：根据收集的水质分析资料，地热流体水化学成分见表2.81。

表2.81 鹅地温泉化学成分　　　　（单位：mg/L）

T_s/℃	pH	TDS	Na$^+$	K$^+$	Ca^{2+}	Mg^{2+}
69.6	7.4	2300	na.	na.	na.	na.
Li	Rn/(Bq/L)	Sr	NH$_4^+$	CO$_3^{2-}$	HCO$_3^-$	SO$_4^{2-}$
na.	na.	na.	na.	na.	na.	na.
Cl$^-$	F$^-$	CO$_2$	SiO$_2$	HBO$_2$	As	化学类型
na.	5	na.	na.	na.	na.	HCO$_3$–Na

开发利用：实地考察时，发现泉水流出后汇入小溪白白流走，十分可惜，该温泉地理位置及交通条件都很好，流量较大，目前尚未开发，有巨大的开发潜力（图2.119）。

图 2.119　鹅地温泉

GDQ118 汤下温泉

位置： 广东省陆河县螺溪镇汤下村。地面高程95m。

概况： 有硬底化道路与X004县道相通，交通较便。温泉出露于低山丘陵地貌一溪流中，四周植被发育茂盛，分布的岩体为燕山早期晚侏罗世花岗岩体，裂隙发育，水温56.3℃。该泉赋存于燕山期黑云母花岗岩裂隙之中，受莲花山断裂构造控制，呈带状分布，流量55m³/d，热能为0.05MW。

水化学成分： 根据收集的水质分析资料，地热流体水化学成分见表2.82。

表2.82 汤下温泉化学成分 （单位：mg/L）

T_s/℃	pH	TDS	Na⁺	K⁺	Ca²⁺	Mg²⁺
56.3	7.3	347	na.	na.	na.	na.
Li	Rn/(Bq/L)	Sr	NH₄⁺	CO₃²⁻	HCO₃⁻	SO₄²⁻
na.	na.	na.	na.	na.	na.	na.
Cl⁻	F⁻	CO₂	SiO₂	HBO₂	As	化学类型
na.	7	na.	na.	na.	na.	HCO₃–Na

开发利用： 该温泉已开发，泉口附近施工了一口地热井，井口封闭，泉水用一条PV管引出，供当地村民挑水洗浴使用。汤下温泉因水量较小，水温不高，原温泉浴馆现已停业，暂无经济效益，当地人偶尔在泉处洗浴（图2.120）。

图 2.120 汤下温泉

GDQ119 御水湾温泉

位置：广东省汕尾市陆河县螺溪镇御水湾山庄。地面高程92m。

概况：地处X123与X004的交界处，均有硬底化道路可通至，交通方便。温泉出露于低山丘陵边缘，四周植被发育茂盛，附近地形起伏较大，山坡坡度一般25°～45°，分布岩体为燕山早期侵入岩，受莲花山深断裂控制，沿次一级断裂带出露，水温56.2℃。该温泉位于山脚下，是天然出露的上升泉，泉水自流，呈股状从地下喷涌而出，强烈冒泡，可见泉华现象，流量221m³/d，热能为0.475MW。

水化学成分：根据收集的水质分析资料，地热流体水化学成分见表2.83。

表2.83　御水湾温泉化学成分　　　　　（单位：mg/L）

Ts	pH	TDS	Na⁺	K⁺	Ca²⁺	Mg²⁺
56.2	7.1	905	na.	na.	na.	na.
Li	Rn/(Bq/L)	Sr	NH₄⁺	CO₃²⁻	HCO₃⁻	SO₄²⁻
na.	na.	na.	na.	na.	na.	na.
Cl⁻	F⁻	CO₂	SiO₂	HBO₂	As	化学类型
na.	7	na.	na.	na.	na.	HCO₃-Na

开发利用：泉口已被人工围成一个不规矩形状的池子。据访，该泉枯、丰水期动态变化不大。温泉西侧约40m有另一个温泉点。该温泉已开发，并修建御水湾温泉度假山庄，主要用途供客人洗浴（图2.121）。

图 2.121　御水湾温泉

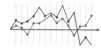
GDQ120 下龙温泉

位置：广东省汕尾市陆河县上护镇上户墟。地面高程65m。

概况：有乡镇道与S335省道相通，交通较便利。温泉出露于河岸边，出露岩性为花岗岩，粗粒结构，块状构造，裂隙发育，可见硅化现象，水温55.5℃。该泉赋存于燕山期中细粒黑云母二长花岗岩裂隙之中，受北东向和北西向断裂构造控制，呈带状分布，流量415m³/d。

水化学成分：根据收集的水质分析资料，地热流体水化学成分见表2.84。

表2.84　下龙温泉化学成分 （单位：mg/L）

T_s/℃	pH	TDS	Na$^+$	K$^+$	Ca^{2+}	Mg^{2+}
55.5	9.21	260	na.	na.	na.	na.
Li	Rn/(Bq/L)	Sr	NH$_4^+$	CO$_3^{2-}$	HCO$_3^-$	SO$_4^{2-}$
na.	na.	na.	na.	na.	na.	na.
Cl$^-$	F$^-$	CO$_2$	SiO$_2$	HBO$_2$	As	化学类型
na.	9.1	na.	na.	na.	na.	HCO$_3$–Na

开发利用：泉水从岩石裂隙中呈股状涌出，泉眼处已被人工围成井状，井深1.2m，井口圆形，直径2m，有水泵在井中抽水，井底可见冒泡现象，有一条水管引至旁边浴池。据访，泉流量一年四季变化不大，水温30多年来变化不大。泉口旁建成一个简易浴池，供当地居民洗浴，附近居民用水泵抽取温泉水作生活洗涤、洗浴用途。另外不远处还有一泉点。下龙温泉目前已小规模开发利用，正规划筹备扩大开发利用规模（图2.122）。

图 2.122　下龙温泉

GDQ121 汤仔寨温泉

位置：广东省汕尾市陆河县新田镇汤仔寨村。地面高程37m。

概况：附近S240、S335省道与乡镇道路相通，有硬底化公路通至测点，交通方便。温泉出露于低山丘陵之间的谷地内，附近地形平缓，分布岩体为燕山早期侵入岩，地表被第四系松散层覆盖，下伏岩体为燕山期花岗岩，水温52.1℃。周围植被发育，泉水自流，呈股状从地下涌出，泉口处可见有铁质现象，降雨时泉水较混浊。该泉赋存于燕山期黑云母花岗岩与侏罗系火山岩接触带处，受莲花山断裂控制，呈带状分布，流量80m³/d，热能为0.117MW。

水化学成分：根据收集的水质分析资料，地热流体水化学成分见表2.85。

表2.85　汤仔寨温泉化学成分　　　　（单位：mg/L）

$T_s/℃$	pH	TDS	Na^+	K^+	Ca^{2+}	Mg^{2+}
52.1	6.7	573	na.	na.	na.	na.
Li	Rn/(Bq/L)	Sr	NH_4^+	CO_3^{2-}	HCO_3^-	SO_4^{2-}
na.	na.	na.	na.	na.	na.	na.
Cl^-	F^-	CO_2	SiO_2	HBO_2	As	化学类型
na.	10	na.	na.	na.	na.	HCO_3-Na

开发利用：天然露头已经人工改造。温泉尚未取得探矿权，温泉出露处附近施工有两眼地热井，其中一口热水井为阳光温泉山庄开发；另一口供村民用作鱼塘养殖。汤子寨温泉开发利用程度较高，主要洗浴、洗涤、养殖用途，自流量较大，开发潜力较大，目前亦发挥了较好的经济效益（图2.123）。

图 2.123　汤仔寨温泉

GDQ122 南塘汤湖温泉

位置： 广东省汕尾市陆丰市南塘镇汤湖村。地面高程13m。

概况： 附近有G324国道、G15高速与乡镇道路相通，有硬底化道通至泉点，交通方便。温泉出露于谷地平原中，地势低洼，周围为果树，地表被第四系松散层覆盖，下伏地层岩性为侏罗系沉积岩，岩性为砂岩、硅质岩。温泉位于河流边上，泉口冲积物为细砂，泉水自流，呈股状涌出，泉口附近水温60.7℃。该泉赋存于燕山期黑云母花岗岩裂隙之中，受莲花山断裂控制，呈带状分布，流量20m³/d，热能为0.048MW。

水化学成分： 根据收集的水质分析资料，地热流体水化学成分见表2.86。

表2.86 南塘汤湖温泉化学成分 （单位：mg/L）

T_s/℃	pH	TDS	Na$^+$	K$^+$	Ca^{2+}	Mg^{2+}
60.7	7.6	1300	na.	na.	na.	na.
Li	Rn/(Bq/L)	Sr	NH$_4^+$	CO$_3^{2-}$	HCO$_3^-$	SO$_4^{2-}$
na.	na.	na.	na.	na.	na.	na.
Cl$^-$	F$^-$	CO$_2$	SiO$_2$	HBO$_2$	As	化学类型
na.	3	na.	na.	na.	na.	Cl–Ca·Na

开发利用： 附近施工有地热钻孔，钢管引水至地面，泉水从地热孔管中自流而出，孔口已被封住，于热水孔东向约20m处测得河中砂与水的温度为58.7℃。据访，该温泉丰水期和枯水期水量变化不大。附近建有几间小型营业性温泉浴馆，均从汤湖温泉引水供客人洗浴，仅冬季小规模开采，经济效益一般。汤湖温泉开发程度较低，主要作洗浴、洗涤用途（图2.124）。

图 2.124 南塘汤湖温泉

GDQ123 赤水温泉

位置：汕尾市海丰县赤坑镇长围村。地面高程4m。

概况：有机耕路可通，泉点北约200m有沈海高速（G15）通过。温泉出露于谷地平原，地势低洼，受莲花山深断裂控制，含水层岩性为花岗岩，泉水从洼地呈股状喷出，可见气泡，有铁质沉积。泉口附近可见粉细砂、褐红色铁质沉积物。水温58.6℃，流量10.5m³/h。

开发利用：温泉尚未开发，处于天然状态，积水形成一片沼泽地。赤水温泉尚未开发，仅自然流出作灌溉用途（图2.125）。

图 2.125　赤水温泉

GDQ124 汤排温泉

位置：汕尾市陆河县水唇镇汤排村。地面高程96m。

概况：附近有S335省道与乡道相通，交通较便。温泉分布于河岸，低山丘陵地貌，分布岩体为燕山期早期侵入岩，受莲花山断裂控制，沿次一级断裂带出露。温泉出露于河床边沿，周围已被人工筑成近椭圆形小浴池。作现场调查时受洪水淹没，泉水浑浊，具体出露情况不明，可见少量冒泡。泉口附近水温47℃，流量10.5 m³/h。

开发利用：温泉已开发，但利用率极低，仅供当地居民作洗浴、洗涤用途。该温泉附近已施工有一口开采井，原约100m，但填至37m，测温测得最高温度为51.4℃。目前正准备继续施工钻井，开发温泉度假村项目（图2.126）。

图 2.126　汤排温泉

GDQ125 汤塘温泉

位置：广东省韶关市乐昌市九峰镇联安村委汤塘组。泉口高程702m。

概况：距九峰镇西南约4.5km，由九峰镇联安村委沿省道S248向西行约9km，向南沿乡间便道即可抵达。泉眼出露于山谷中，沿途发现有石英砂岩（断层）出露，下伏岩性为板状页岩，夹少量碳质页岩，水温54.3℃。汤塘温泉热矿水赋存于九峰花岗岩体与寒武系八村群石英砂岩接触带之中，受北东向断裂构造控制，流量137m³/d。

开发利用：泉眼出露处已砌有简易的黄泥屋作为公共浴室，泉水从池底呈股状涌出，偶见气泡，浴室占地约90m²，分为男女浴室。在浴室后侧的农田中，有多处热泉出露，而浴室西侧的小河中也有热泉通过水管引水出来，以便村民使用，已开采水量5m³/d（图2.127）。

图 2.127　汤塘温泉

GDQ126 龙山温泉

位置：广东省韶关市乐昌市廊田镇廊田村委龙山村龙山林场内。地面高程312m。

概况：距廊田镇约4.5km，可由廊田镇沿省道247向行驶北4.5km即可抵达，交通便利。泉点地处丘陵地带，受北东向断裂构造控制，原出露的泉眼已用水泥围砌，下伏岩性为石灰岩，中厚层及厚层状，底部夹页岩，水温42.9℃，流量896m³/d。

水化学成分：2013年8月21日采集水样进行水质检测（表2.87）。

表2.87　龙山温泉化学成分 （单位：mg/L）

T_s/℃	pH	TDS	Na⁺	K⁺	Ca²⁺	Mg²⁺
42.9	7.04	141.74	15.6	0.98	17.39	1.76
Li	Rn/(Bq/L)	Sr	NH_4^+	CO_3^{2-}	HCO_3^-	SO_4^{2-}
0.133	46.6	0.09	0	0	89.08	13.89
Cl⁻	F⁻	CO₂	SiO₂	HBO₂	As	化学类型
0.88	3.96	15.25	42.67	<0.2	0.024	HCO₃–Ca·Na

开发利用：泉眼在龙山林场办公楼前的阶梯下，主要为林场及龙山温泉度假村提供热泉水，供林场员工生活用水和龙山温泉供游客洗浴浸泡（图2.128）。

图 2.128　龙山温泉

GDQ127 大坪温泉

位置： 广东省韶关市乐昌市梅花镇大坪村委桥背村。地面高程416m。

概况： 距梅花镇约5.4km，可由京港澳高速或省道249到达梅花镇，再向东沿乡道和简易公路即可抵达。大坪温泉地处山谷间，热矿水赋存于泥盆系上统天子岭组石灰岩裂隙溶洞之中，受北东向断裂构造控制，呈带状分布。泉眼出露于山谷中，为石灰岩地区，附近未见断裂带痕迹。下伏岩性以石灰岩为主，夹薄层灰岩及页岩。泉眼旁还有两口热水井，水温48.3~60.3℃，流量220m³/d。

水化学成分： 2013年8月20日采集水样进行水质检测（表2.88）。

表2.88　大坪温泉化学成分　　　　　（单位：mg/L）

T_s/℃	pH	TDS	Na⁺	K⁺	Ca²⁺	Mg²⁺
60.3	6.86	818.19	26.06	12.05	186.42	8.78
Li	Rn/(Bq/L)	Sr	NH₄⁺	CO₃²⁻	HCO₃⁻	SO₄²⁻
0.101	23.2	0.89	0.4	0	98.53	441.02
Cl⁻	F⁻	CO₂	SiO₂	HBO₂	As	化学类型
0.88	0.99	18.63	92.26	0.23	0.005	SO₄-Ca

开发利用： 泉眼出露处已于2012年由村民集资围建成露天浴池，泉水较清澈，平时有较多村民前来洗浴。据访，尚未能有效利用（图2.129）。

图2.129　大坪温泉

GDQ128 金岭温泉（代表三个温泉）

位置： 广东省韶关市乐昌市梅花镇坪溪村委金岭下村金山组。地面高程174m。

概况： 距梅花镇东北向约8km，可由高速G4或省道S248到达梅花镇，再沿简易公路向东行驶即可到达。泉眼出露于山间谷地，周围见有页岩与石灰岩出露，水温58.9℃。据访，以往泉口水温可达80℃，因受调查期间连日的暴雨和洪水侵袭，致使冷热水自然混合，水温只有58.9℃。金岭温泉热矿水赋存于泥盆系中统东岗岭组石灰岩裂隙溶洞之中，受北东向断裂构造控制，流量284m³/d。此外，当地共有三处天然出露热泉，一个泉眼在温泉Ⅰ的北西向2km处，水温为40℃左右，另一泉眼在泉Ⅰ的北偏西方向，距泉眼Ⅰ约3.5~4km，亦为40℃左右。因受当时天气影响，洪水侵袭而无法到达。

水化学成分： 根据收集的水质分析资料，地热流体水化学成分见表2.89。

表2.89　金岭温泉化学成分　　　　　（单位：mg/L）

T_S/℃	pH	TDS	Na⁺	K⁺	Ca²⁺	Mg²⁺
58.9	8	na.	na.	na.	na.	na.
Li	Rn/(Bq/L)	Sr	NH₄⁺	CO₃²⁻	HCO₃⁻	SO₄²⁻
na.	na.	na.	na.	na.	na.	na.
Cl⁻	F⁻	CO₂	SiO₂	HBO₂	As	化学类型
na.	na.	na.	na.	na.	na.	SO₄–Ca·Na

开发利用： 乐昌金岭温泉目前开发利用较少，开发利用方式单一，主要供当地村民洗浴或生活用水（图2.130）。

图 2.130　金岭温泉

GDQ129 青嶂山温泉

位置： 广东省韶关市南雄市江头镇。地面高程149m。

概况： 距江头镇约几百米，有简易公路可至。温泉地处丘陵地带，为沿南北向断层开挖，下伏基岩以中细粒斑状黑云母花岗岩为主。原为开采萤石的探矿井，由巷道底160m抽水至80m，再抽出井口供矿区和青嶂山温泉度假村使用。据访，现每天抽水数小时已足够，最高水温为大于60℃，在矿区的办公室测得水温为48℃，流量1440m³/d。

水化学成分： 2013年8月8日采集水样进行水质检测（表2.90）。

表2.90　青嶂山温泉化学成分　　　　　　（单位：mg/L）

T_s/℃	pH	TDS	Na⁺	K⁺	Ca²⁺	Mg²⁺
48	7.2	714	169.93	8.33	52.27	3.81
Li	Rn/(Bq/L)	Sr	NH₄⁺	CO₃²⁻	HCO₃⁻	SO₄²⁻
1.678	6.2	1.18	0	0	136.33	325.94
Cl⁻	F⁻	CO₂	SiO₂	HBO₂	As	化学类型
18.52	8.35	19.48	58.43	2.55	0.004	SO₄–Na

开发利用： 供矿区和青嶂山温泉度假村使用（图2.131）。

图 2.131　青嶂山温泉

GDQ130 锅坑温泉

位置： 广东省韶关市南雄市澜河镇帽子峰森林公园内。地面高程350m。

概况： 帽子峰森林公园素有"南雄九寨沟"之美誉，该森林公园南距南雄市区42km。可由南雄市沿省道342向西北行使到达澜河镇，再沿简易公路向北约4km即可抵达。锅坑温泉出露于丘陵中，受北东向吴川-四会深断裂构造控制，表层被第四系沉积物覆盖，四周植被发育茂盛，泉口水温50.5℃。泉眼处早被当地居民修建成浴室，泉水从池底呈股状涌出，流量251m³/d。偶见气泡，有较重硫黄气味。

水化学成分： 2013年8月9日采集水样进行水质检测（表2.91）。

表2.91　锅坑温泉化学成分　　　　　　　　（单位：mg/L）

T_s/℃	pH	TDS	Na^+	K^+	Ca^{2+}	Mg^{2+}
50.5	7	241.69	46.21	3.45	6.78	1.17
Li	Rn/(Bq/L)	Sr	NH_4^+	CO_3^{2-}	HCO_3^-	SO_4^{2-}
0.505	56.4	0.14	0	0	97.18	22.04
Cl^-	F^-	CO_2	SiO_2	HBO_2	As	化学类型
1.76	10.81	19.48	100.83	0.94	0.008	HCO_3-Na

开发利用： 由于历史较久，该温泉浴室过于残旧，难以为当地带来经济收益。目前，锅坑温泉开发利用方式单一，主要供当地居民作日常洗浴用途。另一泉眼位于浴室外的2～3m，已水泥硬化底，经管道引热泉水至浴室（图2.132）。

图 2.132　锅坑温泉

GDQ131 康乐温泉

位置：广东省韶关市南雄市全安镇暖水塘村委石头堆村。地面高程137m。

概况：距全安镇2.85km，可由韶（关）赣（州）高速公路、342国道到达全安镇，再往西北向沿县道和乡道行驶即可抵达，交通便利。康乐温泉地处丘陵地带，地形起伏，热矿水赋存于燕山期二长花岗岩裂隙和古近系、新近系红色砂砾岩裂隙之中，受北东向断裂构造控制。该泉浅表被红层覆盖，周围植被发育，未发现有断裂带的痕迹，下伏基岩为花岗岩。据访，该泉为以往找矿队的勘察孔，现呈自流状，热泉水直接补给地表水。沿乡道两侧各有一口热水孔，水温58.5℃，流量121.68m³/d，热能为1.45MW。康乐温泉获得C+D级储量为790m³/d。

水化学成分：根据收集的水质分析资料，地热流体水化学成分见表2.92。

表2.92 康乐温泉化学成分 （单位：mg/L）

T_S/℃	pH	TDS	Na⁺	K⁺	Ca²⁺	Mg²⁺
58.5	6.8	870	na.	na.	na.	na.
Li	Rn/(Bq/L)	Sr	NH₄⁺	CO₃²⁻	HCO₃⁻	SO₄²⁻
na.	na.	na.	na.	na.	na.	na.
Cl⁻	F⁻	CO₂	SiO₂	HBO₂	As	化学类型
na.	na.	na.	na.	na.	na.	HCO₃·SO₄-Na·Ca

开发利用：泉眼处泉水呈自流状态，已建成康乐温泉浴室，男女浴室各一间，总面积约7m×15m，可容纳30人左右，供村民作免费洗浴用途。康乐温泉已被开发利用多年，由于其开发利用规模不大，设施一般，故社会效益和经济效益一般。据访，现准备扩大规模，预计今后效益可观，开发利用潜力较大（图2.133）。

图 2.133 康乐温泉

GDQ132 下坪温泉

位置： 广东省韶关市南雄市雄州街道办下坪村。地面高程133m。

概况： 南雄市东南侧约7km，可由南雄市沿乡道可抵达。泉口周围植被发育良好，表面被第四系覆盖，覆盖层为砂质黏土、黏土质砂等，未见断裂带痕迹。雄州下坪温泉水温48℃，流量480m³/d。

开发利用： 当地村民集资修建温泉浴室，占地约400m²，抽水至该浴室，主要供村民日常洗浴。据访，约五年前在该浴室旁人工施工一口大井，该井主要作蓄水用途，现井口已封闭，原水头高约3m，现已改为泵抽（图2.134）。

图 2.134 下坪温泉

GDQ133 枫湾温泉

位置： 广东省韶关市曲江区枫湾镇白水村。泉口高程108m。

概况： 温泉出露于山间谷地中的山溪岸边，表层被第四系覆盖，覆盖层为砂质黏土，含黏土质砂，砾石层等，泉口附近水温46℃，据访，最高水温可达80℃。温泉的北部和东北部山高林密，枫树成荫，自然生态良好，环境优美。温泉的南部和西南部为低山丘陵区，茶树和果园遍布，呈现绿色美景。一条山溪弯弯曲曲流经温泉地带，山清水秀，风景独好，由此而得名"枫湾温泉"。枫湾温泉热矿水赋于燕山期黑云母花岗岩裂隙之中，受北东向和北西向断裂构造控制，流量3878m³/d。

水化学成分： 2013年9月6日采集水样进行水质检测（表2.93）。

表2.93 枫湾温泉化学成分 （单位：mg/L）

T_s/℃	pH	TDS	Na⁺	K⁺	Ca²⁺	Mg²⁺
46	7.2	255.94	22.44	19.37	20.81	13.79
Li	Rn/(Bq/L)	Sr	NH₄⁺	CO₃²⁻	HCO₃⁻	SO₄²⁻
0.186	1.3	0.62	0	0	180.87	27.84
Cl⁻	F⁻	CO₂	SiO₂	HBO₂	As	化学类型
1.74	2.11	24.56	57.24	<0.2	0.002	HCO₃-Mg·Ca·Na

开发利用：1958年，国务院曾把枫湾温泉设为广东省的两大疗养基地之一。枫湾温泉早在1965年就被开发利用，当时韶关专区总工会修建枫湾工人疗养院，利用温泉水进行理疗保健，沿十多处温泉出露点构筑浸泡池。枫湾温泉工人疗养院是粤北最大疗养院，闻名全国。该区现在已建成温泉度假村，该泉采矿权亦被韶关市曲江区林日发展有限公司购买（证号：4400000720033），开采方式为露天开采，采矿权限为2007年5月至2027年5月。另在该泉附近的吉祥农庄也有天然泉眼出露，该农庄亦建有简易的男女浴室（图2.135）。

图 2.135 枫湾温泉

GDQ134 罗坑李屋温泉

位置：韶关市曲江区罗坑镇李屋北西。

概况：温泉出露于岩溶洼地边缘，热储受贵东大断裂控制发育，属岩溶型层状热储。水温33.5℃，自流量122m³/d，由于温度较低，现该泉尚未被开发利用（图2.136）。

图2.136 罗坑李屋温泉

GDQ135 陈欧温泉

位置： 广东省韶关市仁化县长江镇陈欧村委营下村。泉口高程354m。

概况： 由长江镇沿乡道往西北向约6km即可抵达。仁化县境属大庾岭的两条南向分支，北部以山地丘陵为主，南部为丘陵河谷盆地，锦江斜贯全境。泉眼出露于山前冲积平原，四周植被发育茂盛，实测该泉泉口水温47℃。浅表被第四系沉积物覆盖，附近未见基岩出露。陈欧温泉热矿水赋存于燕山期黑云母花岗岩裂隙之中，受吴川-四会深断裂构造控制，流量196m³/d。

水化学成分： 2013年11月26日采集水样进行水质检测（表2.94）。

表2.94 陈欧温泉化学成分 （单位：mg/L）

T_s/℃	pH	TDS	Na⁺	K⁺	Ca²⁺	Mg²⁺
47	7.41	158	25.16	1.3	8.1	1.23
Li	Rn/(Bq/L)	Sr	NH₄⁺	CO₃²⁻	HCO₃⁻	SO₄²⁻
0.132	2.8	0.04	0	0	80.99	9.7
Cl⁻	F⁻	CO₂	SiO₂	HBO₂	As	化学类型
1.74	3.76	5.08	66.52	<0.2	0.002	HCO₃-Na

开发利用： 该泉已由当地居民围成一个圆形水池，泉水从池底呈股状涌出，偶见气泡，有少量细砂沉积。当地集资修建有男女浴室各一间，主要供当地居民作洗浴、浸泡用途。现阶段温泉开发利用较少，经济效益低（图2.137）。

图 2.137　陈欧温泉

GDQ136 锦城温泉

位置：广东省韶关市仁化县城口镇城群村委连坪村。泉口高程159m。

概况：距城口镇北约1km，可从国道G106到达城口镇，然后沿县道和简易公路可至，交通较便利。锦城温泉周围未见基岩出露，植被较发育，该泉上覆第四系松散层，下伏岩性为细粒斑状花岗岩，实测锦城温泉泉口水温56℃。温泉热矿水赋存于燕山期黑云母花岗岩裂隙之中，受北东向断裂构造控制，呈带状分布，流量95m³/d，热能为0.32MW。锦城温泉获取B级储量211m³/d。

水化学成分：2013年8月11日采集水样进行水质检测（表2.95）。

表2.95　锦城温泉化学成分　　　　　　（单位：mg/L）

T_s/℃	pH	TDS	Na⁺	K⁺	Ca²⁺	Mg²⁺
54.9	7.25	225.04	55.19	1.59	3.87	1.17
Li	Rn/(Bq/L)	Sr	NH₄⁺	CO₃²⁻	HCO₃⁻	SO₄²⁻
0.99	23	0.08	0.1	0	89.08	25.52
Cl⁻	F⁻	CO₂	SiO₂	HBO₂	As	化学类型
0.88	16.78	11.86	75.33	0.5	0.004	HCO₃–Na

开发利用：锦城温泉为该村最早的泉点，已建成两层的公共澡堂，热泉水自外由水管引至浴池。但池内水量极少，池内不卫生，当地村民已很少使用该澡堂（图2.138）。

图2.138　锦城温泉

GDQ137 月形背温泉

位置： 广东省韶关市仁化县城口镇东坑村委月形背村。泉口高程336m。

概况： 由仁化县沿国道G106向北约24.3km到达城口镇，再沿县道向东约3.5km即可抵达。温泉出露于山沟中，周围植被发育茂盛，下伏岩性为花岗岩，未发现基岩或断层出露，实测月形背温泉泉口水温42.3℃。月形背温泉热矿水赋存于燕山期黑云母花岗岩裂隙之中，受北东向断裂构造控制，流量841m³/d。

水化学成分： 2013年11月26日采集水样进行水质检测（表2.96）。

表2.96　月形背温泉化学成分　　　　　（单位：mg/L）

T_S/℃	pH	TDS	Na⁺	K⁺	Ca²⁺	Mg²⁺
53	8.3	232.36	31.17	3.21	11.13	1.23
Li	Rn/(Bq/L)	Sr	NH₄⁺	CO₃²⁻	HCO₃⁻	SO₄²⁻
0.314	0.4	<0.01	0	14.6	59.39	16.98
Cl⁻	F⁻	CO₂	SiO₂	HBO₂	As	化学类型
1.74	4.27	0	118.33	<0.2	0.002	HCO₃-Na·Ca

开发利用： 温泉出露于县道边上，附近已建成约20m²的浴室，供当地居民洗浴，解决了当地居民露天洗浴的问题。但温泉开发利用方式单一，无经济效益（图2.139）。

图 2.139　月形背温泉

GDQ138 仁化暖洞温泉

位置：韶关市仁化县城口镇后塘村委暖洞村。地面高程215m。

概况：可由仁化县沿国道106向北约16.5km，再沿乡间便道向西即可抵达。泉眼出露于山谷中，四周植被发育茂盛，地表被第四系覆盖，覆盖物为砂质黏性土等，下伏岩性为中-粗粒斑状花岗岩，水温43℃。暖洞温泉热矿水赋存于燕山期黑云母花岗岩裂隙之中，受北东向断裂构造控制，沿途发现花岗岩与砂页岩断层，流量112m³/d。泉水清澈透明，池底有沉积物，无明显的硫黄气味。

水化学成分：根据收集的水质分析资料，地热流体水化学成分见表2.97。

表2.97　仁化暖洞温泉化学成分　　　　　　　（单位：mg/L）

T_s/℃	pH	TDS	Na⁺	K⁺	Ca²⁺	Mg²⁺
43	8.1	209	na.	na.	na.	na.
Li	Rn/(Bq/L)	Sr	NH₄⁺	CO₃²⁻	HCO₃⁻	SO₄²⁻
na.	na.	na.	na.	na.	na.	na.
Cl⁻	F⁻	CO₂	SiO₂	HBO₂	As	化学类型
na.	5	na.	na.	na.	na.	HCO₃-Na

开发利用：据访，暖洞温泉目前还没有被开发利用，但该泉眼现已被圈地，是要准备修建小型的温泉浴室，以便当地居民洗浴（图2.140）。

图 2.140 暖洞温泉

GDQ139 黄沙坑温泉

位置：广东省韶关市仁化县城口镇厚坑村委黄沙坑组。地面高程304m。

概况：距厚坑村约6km，可由仁化县沿国道106向北行至厚坑村，再沿乡道和简易公路向西即可抵达。温泉出露于山沟中，周围植物发育茂盛，泉眼没见沉积物，河沟两侧的出露岩性为砂页岩和石英砂岩，浅表被第四系覆盖，覆盖物为砂质黏性土和砂砾等，泉口附近水温44.1℃。温泉热矿水赋于燕山期黑云母花岗岩裂隙之中，受北东向断裂构造控制，流量212m³/d。

水化学成分：根据收集的水质分析资料，地热流体水化学成分见表2.98。

表2.98 黄沙坑温泉化学成分 （单位：mg/L）

T_S/℃	pH	TDS	Na^+	K^+	Ca^{2+}	Mg^{2+}
44.1	8.1	84	na.	na.	na.	na.
Li	Rn/(Bq/L)	Sr	NH_4^+	CO_3^{2-}	HCO_3^-	SO_4^{2-}
na.	na.	na.	na.	na.	na.	na.
Cl^-	F	CO_2	SiO_2	HBO_2	As	化学类型
na.	na.	na.	na.	na.	na.	HCO_3–Ca·Na

开发利用：该温泉未被有效利用，自然涌出，直接补给地表水。据访，平时只有极少数当地居民前来洗浴（图2.141）。

图 2.141　黄沙坑温泉

GDQ140 船兜温泉

位置： 广东省韶关市仁化县扶溪镇斜周村委船兜村。地面高程174m。

概况： 距斜周村委西南约1km，离锦江约600m，附近有省道S246和乡道可至。温泉浅表被第四系沉积物覆盖，覆盖物为砂质黏性土等，下伏岩性为细粒斑状花岗岩，周围未见基岩或断层出露，实测船兜温泉附近水温58.6℃。船兜温泉热矿水赋存于燕山期黑云母花岗岩裂隙之中，受北东向吴川-四会深断裂构造控制，流量620m³/d。泉眼出露于丘陵中，泉点有数处泉眼出露，呈自流状，少见气泡，泉水较为浑浊。泉眼处已被围成明显的渠道，热泉水自流汇入河水，补给地表水。在天然泉眼东北向施工两口热水井，其中一口井孔深400多米，另一处井深不详，井口分别水温为48.6℃和56.6℃。

水化学成分： 2013年11月26日采集水样进行水质检测（表2.99）。

表2.99　船兜温泉化学成分　　　　　　　　（单位：mg/L）

T_S/℃	pH	TDS	Na^+	K^+	Ca^{2+}	Mg^{2+}
56.8	7.75	220.86	46.25	3.77	13.16	1.53
Li	Rn/(Bq/L)	Sr	NH_4^+	CO_3^{2-}	HCO_3^-	SO_4^{2-}
0.298	0.5	0.04	0	0	143.07	8.49
Cl^-	F⁻	CO_2	SiO_2	HBO_2	As	化学类型
1.74	7.38	2.43	66.85	<0.2	<0.001	HCO_3-Na

开发利用： 两口热水井，一处为正在兴建的温泉度假区所准备的热水井，另一处砌成约8m×10m的砖房作为当地居民的公共浴室。据访，温泉亦有用于附近的鱼塘养殖，但经济效益不显著，较少被利用（图2.142）。

图 2.142　船兜温泉

GDQ141 古夏温泉

位置：广东省韶关市仁化县扶溪镇紫岭村委九组。地面高程167m。

概况：距扶溪镇约500m，可由省道342或省道246到扶溪镇，再沿乡道向东几百米即可抵达，交通便利。温泉位于紫岭村委长坑候车厅东面的稻田中，泉口水温42℃。泉眼周围有大量的泉华物质与腐蚀物，沉积物为黄褐色的泉华物质。该泉赋存于燕山期花岗岩裂隙之中，受北东向吴川-四会深断裂构造控制，泉眼南侧见有花岗岩出露，该泉被第四系覆盖，覆盖层为砂质黏土、砂砾等，流量101m³/d。据访，该泉流量已较往年有所下降。

开发利用：目前，该温泉没有被有效利用，自然涌出，直接补给地表水（图2.143）。

图 2.143　古夏温泉

GDQ142 紫岭三组温泉

位置：广东省韶关市仁化县紫岭村委紫岭三组紫岭村候车厅旁。地面高程196m。

概况：距扶溪镇约1.8km，可由省道342或省道246到扶溪镇，再沿乡道向西到达紫岭村候车厅即可，交通便利。紫岭三组温泉热矿水赋存于燕山期花岗岩裂隙之中，受北东向吴川-四会深断裂构造控制，泉眼四周植被发育，沿途有石英脉（断层）出露，下伏基岩为中粒斑状花岗闪长岩，表层被第四系覆盖，覆盖物为黏土质砂。水温55℃，流量283m³/d。

水化学成分：2013年11月26日采集水样进行水质检测（表2.100）。

表2.100　紫岭三组温泉化学成分　　　　（单位：mg/L）

T_s/℃	pH	TDS	Na^+	K^+	Ca^{2+}	Mg^{2+}
55	8.38	209.83	45.07	2.27	4.05	0.61
Li	Rn/(Bq/L)	Sr	NH_4^+	CO_3^{2-}	HCO_3^-	SO_4^{2-}
0.314	1.2	0.02	0	13.28	68.84	8.49
Cl^-	F^-	CO_2	SiO_2	HBO_2	As	化学类型
0.87	7.96	0	92.76	0.2	0.004	HCO_3–Na

开发利用：该泉已被砌成2m×10m的矩形浴池。据访，温泉平时主要用于邻近的鱼塘养殖，秋冬季节亦有村民前来洗浴（图2.144）。

图 2.144　紫岭三组温泉

GDQ143 红山高坪温泉

位置： 广东省韶关市仁化县红山镇社区区委会高坪水库南侧。地面高程329m。

概况： 距红山镇约5.7km，在红山镇均有县道和乡道可抵达高坪温泉。高坪温泉热矿水赋存于燕山期花岗岩裂隙之中，受北东向断裂构造控制，该泉表面覆盖物为花岗岩残积土，四周植被发育茂盛。温泉水温50.2℃，流量591m³/d。

水化学成分： 2013年8月18日采集水样进行水质检测（表2.101）。

表2.101 红山高坪温泉化学成分 （单位：mg/L）

T_s/℃	pH	TDS	Na⁺	K⁺	Ca²⁺	Mg²⁺
50.2	7.16	145.56	18.33	1.26	11.59	1.17
Li	Rn/(Bq/L)	Sr	NH₄⁺	CO₃²⁻	HCO₃⁻	SO₄²⁻
0.107	32.8	0.04	0	0	83.69	4.63
Cl⁻	F⁻	CO₂	SiO₂	HBO₂	As	化学类型
0.88	4.93	13.55	60.85	<0.2	0.013	HCO₃-Na·Ca

开发利用： 据访，该泉曾由某财团投资，欲兴建温泉度假村，并已兴建成数栋楼房（住宿），后财团撤资，该泉目前处于闲置状态。另一温泉为简易砖砌的水池，最高水温40.8℃，附近有一冶炼厂，现已废弃。高坪温泉利用程度较低，但开发利用潜力较大（图2.145）。

图 2.145 红山高坪温泉

GDQ144 暖水温泉

位置： 广东省韶关市仁化县闻韶镇华坑村委暖水村。地面高程296m。

概况： 距闻韶镇约3km，可由342省道到达闻韶镇，再沿乡道向西南即可抵达暖水村。闻韶镇暖水温泉。暖水温泉地处丘陵谷地间，出露于山谷中，水温54.5℃。邻近一条宽约3m的小河，河床上有大量的花岗岩块，沿途发现有硅化岩（断层）出露。热矿水赋存于燕山期花岗岩裂隙之中，受北东向断裂构造控制，流量612m³/d。

水化学成分： 2013年11月26日采集水样进行水质检测（表2.102）。

表2.102　暖水温泉化学成分　　　　　　（单位：mg/L）

T_s/℃	pH	TDS	Na⁺	K⁺	Ca²⁺	Mg²⁺
54.5	7.48	179.99	31.31	3.79	8.6	1.23
Li	Rn/(Bq/L)	Sr	NH₄⁺	CO₃²⁻	HCO₃⁻	SO₄²⁻
0.188	2.4	0.03	0	0	97.18	14.55
Cl⁻	F⁻	CO₂	SiO₂	HBO₂	As	化学类型
0.87	4.27	5.08	66.52	0.21	0.004	HCO₃–Na

开发利用： 泉眼处被围砌成约5m×10m的浴池，泉水呈自流状态，池内有堰口以便河水混入池内，方便村民进行洗浴。另在2013年11月26日补取水样时，发现该区域已被丹霞山温泉征收，并有施工队在该泉附近施工钻孔（图2.146）。

图 2.146　暖水温泉

GDQ145 广东耀能温泉

位置： 广东省韶关市乳源瑶族自治县大桥镇岩口村委倒角村。地面高程475m。

概况： 由G4国道或S249省道到达大桥镇，再沿县道向东约3.5km即可抵达。温泉原出露在山脚边，水温41℃。附近有河流，四周植被发育茂盛，受北东向断裂构造控制，下伏岩性主要以页岩、粉砂岩炭质页岩为主，流量200m³/d。温泉附近施工了300多米的钻孔，调查期间由于受连日暴雨的影响，河水水位上涨，温泉已被淹没。

开发利用： 该温泉区曾在半年前规划温泉度假酒店约占地2万多平方米，后来又重新规划成占地5万多平方米的温泉度假区，正在兴建较大型温泉度假村，暂定名为广东耀能温泉度假村，开发利用潜力大（图2.147）。

图 2.147　广东耀能温泉

GDQ146 南水温泉

位置： 广东省韶关市乳源瑶族自治县东坪镇南水温泉度假村。地面高程240m。

概况： 在南水水库西侧，可由S258省道抵达，交通便利。乳源南水温泉口。南水热泉水由花岗岩与石灰岩间的夹缝喷涌而出，受南北向断裂控制。温泉出露于山地，附近水温45.1℃，流量864m³/d。周围地形起伏，泉眼处被围有简易的砖砌房，房内热气腾腾，能见度低。

水化学成分： 2013年8月22日采集水样进行水质检测（表2.103）。

表2.103　南水温泉化学成分　　　　　　　　　　（单位：mg/L）

T_S/℃	pH	TDS	Na⁺	K⁺	Ca²⁺	Mg²⁺
45.1	7.11	112.68	13.24	0.91	9.66	0.59
Li	Rn/(Bq/L)	Sr	NH₄⁺	CO₃²⁻	HCO₃⁻	SO₄²⁻
0.559	26.6	0.03	0	0	66.14	1.16
Cl⁻	F⁻	CO₂	SiO₂	HBO₂	As	化学类型
0.88	3.54	11.86	49.47	<0.2	0.002	HCO₃-Na·Ca

开发利用：已开发成一定规模的温泉度假村，该温泉度假村设有多间浴室和一间温泉别墅及泳池等设施，但调查期间属于暂停营业状态（图2.148）。

图 2.148　南水温泉

GDQ147 榔木桥温泉（代表两个温泉）

位置：广东省韶关市乳源瑶族自治县东坪镇龙溪村委上冲村南水水库南北侧。地面高程221m（图2.149）。

概况：附近有S258省道及小道可至。温泉口附近水温78℃。泉眼周围植物发育茂盛，下伏岩性为石灰岩，偶夹泥质页岩，未见断裂带痕迹。榔木桥温泉热矿水赋存于泥盆系中下统东岗岭组石灰岩裂隙溶洞之中，受南北向断裂构造控制，流量1901m³/d。据访，当地有两个天然出露热泉，受连日暴雨影响，水库水位上涨，无法到达泉眼所在地。沿途的山坳上发现有一个溶洞。离测点东侧约300m位置，据说时常会见到有浓烟冒出，推测与两个天然出露热泉为同一断裂带。

水化学成分：根据收集的水质分析资料，地热流体水化学成分见表2.104。

表2.104　榔木桥温泉化学成分　　　（单位：mg/L）

$T_s/℃$	pH	TDS	Na⁺	K⁺	Ca²⁺	Mg²⁺
78	7.6	211	na.	na.	na.	na.
Li	$Rn/(Bq/L)$	Sr	NH_4^+	CO_3^{2-}	HCO_3^-	SO_4^{2-}
na.	na.	na.	na.	na.	na.	na.
Cl^-	F^-	CO_2	SiO_2	HBO_2	As	化学类型
na.	6	na.	na.	na.	na.	HCO_3-Ca·Na

开发利用：乳源榔木桥温泉目前未被开发利用，正规划筹备开发利用。

图 2.149　榔木桥温泉

GDQ148 汤盆水温泉

位置：广东省韶关市乳源瑶族自治县东坪镇汤盆村委汤潭村南水水库西南侧，汤潭村东侧约1km。泉口高程108m（图2.150）。

概况：可由S258省道或G323国道达到汤潭村，再沿乡道即可抵达。乳源汤盆水泉口附近水温48℃。乳源汤盆水温泉热矿水赋存于泥盆系中下统东岗岭组的石灰岩裂隙溶洞之中，受断裂构造控制，流量228m³/d。下伏岩性以中粒-粗粒斑状花岗岩为主，未见断裂带痕迹。调查期间，由于南水水库水位上涨，泉眼被淹没，无法到达泉眼位置。四周植物发育茂盛，环境优美，空气清新。

水化学成分：根据收集的水质分析资料，地热流体水化学成分见表2.105。

表2.105   汤盆水温泉化学成分 （单位：mg/L）

T_S/℃	pH	TDS	Na$^+$	K$^+$	Ca^{2+}	Mg^{2+}
48	7.7	140	na.	na.	na.	na.
Li	Rn/(Bq/L)	Sr	NH$_4^+$	CO$_3^{2-}$	HCO$_3^-$	SO$_4^{2-}$
na.	na.	na.	na.	na.	na.	na.
Cl$^-$	F$^-$	CO$_2$	SiO$_2$	HBO$_2$	As	化学类型
na.	na.	na.	na.	na.	na.	HCO$_3$–Ca·Na

开发利用：目前，汤盆水温泉仍未开发利用，仅供当地人洗浴。

图 2.150   乳源汤盆水温泉

GDQ149 汤潭水电厂温泉

位置：广东省韶关市乳源瑶族自治县东坪镇汤盆村委汤潭村，南水水库西南侧，汤潭村南侧约1km，汤潭村的泉水发电站内。地面高程318m。

概况：可由S258省道或G323国道达到汤潭村，再沿乡道即可抵达。泉眼原在汤潭村的泉水发电站内，泉口附近水温45℃。乳源汤谭水电厂温泉热矿水赋存于泥盆系中、下统东岗岭组的石灰岩裂隙溶洞之中，受北东向和东西向断裂构造控制，流量691m³/d。下伏岩性为中粒-粗粒斑状花岗岩，未见断裂带痕迹。

水化学成分：根据收集的水质分析资料，地热流体水化学成分见表2.106。

表2.106 汤潭水电厂温泉化学成分 （单位：mg/L）

T_s/℃	pH	TDS	Na⁺	K⁺	Ca²⁺	Mg²⁺
45	7.7	140	na.	na.	na.	na.
Li	Rn/(Bq/L)	Sr	NH₄⁺	CO₃²⁻	HCO₃⁻	SO₄²⁻
na.	na.	na.	na.	na.	na.	na.
Cl⁻	F⁻	CO₂	SiO₂	HBO₂	As	化学类型
na.	na.	na.	na.	na.	na.	HCO₃–Ca·Na

开发利用：据访，由于水库水位上涨，泉点已被淹没（图2.151）。

图 2.151 汤谭水电厂温泉

GDQ150 乳源温泉

位置：广东省韶关市乳源瑶族自治县县城西北向约1km。地面高程92m（图2.152）。

概况：附近有323国道、250省道、京港澳高速贯穿境内，交通便利。乳源温泉口附近水温45.3℃。热矿水赋存于石炭系下统测水组石英砂岩裂隙之中，受北东向和东西向断裂构造控制，流量1500m³/d。下伏岩性为石灰岩，偶夹泥质页岩。温泉附近有断裂带经过，但未见其痕迹。

水化学成分：2013年10月27日采集水样进行水质检测（表2.107）。

表2.107　乳源温泉化学成分　　　　　　　　（单位：mg/L）

T_s/℃	pH	TDS	Na⁺	K⁺	Ca²⁺	Mg²⁺
45.3	7.63	407.22	21.38	4.71	60.98	25.82
Li	Rn/(Bq/L)	Sr	NH₄⁺	CO₃²⁻	HCO₃⁻	SO₄²⁻
0.132	3.5	0.81	0.1	0	178.17	153.11
Cl⁻	F⁻	CO₂	SiO₂	HBO₂	As	化学类型
2.61	1.02	5.08	48.33	0.38	0.006	SO₄·HCO₃–Ca·Mg

开发利用：该泉以天然泉眼的形式出露，在其及周围都已钻孔成井。主要用途为供水至数百米外的方圆民族温矿泉酒店及邻近的乳源温泉大浴场（按0.5元/人收费）供游客洗浴浸泡。

图 2.152　乳源温泉

GDQ151 桂花温泉

位置：广东省韶关市乳源瑶族自治县一六镇桂花村，离桂花村约0.75km。地面高程139m。

概况：附近由S250省道和乡道可至，交通较便利。一六桂花温泉口附近水温40.5℃，流量142m³/d。温泉受北东向断裂控制，四周植被发育茂盛，泉口无明显的沉积物，下伏岩性以中厚层石灰岩为主，夹薄层页岩、泥质条带。

水化学成分：2013年8月23日采集水样进行水质检测（表2.108）。

表2.108　桂花温泉化学成分　　　　　（单位：mg/L）

T_s/℃	pH	TDS	Na⁺	K⁺	Ca²⁺	Mg²⁺
40.5	7.46	186.28	7.03	1.56	40.09	3.81
Li	Rn/(Bq/L)	Sr	NH₄⁺	CO₃²⁻	HCO₃⁻	SO₄²⁻
0.376	2	0.09	0	0	145.77	15.05
Cl⁻	F⁻	CO₂	SiO₂	HBO₂	As	化学类型
0.88	1.43	11.86	43.44	<0.2	0.022	HCO₃–Ca

开发利用：泉眼出露处已被当地村民用砖砌成浴室，分为男女浴室，占地约8m×10m，主要用途为供当地居民免费洗浴。桂花温泉利用方式单一，暂无经济效益（图2.153）。

图 2.153　桂花温泉

GDQ152 向华泉温泉

位置：广东省韶关市始兴县隘子镇彩岭村，距隘子镇约5km，彩岭村几百米。地面高程298m。

概况：附近S344省道与乡道相通，交通便利。向华泉出露于小河边，泉口附近水温54.7℃。泉眼处已水泥硬底化，四周植物发育。该受贵东大断裂控制，流量190m³/d。

开发利用：当地村民在小河边上集资筑成男女浴室，泉口已被封，引水至浴室，供村民洗浴，池内泉水微浑浊，旁边有小渠排水，部分温泉直接补给地表水。据访，每日都会有村民到此沐浴，利用程度较高，仅深夜到翌日早上时较少使用。村民沐浴后的水排入河溪（图2.154）。

图 2.154　向华泉温泉

GDQ153 华屋井下温泉

位置： 广东省韶关市始兴县隘子镇井下村委华屋村，隘子镇西侧。地面高程316m。

概况： 可由S344省道到达隘子镇，再沿县、乡道向西行驶约3km。主泉眼处于农田与山丘接触地带，上表被第四系覆盖，四周植被发育茂盛，泉眼气泡较少。井下温泉水温69.6℃。华屋温泉赋存于燕山期黑云母花岗岩与石炭系下统测水组石英砂岩接触带中，受贵东断裂控制，沿北东向呈带状分布，流量100m³/d。

水化学成分： 2013年8月13日采集水样进行水质检测（表2.109）。

表2.109　华屋井下温泉化学成分　　　　　　（单位：mg/L）

T_s/℃	pH	TDS	Na⁺	K⁺	Ca²⁺	Mg²⁺
69.6	7.08	283.1	50.28	3.41	18.39	1.76
Li	Rn/(Bq/L)	Sr	NH₄⁺	CO₃²⁻	HCO₃⁻	SO₄²⁻
0.244	24.8	0.19	0	0	106.63	64.96
Cl⁻	F⁻	CO₂	SiO₂	HBO₂	As	化学类型
3.53	6.29	19.48	81.06	<0.2	0.002	HCO₃·SO₄–Na·Ca

开发利用： 泉口下数十米处被村民筑成公共沐房。另有三条引水管引走热泉水，其中两条为路边"井下温泉"使用；闲时，泉水汇入附近的溪河，作为灌溉用水。晚上鲜有村民沐浴，另离泉眼约60m的路边建有沐浴场所，夏天为闲置状态。华屋温泉水量较大，水温较高，具有较大开发利用价值。目前当地人正在修建浴池，筹备开发利用，建议规模化开发利用，勿零星开采，浪费资源（图2.155）。

图 2.155　华屋井下温泉

GDQ154 坪丰温泉

位置： 广东省韶关市始兴县隘子镇坪丰村，坪丰村西侧约2.5km。地面高程394m。

概况： 可由S344省道到达隘子镇，再沿乡道向南即可抵达坪丰村。温泉出露于小河边上，水温56.7℃，流量421m³/d。泉眼沿河呈带状分布，出露岩性为花岗岩，岩石裂隙发育，有石英脉填充。泉眼不时有气泡冒出。四周植被发育茂盛，另在河床内亦见三个泉眼，水温40～45.4℃。

开发利用： 主泉眼处盖有简易砖瓦房作浴室，供村民沐浴使用，房内小池面积：2m×4m，水深0.3m，泉水清澈，池底有少许细砂沉积物，调查时未发现有人洗浴。坪丰温泉开发利用较低，利用方式单一，平时多为直接补给地表水，仅有部分供村民春秋冬时节沐浴、洗涤（图2.156）。

图 2.156　坪丰温泉

GDQ155 坪丰寨温泉

位置： 广东省韶关市始兴县隘子镇坪丰寨林场，坪丰村西侧约4km。地面高程379m。

概况： 可由S344省道到达隘子镇，再沿乡道向南即可抵达。坪丰寨温泉沿河谷岩口裂隙间有多处热水渗出，水温50℃，流量185m³/d。泉眼沿河谷呈带状分布，出露岩性为花岗岩，岩石裂隙发育，有石英脉填充，可见硅化现象。周围植被发育。

水化学成分： 2013年8月13日采集水样进行水质检测（表2.110）。

表2.110　坪丰寨温泉化学成分　　　　　（单位：mg/L）

T_s/℃	pH	TDS	Na⁺	K⁺	Ca²⁺	Mg²⁺
50	7.58	164.58	24.98	1.27	10.65	1.76
Li	Rn/(Bq/L)	Sr	NH₄⁺	CO₃²⁻	HCO₃⁻	SO₄²⁻
0.112	10.1	0.08	0	0	90.43	12.76
Cl⁻	F⁻	CO₂	SiO₂	HBO₂	As	化学类型
2.65	4.86	5.93	60.34	<0.20	0.013	HCO₃-Na·Ca

开发利用： 泉口多用水泥封闭，建池并有铁管引水。有开发商于最北面泉点修建浴池并引水到别墅，现别墅无人居住，泉水主要由南端泉口用水管引来，但水管已被洪水冲毁。平时鲜有利用，主要补给地表水。附近还有多处泉眼。坪丰寨温泉主要补给地表水作灌溉使用，还未充分发挥其经济效益（图2.157）。

图 2.157　坪丰寨温泉

GDQ156 五星温泉

位置：广东省韶关市始兴县隘子镇五星村，距隘子镇约4.5km。地面高程286m。

概况：附近有S344省道与乡道相通，交通便利。五星温泉主要沿河床于一级阶地交界处分布，受贵东大断裂控制，泉口附近水温51℃，流量433m³/d。此外还在多处发现有泉眼出露，流量为0.4～2.88L/s。泉水较清澈，四周植被发育。

水化学成分：2013年8月13日采集水样进行水质检测（表2.111）。

表2.111　五星温泉化学成分　　　　　　（单位：mg/L）

T_s/℃	pH	TDS	Na⁺	K⁺	Ca²⁺	Mg²⁺
51	7.25	162.64	27.53	1.53	8.71	1.17
Li	Rn/(Bq/L)	Sr	NH₄⁺	CO₃²⁻	HCO₃⁻	SO₄²⁻
0.125	28.3	0.11	0.06	0	90.43	9.28
Cl⁻	F⁻	CO₂	SiO₂	HBO₂	As	化学类型
1.76	6.36	11.01	60.98	<0.2	0.002	HCO₃-Na

开发利用：主泉眼处已建成男女浴室，主要供村民平时沐浴、洗涤，泉水利用率较高，每日大部分时间都有人在利用热泉水。另有私人老板建有一个名叫"福临温泉"的地下浴室，共有八个地下房间，供人洗浴（图2.158）。

图 2.158　五星温泉

GDQ157 澄江温泉

位置：广东省韶关市始兴县澄江镇暖田村委花山村，距澄江镇约4km。地面高程315m。

概况：可由S345省道到达澄江镇，再沿乡间便道向东北向行驶即可抵达。泉眼出露于溪谷中，温泉口附近水温85.5℃。周围植被发育，可见硅化岩（断层），为红层与花岗岩交界位置。温泉赋存于燕山期黑云母花岗岩裂隙之中，受北东向断裂构造控制，流量682m³/d。

水化学成分：2013年8月13日采集水样进行水质检测（表2.112）。

表2.112　澄江温泉化学成分　　　　　　　　（单位：mg/L）

T_S/℃	pH	TDS	Na⁺	K⁺	Ca²⁺	Mg²⁺
85.5	7.32	247.96	53.25	3.29	6.78	0.88
Li	Rn/(Bq/L)	Sr	NH₄⁺	CO₃²⁻	HCO₃⁻	SO₄²⁻
0.293	1.2	0.11	0	0	126.88	15.08
Cl⁻	F⁻	CO₂	SiO₂	HBO₂	As	化学类型
3.53	8.76	14.4	92.86	<0.2	0.001	HCO₃–Na

开发利用：泉眼处形成天然露天浴池，泉水清澈，旁边有引水管约500m引水到暖田村。主要用途供村民日常使用，也有村民现场洗涤，周围未见钻孔，为自然状态（图2.159）。

图 2.159　澄江温泉

GDQ158 田心温泉（代表两个温泉）

位置：广东省韶关市始兴县罗坝镇田心村，罗坝镇西约7.95km。地面高程143m。

概况：附近有S244省道，县道可到田心温泉。主泉眼出露于冲洪积洼地的小溪边上，表层被第四系覆盖，四周植被发育，水温66.5℃，流量365m³/d。另一处温泉坐标水温46.7℃，最北泉点位置水温48℃，流量0.3L/s，往北见断裂带。该地热异常带长度约1km。

水化学成分：2013年8月13日采集水样进行水质检测（表2.113）。

表2.113　田心温泉化学成分　　　　　　（单位：mg/L）

T_s/℃	pH	TDS	Na^+	K^+	Ca^{2+}	Mg^{2+}
66.5	7.33	320.68	68.44	4.52	11.62	1.47
Li	Rn/(Bq/L)	Sr	NH_4^+	CO_3^{2-}	HCO_3^-	SO_4^{2-}
0.679	4.6	0.16	0.06	0	136.33	45.24
Cl^-	F^-	CO_2	SiO_2	HBO_2	As	化学类型
6.17	12.45	14.4	102.43	<0.2	0.003	HCO_3-Na

开发利用：温泉附近见有三个抽水泵，为附近温泉山庄用井，钻孔不抽水时，仍会自流。有村民家中施工热水井，惠泽村民。温泉附近有数个温泉山庄，接待人数不详（图2.160）。

图 2.160　田心温泉

GDQ159 河唇温泉

位置： 广东省韶关市始兴县司前镇黄沙村委河唇村，司前镇东南侧约3.3km。地面高程283m。

概况： 可由S244省道到达司前镇，再沿乡道和小道往东南向行驶即可抵达。温泉出露于小山坑内，受贵东大断裂控制，泉口水温41.8℃，流量155m³/d。四周地形起伏，植被发育茂盛，表层被第四系覆盖，覆盖层较厚，附近未见断层和基岩出露。

开发利用： 离泉眼4m处建有男女浴室各一间，面积各约10m²，调查时值正午，未见有村民前来沐浴，浴室内较脏，泉水浑浊，估计夏天较少人使用。河唇温泉开发利用较少，现主要供村民洗浴，闲时补给地表水，无经济效益（图2.161）。

图 2.161　河唇温泉

GDQ160 李屋温泉

位置： 广东省韶关市始兴县司前镇李屋村，距司前镇几百米。地面高程222m。

概况： 可由S244省道抵达，各县乡道相通，交通便利。泉眼出露于客家围院前，泉口水温66.9℃，周围已水泥硬底化，属第四系冲洪积地貌区，受贵东大断裂控制。泉水清澈，流量大，测得2410m³/d。

水化学成分： 2013年8月13日采集水样进行水质检测（表2.114）。

表2.114 李屋温泉化学成分 （单位：mg/L）

T_S/℃	pH	TDS	Na⁺	K⁺	Ca²⁺	Mg²⁺
66.9	7.4	250.53	52.57	2.61	7.74	2.64
Li	Rn/(Bq/L)	Sr	NH₄⁺	CO₃²⁻	HCO₃⁻	SO₄²⁻
0.442	32.5	0.13	0	0	110.68	29
Cl⁻	F⁻	CO₂	SiO₂	HBO₂	As	化学类型
3.53	11.49	10.16	85.53	<0.2	0.008	HCO₃–Na

开发利用：温泉没有被合理开发利用，附近没建有公共浴室，村民一般为挑水回自家使用，偶见有人前来洗涤，绝大多数的热泉水为直接补给地表水，开发利用方式单一（图2.162）。

图 2.162 李屋温泉

GDQ161 温屋细温温泉

位置：广东省韶关市始兴县司前镇温屋村委细温村，司前镇南侧约3km。地面高程238m。

概况：由S244省道到达司前镇后沿乡道向南即可抵达。温泉出露于第四系松散土区，受东西向贵东大断裂控制影响，四周植被发育茂盛，泉眼处局部可见粗粒花岗岩裂隙较发育，其中主要产状为252°∠82°、161°∠73°。测点附近水温69.5℃，流量241m³/d。

水化学成分：2013年8月13日采集水样进行水质检测（表2.115）。

表2.115 温屋细温温泉化学成分 （单位：mg/L）

T_s/℃	pH	TDS	Na⁺	K⁺	Ca²⁺	Mg²⁺
69.5	7.4	256.76	52.72	2.85	5.81	2.05
Li	Rn/(Bq/L)	Sr	NH₄⁺	CO₃²⁻	HCO₃⁻	SO₄²⁻
0.485	37.9	0.07	0	0	103.93	27.84
Cl⁻	F⁻	CO₂	SiO₂	HBO₂	As	化学类型
4.41	11.08	10.16	97.96	<0.2	0.008	HCO₃–Na

开发利用： 当地建有多间男女温泉浴室，不仅在此处引水200余米到细温村边的另外男女浴室，还供水到司前镇上的温泉酒店。据访，引用到镇上温泉酒店中的水温过低还需加热。还有另一处温泉，为鱼塘供热。该泉主要为村民提供日常沐浴，洗涤用水，部分直接补给地表水（图2.163）。

图 2.163 温屋细温温泉

GDQ162 总甫温泉

位置： 韶关市始兴县太平镇总甫村委塘下头村北约3km。地面高程198m。

概况： 由韶（关）赣（州）高速公路到达总甫，再沿乡道行驶即可抵达。温泉地处丘陵的山间谷地，四周植被发育茂盛，地形起伏大，坡度20°～50°。泉眼出露于吴川-四会断裂带上，上盘为白垩系，下盘为寒武系，泉口附近水温56℃。附近出露泉眼有近七、八处之多。温泉呈不规则分布，泉水自硅化岩间流出，清澈透明，流量773m³/d。

水化学成分：2013年11月26日采集水样进行水质检测（表2.116）。

表2.116 总甫温泉化学成分 （单位：mg/L）

T_s/℃	pH	TDS	Na^+	K^+	Ca^{2+}	Mg^{2+}
56	8.42	221.02	38	3.32	10.12	1.84
Li	Rn/(Bq/L)	Sr	NH_4^+	CO_3^{2-}	HCO_3^-	SO_4^{2-}
0.215	5.3	0.13	0	3.98	116.08	15.77
Cl^-	F^-	CO_2	SiO_2	HBO_2	As	化学类型
0.87	1.3	0	87.78	<0.2	0.028	HCO_3-Na

开发利用：温泉流出后汇入溪谷为灌溉使用；仅有简易砖结构，冬天偶有当地人沐浴。该温泉尚未开发，仅作灌溉和冬天沐浴使用，经济效益差。据访已被"东莞石龙财团"征地，拟投资3亿人民币，建设大规模的温泉旅游区，包含高尔夫和国家级的跳水项目等（图2.164）。

图 2.164 总甫温泉

GDQ163 白水寨温泉

位置： 广东省韶关市翁源县坝仔镇白水寨，在围埂仔水库北侧3km左右。地面高程425m。

概况： 附近有S244、S245省道与乡道相通。温泉出露在山地中，水温43.8℃。地形起伏，周围见有花岗岩出露，部分有硅化现象，植被发育茂盛，表层被第四系覆盖，覆盖物为粉砂质黏土、黏土等。白水寨温泉热矿水赋存于燕山期黑云母花岗岩裂隙之中，受北东向断裂控制，流量887m³/d。

水化学成分： 2013年9月11日采集水样进行水质检测（表2.117）。

表2.117　白水寨温泉化学成分　　　　（单位：mg/L）

T_s/℃	pH	TDS	Na^+	K^+	Ca^{2+}	Mg^{2+}
43.8	7.81	186.13	22.51	8.64	26.13	1.76
Li	Rn/(Bq/L)	Sr	NH_4^+	CO_3^{2-}	HCO_3^-	SO_4^{2-}
0.073	6.7	0.09	0.02	0	149.82	5.8
Cl^-	F	CO_2	SiO_2	HBO_2	As	化学类型
0.87	2.19	3.39	43.12	<0.2	0.002	$HCO_3-Ca·Na$

开发利用： 在该天然泉眼的位置上，已由该村村民集资修建了简易男女公共浴室各一间，占地约100m²，泉水清澈，池底有少许沉积物，主要供村民免费洗浴、洗涤。温泉拟规划开发利用，现仅供当地人洗浴（图2.165）。

图 2.165　白水寨温泉

GDQ164 松山村热水温泉

位置： 广东省韶关市新丰县回龙镇松山村委热水村，距回龙镇约10km。地面高程330m。

概况： 有乡道相通，交通比较方便。野外调查实测泉口。泉眼出露于山沟中，水温47.2℃。温泉周围地形起伏，为低山丘陵地貌类型。出露岩性为中粒-粗粒斑状花岗岩，节理裂隙发育，可见硅化等变质现象，受北东向断裂带控制，流量412m³/d。泉眼处人工筑成水池状，泉水从池底涌出，偶见气泡。

水化学成分： 2013年9月12日采集水样进行水质检测（表2.118）。

表2.118　松山村热水温泉化学成分　　　　（单位：mg/L）

T_s/℃	pH	TDS	Na⁺	K⁺	Ca²⁺	Mg²⁺
47.2	8.1	236.2	na.	na.	na.	na.
Li	Rb/(Bq/L)	Cs	NH_4^+	CO_3^{2-}	HCO_3^-	SO_4^{2-}
na.	na.	na.	na.	na.	na.	na.
Cl⁻	F⁻	CO_2	SiO_2	HBO_2	As	化学类型
na.	5.07	na.	na.	na.	na.	$SO_4·HCO_3-Na$

开发利用： 松山村温泉浴室是由扶贫开发韶关市行政服务中心出资兴建的，并引水免费给当地居民提供洗浴浸泡，非营利性质。温泉浴室总共建筑面积45m²，于2012年7月动工，2012年10月竣工。解决了村民从前露天浴的问题（图2.166）。

图 2.166　松山村热水温泉

GDQ165 江尾热水村温泉

位置： 广东省韶关市翁源县江尾镇热水村。地面高程342m。

概况： 附近有S245省道与乡道相通，交通方便。温泉出露于山谷中，水温50.7℃。泉口有大量青黄色泉华物质上浮，下伏岩性以花岗岩为主，少量花岗闪长岩及花岗斑岩。江尾热水村温泉热矿水赋存于燕山期黑云母花岗岩裂隙之中，受断裂构造控制，流量402m³/d。

水化学成分： 2013年9月10日采集水样进行水质检测（表2.119）。

表2.119 江尾热水村温泉化学成分 （单位：mg/L）

T_S/℃	pH	TDS	Na^+	K^+	Ca^{2+}	Mg^{2+}
50.7	7.51	156.85	24.32	2.2	5.81	0.59
Li	Rn/(Bq/L)	Sr	NH_4^+	CO_3^{2-}	HCO_3^-	SO_4^{2-}
0.089	31.8	0.03	0	0	68.84	8.12
Cl^-	F⁻	CO_2	SiO_2	HBO_2	As	化学类型
2.61	4.73	5.08	73.84	<0.2	0.016	HCO_3-Na

开发利用： 已兴建成小型温泉洗浴场，有男女浴室各一间，另有十多间小浴房，调查期间已暂停营业。温泉用混凝土围成约20m²的水池，并引水至外面的温泉洗浴场。目前该洗浴场已暂停营业，泉水自然涌出补给地表水。另在该村还有一泉点，据访原为一小水池，亦时常有村民浸泡，后来已被推平，用地来垦种（图2.167）。

图 2.167 江尾热水村温泉

GDQ166 新江镇热水湖温泉

位置： 广东省韶关市翁源县新江镇小镇村委热水湖村，新江镇西南侧约2.5km，距小镇仅1km左右。地面高程124m。

概况： 附近有G4高速、G106国道与县、乡道相通，交通极方便。泉出露于热水河边，水温41.4℃。温泉为岩溶热泉，周围第四系松散层较厚，未见断裂或岩石露头。江镇热水湖温泉已经过水文地质勘查，温泉热矿水赋存于石炭系下统石磴子组石灰岩溶蚀裂隙溶洞之中，流量84m³/d，热能为0.019MW。

水化学成分： 根据收集的水质分析资料，地热流体水化学成分见表2.120。

表2.120　新江镇热水湖温泉化学成分　　　　（单位：mg/L）

T_s/℃	pH	TDS	Na^+	K^+	Ca^{2+}	Mg^{2+}
41.4	8.1	2043	na.	na..	na.	na.
Li	Rn/(Bq/L)	Sr	NH_4^+	CO_3^{2-}	HCO_3^-	SO_4^{2-}
na.	na.	na.	na.	na.	na.	na.
Cl^-	F^-	CO_2	SiO_2	HBO_2	As	化学类型
na.	na.	na.	na.	na.	na.	SO_4–Ca

开发利用： 泉口被围成一个小坑井，井壁用卵石砌成，地面已硬底化，泉水清澈见底。泉眼附近没有集体浴室，冬天时人们挑水回家稍作加热即可沐浴，带来的经济效益甚微。附近尚有两个泉眼，但水温及流量均较少。温泉未进行大型的开发利用，仅村民简易搭建后，作沐浴、洗涤用（图2.168）。

图 2.168　新江镇热水湖温泉

GDQ167 田心子温泉

位置：广东省韶关市翁源县新江镇油溪村委田心村。地面高程312m。

概况：距S251省道约3.8km。新江镇田心子温泉。温泉出露于一级河漫滩上，为砂地，上表被第四系覆盖，覆盖物为中，细砂，水温34.3℃。田心子温泉热矿水赋存于燕山期黑云母花岗岩裂隙之中，四周植被发育茂盛，未见断裂或基岩出露。泉水清澈，自然涌出，流量709m³/d。

水化学成分：2013年9月10日采集水样进行水质检测（表2.121）。

表2.121　田心子温泉化学成分　　　　　（单位：mg/L）

T_S/℃	pH	TDS	Na⁺	K⁺	Ca²⁺	Mg²⁺
34.3	7.43	174.58	15.43	2.24	30.01	1.47
Li	Rn/(Bq/L)	Sr	NH₄⁺	CO₃²⁻	HCO₃⁻	SO₄²⁻
0.053	2.2	0.08	0.02	0	125.53	9.28
Cl⁻	F⁻	CO₂	SiO₂	HBO₂	As	化学类型
1.74	3.3	6.78	47.89	<0.2	0.006	HCO₃-Ca·Na

开发利用：据访，在秋冬季节，仍见该泉眼热气腾腾，但由于水温过低，较少被利用，直接补给地表水。由于泉眼水温过低，鲜被利用（图2.169）。

图 2.169　田心子温泉

GDQ168 江湾胡屋温泉

位置：广东省韶关市武江区江湾镇胡屋村，胡屋村东北侧约1.5km。地面高程275m。

概况：可由县道抵达胡屋村，再沿乡道往东北向行驶即可抵达。该泉眼沿断裂带出露在山沟河谷中，周围植被发育茂盛，下伏岩性以花岗岩为主，少量花岗闪长岩及花岗斑岩，水温53.6℃。江湾胡屋温泉热矿水赋存于石炭系下统石磴子组石灰岩裂隙溶洞之中，受贵东大断裂构造控制，流量867m³/d。

水化学成分：2013年9月3日采集水样进行水质检测（表2.122）。

表2.122　江湾胡屋温泉化学成分　　　　（单位：mg/L）

T_s/℃	pH	TDS	Na⁺	K⁺	Ca²⁺	Mg²⁺
53.6	7.89	139.24	17.36	2.61	16.45	0.29
Li	Rn/(Bq/L)	Sr	NH_4^+	CO_3^{2-}	HCO_3^-	SO_4^{2-}
0.112	115.6	0.11	0	0	98.53	2.32
Cl⁻	F⁻	CO_2	SiO_2	HBO_2	As	化学类型
0.87	3.76	1.69	46.21	<0.2	0.002	HCO₃–Ca·Na

开发利用：泉眼出露处已围成矩形水池，方便村民洗浴。另在温泉不远处建有一间女浴室，最高水温为47℃。供当地居民作洗浴用途（图2.170）。

图 2.170　江湾胡屋温泉

GDQ169 湾仔村温泉

位置： 广东省韶关市武江区江湾镇江湾村委湾仔村，江湾镇东北侧约2.55km，距湾仔村约1km。地面高程203m。

概况： 附近县、乡道相通，交通较便利。红湾湾仔口附近水温48.8℃，流量7m³/d。温泉沿河床两侧分布，见大量浅红褐色斑状花岗岩和部分石英脉（断层）出露，推测与自西南往东偏北向的断裂带有关。2013年受台风"尤特"影响，河岸边的房屋，桥梁等多处被冲毁，现仍未修复。在温泉的对岸有多间小型浴室，但已被洪水冲毁，多处泉眼亦被淹没故无法进行测流量，测得水温有44.9℃、45.1℃。据访，原温泉水温更高，可烫熟鸡蛋，皆因天气影响，河水入侵，冷热水混合导致水温下降。

水化学成分： 2013年9月3日采集水样进行水质检测（表2.123）。

表2.123　湾仔村温泉化学成分　　　　　　（单位：mg/L）

T_s/℃	pH	TDS	Na$^+$	K$^+$	Ca^{2+}	Mg^{2+}
48.8	7.9	477	na.	na.	na.	na.
Li	Rn/(Bq/L)	Sr	NH$_4^+$	CO$_3^{2-}$	HCO$_3^-$	SO$_4^{2-}$
na.	na.	na.	na.	na.	na.	na.
Cl$^-$	F$^-$	CO$_2$	SiO$_2$	HBO$_2$	As	化学类型
na.	25	na.	na.	na.	na.	HCO$_3$·SO$_4$–Na

开发利用： 目前，湾仔村温泉已修建有浸泡浴池，供当地人自用（图2.171）。

图 2.171　湾仔村温泉

GDQ170 暖水温泉

位置： 广东省韶关市武江区重阳镇暖水村，重阳镇西南约2.6km。地面高程71m。

概况： 附近有S250省道、县道乡道可至，广乐高速在建中，开通后交通更加便利。泉眼沿河边两侧呈不规则分布，被第四系所覆盖，覆盖物为砂质黏土，粉砂等，未发现有断裂带痕迹。重阳暖水温泉热矿水赋存于石炭系下统石磴子组石灰岩裂隙溶洞之中，水温65.4℃，流量180m³/d。在该泉的东北方向约200m的位置有两个热水井，其中一个快被淹没，因无法渡河，故只对其一进行测温：水温63℃，流量1.508m³/L。

水化学成分： 2013年8月23日采集水样进行水质检测（表2.124）。

表2.124　暖水温泉化学成分　　　　　（单位：mg/L）

T_s/℃	pH	TDS	Na⁺	K⁺	Ca²⁺	Mg²⁺
65.4	7.31	221.64	17.26	2.87	33.81	4.98
Li	Rn/(Bq/L)	Sr	NH₄⁺	CO₃²⁻	HCO₃⁻	SO₄²⁻
0.163	3.9	0.14	0	0	130.93	25.47
Cl⁻	F⁻	CO₂	SiO₂	HBO₂	As	化学类型
3.53	5.83	13.55	62.13	0.21	0.083	HCO₃–Ca·Na

开发利用： 泉眼处已建成浴室，主要为供当地居民作洗浴，男浴室最高水温57℃，女浴室最高水温65.4℃。据访，该泉以往温度更高，因调查期间受连日雨天，受洪水侵袭，泉眼混入了冷水。浴室邻近的鱼塘亦有一热水井，已被淹没，为鱼塘养殖所用（图2.172）。

图 2.172　暖水温泉

GDQ171 寨下温泉

位置： 广东省韶关市新丰县马头镇石角村委桐木山村，距马头镇约10km。地面高程224m。

概况： 由G105国道、县道相接，交通较方便。泉眼出露于河边一级阶地上，现已被河水回灌、淹没，无法进行测温测流。周围植被发育，表层覆盖物为砂质黏土，砂砾等，1m以下见有大量灰白至浅黄色的砂砾岩、砾卵石等。泉口沉积物中有灰黑色淤泥。在该泉眼附近见人工开挖热水井，测得水温38.2℃，另一个人工开挖热水井，测得井口水温为30.9℃。寨下温泉热矿水赋存于泥盆系上统天子岭组石灰岩和石英砂岩裂隙之中，受断裂构造控制，热能为0.134MW。

水化学成分： 2013年8月12日采集水样进行水质检测（表2.125）。

表2.125　寨下温泉化学成分　　　　　（单位：mg/L）

T_s/℃	pH	TDS	Na^+	K^+	Ca^{2+}	Mg^{2+}
38.2	7.3	600	na.	na.	na.	na.
Li	Rb	Cs	NH_4^+	CO_3^{2-}	HCO_3^-	SO_4^{2-}
na.	na.	na.	na.	na.	na.	na.
Cl^-	F	CO_2	SiO_2	HBO_2	As	化学类型
na.	3	na.	na.	na.	na.	SO_4-Ca

开发利用： 该天然泉眼被村民开挖成约5m直径的大圆坑，仅供当地人洗浴（图2.173）。

图 2.173　寨下温泉

GDQ172 大岭热水湖村温泉

位置： 广东省韶关市新丰县梅坑镇大岭村委热水湖村，距梅坑镇约4km。地面高程181m。

概况： 有水泥公路至泉点，交通较方便。野外调查实测温。该温泉出露于热水湖村河岸边上，为河流一级阶地，泉口水温47.1℃。周围地形平坦，为冲洪积平原地貌类型，地表出露岩性为粉砂质黏土，下部为黏土、黏土质卵砾石、中粗砂。热矿水赋存于燕山期黑云母花岗岩裂隙之中，受恩平-新丰断裂构造控制，总自流流量142m³/d。泉眼处村民用简易的水泥墙把泉眼开挖成浴池，泉水从池底涌出，见气泡。

水化学成分： 2013年9月13日采集水样进行水质检测（表2.126）。

表2.126　大岭热水湖村温泉化学成分　　　　　（单位：mg/L）

T_s/℃	pH	TDS	Na^+	K^+	Ca^{2+}	Mg^{2+}
47.1	7.82	216.87	49.08	2.03	7.74	0.59
Li	Rn/(Bq/L)	Sr	NH_4^+	CO_3^{2-}	HCO_3^-	SO_4^{2-}
0.078	6.4	0.8	0.02	0	105.28	18.56
Cl^-	F^-	CO_2	SiO_2	HBO_2	As	化学类型
5.21	9.06	2.54	71.74	<0.2	0.006	HCO_3-Na

开发利用： 尚未开发利用，仅供村民简易沐浴、洗涤（图2.174）。

图 2.174　大岭热水湖村温泉

GDQ173 梅坑暖水角温泉

位置： 广东省韶关市新丰县梅坑镇徐坑村委暖水角村四队。地面高程220m。

概况： G105国道旁，交通便捷。泉眼出露于河边一级阶地上，泉眼处有大量细-中砂覆盖，下伏岩性以中粗粒黑云母花岗岩为主。温泉天然出露，泉水清澈，水温40.7℃。暖水角温泉热矿水赋存于燕山期黑云母花岗岩裂隙之中，受恩平-新丰断裂构造控制，热储呈带状展布。泉水常年自流，流量99m³/h，热能为0.11MW。据访，该泉的南偏西和北东向的十数米外分别还有泉眼出露，不过已被填埋。

水化学成分： 2013年9月13日采集水样进行水质检测（表2.127）。

表2.127　梅坑暖水角温泉化学成分 （单位：mg/L）

$T_s/℃$	pH	TDS	Na^+	K^+	Ca^{2+}	Mg^{2+}
40.7	7.79	205.24	36.13	2.24	16.94	0.59
Li	Rn/(Bq/L)	Sr	NH_4^+	CO_3^{2-}	HCO_3^-	SO_4^{2-}
0.069	34.1	0.09	0.04	0	114.73	16.24
Cl^-	F^-	CO_2	SiO_2	HBO_2	As	化学类型
3.48	6.35	3.39	64.73	<0.2	0.003	$HCO_3-Na·Ca$

开发利用： 暖水角温泉已被当地人小规模开发利用，修建有浸泡温泉浴池，供客人和当地人洗浴。之前曾有集团老板想来开发，但最后亦都放弃。该泉主要免费供村民洗浴、洗涤（图2.175）。

图 2.175　梅坑暖水角温泉

GDQ174 玉律温泉

位置： 广东省惠州市博罗县汤泉镇。地面高程25m。

概况： 有硬底化道通至温泉，交通方便。温泉出露于低丘陵谷地，深圳岩体边缘，含水层岩性为砂岩，受莲花山深断裂带控制，水温68℃。泉口沉积物中有细砂。在原泉眼处施工一眼热水井，井深约110m，井口密封。热矿水赋存于燕山期黑云母花岗岩裂隙之中，受断裂构造控制，热储呈带状分布，流量680m³/d，热能为0.242MW。

水化学成分： 根据收集的水质分析资料，地热流体水化学成分见表2.128。

表2.128　玉律温泉化学成分　　　　（单位：mg/L）

T_s/℃	pH	TDS	Na⁺	K⁺	Ca²⁺	Mg²⁺
68	7	620	na.	na.	na.	na.
Li	Rn/(Bq/L)	Sr	NH_4^+	CO_3^{2-}	HCO_3^-	SO_4^{2-}
na.	na.	na.	na.	na.	na.	na.
Cl⁻	F⁻	CO_2	SiO_2	HBO_2	As	化学类型
na.	na.	na.	na.	na.	na.	$SO_4 \cdot HCO_3-Na$

开发利用： 1980年，玉律温泉后山的东南面石岩湖边兴建了石岩湖温泉度假村，度假村内有300多间客房，供温泉度假村游客及当地居民洗浴，但未被大规模地开发利用（图2.176）。

图 2.176　玉律温泉

GDQ175 沙湖村温泉（荒废）

位置： 深圳市坪山新区沙湖村。

概况： 沙湖村温泉原水温为30℃、流量91m³/d，因工程建设已填埋。

GDQ176 朗山温泉（荒废）

位置： 深圳市南山区塘朗山。

概况： 朗山温泉原水温为30℃、流量220m³/d，因工程建设已填埋。

GDQ177 拱桥头温泉

位置： 阳江市阳春市春湾镇拱桥头村北西100m。泉口高程108m。

概况： 温泉出露于低侵蚀剥蚀台地，受控于吴川-四会大断裂，断裂较发育，由2～4条北东向约10°～15°的断裂组成，宽度控制范围3～8km，沿断裂在南侧阳春市附近有多处温泉出露。本温泉出露于石炭系与古近纪、新近纪"红层"断裂接触带上，低洼地势，周围为水稻、香蕉种植区，水温35.7℃。有防淤积的半圆砖砌墙保护，墙直径约8m，主涌水口深2m，直径0.8m。拱桥头村温泉热矿水赋存于二叠系石英砂岩裂隙之中，受北西向断裂构造控制，沿带状岩石断裂裂隙径流排泄，热储呈带状分布，自流量1328m³/d，热能为0.612MW。

水化学成分： 根据收集的水质分析资料，地热流体水化学成分见表2.129。

表2.129　拱桥头温泉化学成分　　　　　　（单位：mg/L）

T_s/℃	pH	TDS	Na^+	K^+	Ca^{2+}	Mg^{2+}
35.7	8.3	209	na.	na.	na.	na.
Li	Rn/(Bq/L)	Sr	NH_4^+	CO_3^{2-}	HCO_3^-	SO_4^{2-}
na.	na.	na.	na.	na.	na.	na.
Cl^-	F	CO_2	SiO_2	HBO_2	As	化学类型
na.	na.	na.	na.	na.	na.	$HCO_3-Na·Ca$

开发利用： 可见8根4寸抽水塑料管出露于井孔内，村民时有抽水使用，平时大部分流入东侧溪流，沿途供渔、农使用。据访，泉水流量恒定，每逢周边有地震时，该温泉会喷射，高度1～2m。与1980年阳春幅水文地质普查时比较，水量有少许上升。2006年2月，国土资源部门将此处列为三级地质遗迹保护点（图2.177）。

图 2.177 拱桥头温泉

GDQ178 圭岗温泉

位置：广东省阳春市圭岗镇圭岗村。泉口高程108m。

概况：圭岗温泉位于阳春市城区北偏东50°约20km外，位于合水镇西北方向约15km外。由阳春城区经省道可达合水镇，再由合水镇沿县道直达圭岗温泉。该温泉出露于吴川-四会大断裂上，泉水出露于黑云母二长花岗岩中，近处无断裂迹象。2012年6月测得圭岗温泉水温48.9℃，本次调查测得水温为46～49.5℃。距离泉东2.5km和西4km为吴川-四会断裂纽带，温泉处浅层为坡积土覆盖。圭岗温泉热矿水赋存于燕山期黑云母花岗岩裂隙之中，受断裂构造控制，温泉呈北东向带状分布，流量423m³/d，热能为0.597MW。

水化学成分：根据收集的水质分析资料，地热流体水化学成分见表2.130。

表2.130 圭岗温泉化学成分 （单位：mg/L）

$T_s/℃$	pH	TDS	Na^+	K^+	Ca^{2+}	Mg^{2+}
48.9	8.5	257	na.	na.	na.	na.
Li	Rn/(Bq/L)	Sr	NH_4^+	CO_3^{2-}	HCO_3^-	SO_4^{2-}
na.	na.	na.	na.	na.	na.	na.
Cl^-	F^-	CO_2	SiO_2	HBO_2	As	化学类型
na.	11.35	na.	na.	na.	na.	$HCO_3 \cdot SO_4 - Na$

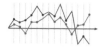
开发利用：泉点处被围成温泉冲浴场所，内有17间房，每房约3m²，引温泉热水供游客盆浴，每人20元；另场外有浴房数间。闲时泉水直接流入旁边的山溪（图2.178）。

图 2.178　圭岗温泉

GDQ179 永宁热水湖温泉

位置：阳江市阳春市永宁镇热水湖西50m。

概况：温泉位于河流边上，从岩石裂隙中流出，表面有一层砂覆盖；离该处3m也有热泉，因被河中冷水侵入无法进行测温。拟作河流为分界线，河流以北为寒武系变质岩，南面为花岗岩。斑状花岗岩，岩石呈浅灰色，粗粒砂状结构，块状构造，局部绿纹构造。泉口沉积物中有砂，泉口水温56.2℃。热水湖温泉水温为58～61℃。永宁热水湖温泉热矿水赋存于燕山期黑云母花岗岩裂隙之中，受断裂构造控制，自流量为26m³/d，热能为0.046MW。

水化学成分：根据收集的水质分析资料，地热流体水化学成分见表2.131。

表2.131　永宁热水湖温泉化学成分　　　　（单位：mg/L）

T_s/℃	pH	TDS	Na⁺	K⁺	Ca²⁺	Mg²⁺
56.2	8.4	298	na.	na.	na.	na.
Li	Rn/(Bq/L)	Sr	NH₄⁺	CO₃²⁻	HCO₃⁻	SO₄²⁻
na.	na.	na.	na.	na.	na.	na.
Cl⁻	F⁻	CO₂	SiO₂	HBO₂	As	化学类型
na.	na.	na.	na.	na.	na.	HCO₃–Na

开发利用：热水湖温泉因自流量太小，仅26m³/d，至今还没有被开发利用，仅供当地人洗浴（图2.179）。

图 2.179　永宁热水湖温泉

GDQ180 沙田村温泉

位置： 阳江市阳春市春城镇沙田村东侧。泉口地面高程19m。

概况： 距阳春市区约6km，有乡道相通，交通较便利。温泉出露于山前冲洪积平原，地形平缓，上部为第四系冲洪积层，主要由粉质黏土、淤泥、黏土、砂等组成，下伏基岩为石灰岩，水温58.2℃。该地有多处温泉出露，大致沿北东50°方向呈条带状展布，热矿水水质透明，微咸，有轻微硫黄味。温泉热储受控于吴川-四会深断裂带，为裂隙型带状热储。由于泉眼分布零散，并用水泥圈围井，井附近开挖有多处鱼塘，故无法测得其涌水量。1980年6月，省水文一队开展了1：20万阳春幅水文地质普查，对该温泉进行了调查观测，当时气温25℃，水温43.5℃，涌水量1.061～2.223L/s，现测得泉水温度47.9℃，水温略有升高。

开发利用： 现在泉出露处已建成11眼水泥圈井，井径1.2m，井深5m，主要用于周边鱼塘养殖，鱼塘边建有16间简便浴室，供当地沐浴使用（图2.180）。

图 2.180　沙田村温泉

GDQ181 山坪热水村温泉

位置： 阳江市阳春市山坪镇热水村75°。泉口地面高程150m。

概况： 有村道相连，路边步行50m至温泉，交通不便。山坪热水村温泉位于热水河河漫滩，周围地形起伏，植被发育，为丘陵地貌类型，出露岩石为云母石英片岩，灰、浅灰色，片状。主要由石英，长石和少量云母组成。岩石较为破碎，裂隙发育，受北东向吴川-四会大断裂影响。泉水从河床岩石裂隙涌出，主要沿北东向分布，出口有四个泉眼，从裂隙中呈单股冒涌，有粉细砂冒出，个别出口有灰白色沉淀和气泡冒出。1980年12月，广东省水文一队开展了阳春幅1：20万水文地质普查，当时气温25℃，水温大于57℃，涌水量2.016L/s；2012年7月测得水温56.9℃，流量174m³/d。

开发利用： 该温泉处于天然状态，至今未被开发利用。据访泉眼处曾建有供人洗澡的石砌建筑物，范围约10m×10m，现已被大水冲毁，温泉涌出后自然汇入河中（图2.181）。

图 2.181　山坪热水村温泉

GDQ182 古山温泉

位置： 阳春市三甲镇热水铺33°向150m处。泉口高程140m。

概况： 位置较偏僻，有乡道相连，交通条件一般。古山温泉位于丘陵山谷的河床边，周围地形起伏，植被发育。古山温泉热矿水赋存于寒武系八村群石英砂岩裂隙之中，河床出露变质砂岩，受北东向吴川-四会大断裂构造控制。河流两边共有三个泉眼，泉出口处有气泡及少量白色的泉华物质，流量不大，泉水沿变质岩裂隙流出，泉眼周围生长有苔类植物。泉水清澈，有H_2S气味和硫黄味，不宜饮用。1961年，广东省水文一队展开1：20万阳春幅水文地质普查时调查该泉点，当时气温28℃，泉水水温54℃，流量67m³/d；2012年7月14日测得水温51.7℃，流量68m³/d，动态较稳定。目前的温泉水温（最高温）较1961年所调查的略有下降。

水化学成分：根据收集的水质分析资料，地热流体水化学成分见表2.132。

表2.132　古山温泉化学成分　　　　　（单位：mg/L）

T_s/℃	pH	TDS	Na$^+$	K$^+$	Ca^{2+}	Mg^{2+}
51.7	7.05	130	na.	na.	na.	na.
Li	Rn/(Bq/L)	Sr	NH$_4^+$	CO$_3^{2-}$	HCO$_3^-$	SO$_4^{2-}$
na.	na.	na.	na.	na.	na.	na.
Cl$^-$	F$^-$	CO$_2$	SiO$_2$	HBO$_2$	As	化学类型
na.	9.274	na.	na.	na.	na.	na.

开发利用：在泉点旁砌有一小间供人洗浴的石房，现主要供人洗浴和农民灌溉周边的农作物（图2.182）。

图 2.182　古山温泉

GDQ183 春都温泉

位置：阳江市阳春市马水镇春都温泉度假区。泉口地面高程93m。

概况：距马水镇18km，距阳春市区18km，距广（州）湛（江）高速公路出入口48km，交通尚属便利。春都温泉三面环山，东临河表水库，为丘陵地貌类型，四周植被茂密，自然生态良好，环境优美。温泉出露于信蓬山麓，位居半山坡小溪旁边，热矿水赋存于燕山晚期中细粒黑云母花岗岩裂隙之中，严格受北东向的吴川-四会大断裂和次一级的北西向断裂构造控制。1971年，广东省水文一队开展1∶20万阳春幅水文地质普查调查该泉，当时测得水温77℃；2012年7月地热孔自流水温77℃，钻孔自流量385～402m³/d，热能为2.28MW。

水化学成分：根据收集的水质分析资料，地热流体水化学成分见表2.133。

表2.133 春都温泉化学成分 （单位：mg/L）

T_s/℃	pH	TDS	Na⁺	K⁺	Ca²⁺	Mg²⁺
77	8.64	313	na.	na.	na.	na.
Li	Rn/(Bq/L)	Sr	NH₄⁺	CO₃²⁻	HCO₃⁻	SO₄²⁻
na.	1710	na.	na.	na.	na.	na.
Cl⁻	F⁻	CO₂	SiO₂	HBO₂	As	化学类型
na.	13.59	na.	na.	na.	na.	HCO₃-Na

开发利用：春都温泉已充分开发，且已经过正规的地热地质勘察，确定C+D级允许可采水量 1117m³/d，属中型规模。于半山坡打了两口地热井并接有水管，泉眼周围热气腾腾，使用虹吸管引入温泉区，温泉池区自然环境和原生态保护甚佳，目前温泉经营状况良好（图2.183）。

图 2.183 春都温泉

GDQ184 炮楼寨温泉

位置：阳江市阳春市三甲镇炮楼寨35°向800m处。泉口地面高程130m。

概况：有环山省道至温泉附近，沿山路步行至泉口，交通不便。温泉位于山谷小河岸边，周围地形起伏，植被发育，为丘陵地貌类型。热矿水赋存于寒武系八村群石英砂岩裂隙之中，受北东向吴川-四会大断裂控制，温泉出露处被人工砌石围成2m×2.5m的池，泉水从池底向上翻涌，沉积物有少量粉砂。据访，该泉常年有水，年动态变化不大，水温与30年前基本不变，涌水量有所增加。1971年，广东省水文一队开展1:20万阳春幅水文地质普查调查该泉，当时测得水温40℃，2012年7月水温40.2℃、流量84m³/d。

水化学成分：根据收集的水质分析资料，地热流体水化学成分见表2.134。

表2.134　炮楼寨温泉化学成分　（单位：mg/L）

T_S/℃	pH	TDS	Na⁺	K⁺	Ca²⁺	Mg²⁺
40.2	8.3	205	na.	na.	na.	na.
Li	Rn/(Bq/L)	Sr	NH₄⁺	CO₃²⁻	HCO₃⁻	SO₄²⁻
na.	na.	na.	na.	na.	na.	na.
Cl⁻	F⁻	CO₂	SiO₂	HBO₂	As	化学类型
na.	na.	na.	na.	na.	na.	HCO₃-Na

开发利用：该泉因自流，水量不大且水温也不高，至今未被开发利用，仅供当地人偶尔来洗浴，泉水涌出后流入小河，与河水混合后作沿途灌溉用（图2.184）。

图 2.184　炮楼寨温泉

GDQ185 岗美黄村温泉

位置：阳江市阳春市岗美镇黄村旁。地面高程13m。

概况：距阳春市约12km，其东侧距S227省道约4.9km，距开阳高速公路出入口约2km，交通方便。阳春市岗美镇黄村温泉出露于河谷洼地，以热泉、热砂形式显示于地表，由于位于河床上，上被河水及河沙覆盖，未见十分明显泉眼，仅以热砂和热气泡为地热标志。该地热田地层主要为泥盆纪天子岭组的浅灰、灰色大理岩，节理裂隙、溶蚀现象发育；岩石为岩浆岩，以燕山二期二长花岗岩、花岗闪长岩为主，裂隙较发育；受走向北东，倾向南东，倾角陡立的登枫断裂控制。2011年广东省地质局水文一队对该地热田进行了详查，测温孔测得孔底最高温度70℃，2012年7月利用深井测温仪测得井底最高温度70.7℃。

水化学成分：根据收集的水质分析资料，地热流体水化学成分见表2.135。

表2.135　岗美黄村温泉化学成分　　　　　（单位：mg/L）

T_S/℃	pH	TDS	Na$^+$	K$^+$	Ca^{2+}	Mg^{2+}
70	8.1	1446.44	na.	na.	na.	na.
Li	Rn/(Bq/L)	Sr	NH$_4^+$	CO$_3^{2-}$	HCO$_3^-$	SO$_4^{2-}$
na.	na.	na.	na.	na.	na.	na.
Cl$^-$	F$^-$	CO$_2$	SiO$_2$	HBO$_2$	As	化学类型
na.	11	na.	na.	na.	na.	Cl-Na

开发利用：该区施工了两口深度分别为101.25m、101.79m的探采结合井，稳定出水温度52～61℃，地热田地热资源可开采储量C级（控制的）为1920m³/d，热量为2672000kcal，热功率为3104kW，属小型地热田。目前该地热田正在修建温泉度假区，作现场调查时可见正在施工，处于建设初期（图2.185）。

图2.185　岗美黄村温泉

GDQ186 大八南岗温泉

位置： 阳江市阳东县大八镇南岗村。地面高程16m。

概况： 处于大八镇镇区南侧约1km，有县道相通，交通条件较好。该温泉出露于丘陵间谷地平原第四系冲积洼地，浅层可见灰色粉质黏土，下伏基岩北侧为寒武系变质砂岩，南侧为燕山期侵入岩，两岩体接触带为控热断层，但上部被第四系冲洪积覆盖，未见断裂露头。泉眼处被红砖围成一个直径6m，高1.5m的水池，水深2.5m，底部可见中风化花岗岩出露，泉水从岩石裂隙冒出，多处有气泡，泉水清澈，沉积物为粉细砂，水温56.2℃，自流流量52.7m³/d。

水化学成分： 根据收集的水质分析资料，地热流体水化学成分见表2.136。

表2.136　大八南岗温泉化学成分　　　　（单位：mg/L）

$T_s/℃$	pH	TDS	Na^+	K^+	Ca^{2+}	Mg^{2+}
56.2	8.74	na.	na.	na.	na.	na.
Li	Rn/(Bq/L)	Sr	NH_4^+	CO_3^{2-}	HCO_3^-	SO_4^{2-}
na.	na.	na.	na.	na.	na.	na.
Cl^-	F^-	CO_2	SiO_2	HBO_2	As	化学类型
na.	20.2	na.	na.	na.	na.	na.

开发利用： 该温泉拟建温泉住宅区，目前尚在筹备阶段。温泉所属地块已被"中山老板"购买，总面积约$2×10^4m^2$，泉西面有弃置的数栋别墅，但目前泉眼周围仅见荒地一片，泉水鲜有利用，一般汇入河流被冲走（图2.186）。

图 2.186　大八南岗温泉

GDQ187 大八吉水温泉

位置：阳江市阳东县大八镇吉水村北200m。泉口高程13m。

概况：吉水村距大八镇约1.2km，从吉水村仍需步行200m沿田间小路至泉点，交通不便。温泉出露于河床内，于岸边的沙滩为一片"热沙滩"，水温66℃，光脚踏上有滚烫感觉。2012年8月3日实地考察时，河水较满，沙滩无明显泉眼，沿河床东西向约50m范围有热异常。上部被第四系冲积层覆盖，未见断层露头，下伏基岩南侧为燕山期黑云母花岗岩，泉水赋存于花岗岩裂隙之中，受断裂构造控制，呈带状分布。目估泉总自流量为68m³/d。

水化学成分：根据收集的水质分析资料，地热流体水化学成分见表2.137。

表2.137　大八吉水温泉化学成分　　　　　　（单位：mg/L）

T_s/℃	pH	TDS	Na^+	K^+	Ca^{2+}	Mg^{2+}
66	9	383	na.	na.	na.	na.
Li	Rn/(Bq/L)	Sr	NH_4^+	CO_3^{2-}	HCO_3^-	SO_4^{2-}
na.	na.	na.	na.	na.	na.	na.
Cl^-	F^-	CO_2	SiO_2	HBO_2	As	化学类型
na.	na.	na.	na.	na.	na.	HCO_3-Na

开发利用：温泉目前未被开发利用，为天然状态，泉水从沙滩里渗出后一般流入河中，冬天当地人挖成简易水池洗浴（图2.187）。

图 2.187　大八吉水温泉

GDQ188 阳江温泉

位置： 阳江市阳东县合山镇热水村旁。泉口地面高程24m。

概况： 阳江温泉原名阳江市新世纪温泉，又名阳江合山温泉，现名阳江温泉。该温泉距阳江城区约2.5km，国道、高速公路相通，交通极为方便。温泉位于缓坡起伏的低山丘陵之中的平坦地带，四周植被茂密，山清水秀，风景美好。温泉热矿水赋存于寒武系八村群蚀变混合岩裂隙之中，受北东向恩平-新丰深断裂和北西向次一级断裂控制。1976年，省水文一队曾调查该泉，当时水温72℃，2012年8月实测最高水温72℃。70年代调查时，温泉共有200个热泉溢出，总自流量520m³/d，经先后施工四个普查孔和两个生产井，静水位埋深4.24m，水位降深3.14～16.89m，涌水量507.77～2592.86m³/d，经批准C+D级储量为2592m³/d。

水化学成分： 根据收集的水质分析资料，地热流体水化学成分见表2.138。

表2.138　阳江温泉化学成分　　　　　（单位：mg/L）

T_s/℃	pH	TDS	Na^+	K^+	Ca^{2+}	Mg^{2+}
72	8.01	426	na.	na.	na.	na.
Li	Rn/(Bq/L)	Sr	NH_4^+	CO_3^{2-}	HCO_3^-	SO_4^{2-}
na.	na.	na.	na.	na.	na.	na.
Cl^-	F^-	CO_2	SiO_2	HBO_2	As	化学类型
na.	11.67	na.	na.	na.	na.	HCO_3–Na

开发利用： 温泉已经过正规的勘察，开发档次较高，生产规模1500m³/d，矿区面积0.3485km²。目前，阳江温泉经营火爆，社会效益和经济效益相当不错（图2.188）。

图 2.188　阳江温泉

GDQ189 八甲温泉（代表两个温泉）

位置： 阳江市阳春市八甲圩旁边。泉眼处地面高程39m。

概况： 有省道、铁路经过附近，交通条件较好。温泉出露于河漫滩及一级阶地，地表岩性为灰色粉质黏土、粉土，有两处泉眼，水温分别为64℃、48.1℃。热矿水赋存于燕山期黑云母花岗岩裂隙之中，受吴川-四会深断裂构造控制，四处温泉点沿北东方向呈带状分布，流量为353m³/h、291m³/h。当地人在泉眼处建成一个水塔，水位升高2.8m，泉水自流，另一泉眼则用砖砌成水池，可见气泡不断冒出，泉水清澈，有明显的硫黄气味。

水化学成分： 2012年7月5日采集水样进行水质检测（表2.139）。

表2.139　八甲温泉化学成分　　　　　（单位：mg/L）

T_s/℃	pH	TDS	Na⁺	K⁺	Ca²⁺	Mg²⁺
64	8.63	207	na.	na.	na.	na.
Li	Rn/(Bq/L)	Sr	NH_4^+	CO_3^{2-}	HCO_3^-	SO_4^{2-}
na.	na.	na.	na.	na.	na.	na.
Cl⁻	F⁻	CO_2	SiO_2	HBO_2	As	化学类型
na.	16.01	na.	na.	na.	na.	HCO₃–Na

开发利用： 八甲温泉至今未被合理有效地开发利用，仅供当地人淋浴，温泉旁边有一间澡堂，澡堂按每人十元来收取费用，部分村民利用泉水进行烫宰，平时泉水汇入阶地的溪流，沿途灌溉使用，利用率较低（图2.189）。

图 2.189　八甲温泉

GDQ190 新洲温泉

位置： 阳江市阳东县新洲镇北新村仔南。

概况： 西距阳江市区约30km，南直距西部沿海高速公路（S32）约7km，北距国道325和广湛高速公路（G15）约18km，县道750由新村仔村北侧经过，交通较为便利。

在未勘探前，新洲地热田区为一热水沼泽，共出露至少85个温泉点。详查工作中，泉出露处及附近共施工了七个钻孔，其中保留了六个钻孔，各个钻孔均为自流孔，由于热水流量增大，沼泽地退化，温泉点数量减少，现改造为鱼塘。其中2013年施工并成井的地热井井口高程8m，井口自流水温为97.4℃，孔内最高水温110.2℃，总自流量19.913~22.746L/s。

温泉所属新洲地热田总体地势为北高南低，北面为侵蚀剥蚀低丘陵地形，南面为剥蚀台地地形，地热田地势低洼。地热田下伏基岩主要为中粗粒斑状黑云母二长花岗岩，裂隙发育，具蚀变、糜棱岩化现象，钙华、绿泥石充填。地热田受多处构造控制，其中东西向断裂为主要控热构造，北东向断裂为热水的运移通道。2012年8月12日考察时可见其中一泉眼处已筑成一高10m的白塔，蓄水加压，塔身有厚厚的白色泉华，常年热气腾腾，自流不断；其他钻井亦为自流，可见强烈冒泡。

2012~2013年，广东省地质局第四地质大队与中国地质大学（武汉）合作开展珠江三角洲及周边地区控热地质构造调查研究项目，于2013年在新洲地热田原ZK1号孔南侧5m处实施1000m地热科学钻探工程，12月底成井后，测得孔口水温97.4℃、孔内最高水温110.2℃，自流量555m³/d，抽水出水量为2282m³/d。

水化学成分： 2013年12月31日采集水样进行水质检测（表2.140）。

表2.140　新洲温泉化学成分　　　　　（单位：mg/L）

T_s/℃	pH	TDS	Na⁺	K⁺	Ca²⁺	Mg²⁺
99.8	7	2645.25	746.22	59.19	132.57	10.43
Li	Rn/(Bq/L)	Sr	NH_4^+	CO_3^{2-}	HCO_3^-	SO_4^{2-}
1.992	0.9	0.25	0.2	0	55.34	41.23
Cl⁻	F⁻	CO_2	SiO_2	HBO_2	As	化学类型
1459.72	4.16	11.01	163.86	1.23	＜0.001	Cl-Na

开发利用： 目前地热田附近土地已被征收，正筹备规模化开发（图2.190）。

图2.190　阳江新洲温泉

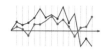

GDQ191 塘口热水村温泉

位置： 阳江市阳西县塘口镇热水村。泉口高程27.5m。

概况： 距阳西县城约13km，距广湛高速公路（G15）出口仅约6km，交通较为方便。该温泉位于低丘山脚，地势南西高、北东低，周围植被发育。温泉出露岩性为中粒斑状黑云母花岗岩，裂隙发育，有硅化现象，热矿水赋存于燕山期黑云母花岗岩裂隙之中，受断裂构造控制，热储呈带状发育。1971年广东省水文一队在1∶20万水文地质普查时调查该泉水，当时水温64℃，现测得最高水温63.5℃，自流量约2000m³/d。泉水水温与1971年相较变化不大，为常年自流泉。热水村温泉泉水清澈透明，有轻微的硫黄气味（图2.191）。

水化学成分： 2012年7月20日采集水样进行水质检测（表2.141）。

表2.141 塘口热水村温泉化学成分 （单位：mg/L）

T_s/℃	pH	TDS	Na$^+$	K$^+$	Ca^{2+}	Mg^{2+}
63.5	8.64	121	na.	na.	na.	na.
Li	Rn/(Bq/L)	Sr	NH$_4^+$	CO$_3^{2-}$	HCO$_3^-$	SO$_4^{2-}$
na.	na.	na.	na.	na.	na.	na.
Cl$^-$	F$^-$	CO$_2$	SiO$_2$	HBO$_2$	As	化学类型
na.	7.808	na.	na.	na.	na.	HCO$_3$-Na

开发利用： 温泉已初步开发为一温泉浴场，引自流泉水供游客洗浴。泉眼为天然露头，人工围成一个椭圆形的小水池，水池长3.1m，宽2.15mm，水深0.45m，泉水从池底花岗岩裂隙中涌出，有气泡。

图 2.191 塘口热水村温泉

GDQ192 黄村仔温泉

位置： 阳江市阳西县塘口镇黄村仔103°方向350m处。泉口地面高程8m。

概况： 该温泉距塘口镇和广湛高速公路（G15）出口仅约2km，但从黄村到泉点需步行约10分钟，交通不便。黄村仔温泉位于冲积平原一级阶地，周围地形平坦，泉眼附近为农田。出露岩性为第四系含砾中粗砂、亚黏土、亚砂土等，呈浅灰黄、米黄色，在泉点可见褐黑色淤泥、粉砂等。黄村仔温泉热矿水赋存于燕山期黑云母花岗岩裂隙之中，受断裂构造控制，呈带状分布，在点北东约230m的河边有一处"热沙滩"地热异常。温泉现砌有一个近似椭圆的水池，水池长轴为12m，短轴为8.5m，水深0.35～0.72m，有几处泉眼出露，池底岩性为中粗砂，时有气泡冒出。1971年，广东省水文一队开1：20万阳江幅水文地质普查时对该泉进行过调查，当时测得水温54℃，现测得水温42℃，泉旁一热水浅孔水温51.2℃，自流量700m³/d。泉水清澈，有轻微硫黄气味。

水化学成分： 2012年7月20日采集水样进行水质检测（表2.142）。

表2.142 黄村仔温泉化学成分 （单位：mg/L）

$T_s/℃$	pH	TDS	Na^+	K^+	Ca^{2+}	Mg^{2+}
51.2	7.77	324.94	na.	na.	na.	na.
Li	Rn/（Bq/L）	Sr	NH_4^+	CO_3^{2-}	HCO_3^-	SO_4^{2-}
na.	na.	na.	na.	na.	na.	na.
Cl^-	F^-	CO_2	SiO_2	HBO_2	As	化学类型
na.	14.19	na.	na.	na.	na.	HCO_3-Na

开发利用： 黄村仔温泉至今未被开发利用，仅供当地人洗浴（图2.192）。

图 2.192 黄村仔温泉

GDQ193 平岗百禄村温泉

位置： 阳江市江城区平岗镇百禄村原十队。泉口地面高程8m。

概况： 距广湛高速公路阳江出入口约20km，有乡道、村道相通，交通条件较好。平岗百禄村温泉位于海积平原区，地势平缓，浅部为一般沉积的黏性土层。恩平-新丰断裂约从温泉南侧不远处隐伏经过，附近表面无断裂发育迹象。温泉出口处盖简易砖房两间（平顶），其室内地面高于四周0.74m，于其中一间有天然泉眼出露，砖砌成八角井，井直径0.56m，水位埋深0.22m（即水头高0.54m），于井内开一个出水口，井内不断冒泡，井底可见较多粉细砂。于温泉西南向18m处施工一个钻孔井，揭露有热水，本温泉与该钻孔井水力联系密切，当钻孔抽水时，流量会减少，甚至不自流。2013年8月调查测得水温53.9℃，自流量108m³/d。

水化学成分： 根据收集的水质分析资料，地热流体水化学成分见表2.143。

表2.143　平岗百禄村温泉化学成分　　　　　（单位：mg/L）

T_s/℃	pH	TDS	Na⁺	K⁺	Ca²⁺	Mg²⁺
53.9	7.19	6900	na.	na.	na.	na.
Li	Rn/(Bq/L)	Sr	NH_4^+	CO_3^{2-}	HCO_3^-	SO_4^{2-}
na.	na.	na.	na.	na.	na.	na.
Cl⁻	F⁻	CO_2	SiO_2	HBO_2	As	化学类型
na.	4	na.	na.	na.	na.	Cl-Na·Ca

开发利用： 本温泉为广东省水文一队20世纪70年代施工留下的钻孔温泉，当时为解决农（渔）业用水，尝试找地下水，曾于附近施工三口水井，深度约300m，结果于本处打出热咸水，本孔位处呈自流，形成现在上升温泉。尚未开发利用（图2.193）。

图 2.193　平岗百禄村温泉

GDQ194 云沙温泉

位置： 广东省罗定市罗镜镇云沙村。地面高程158m。

概况： 有混凝土公路通至云沙村，从村中泥路步行约30m到达泉点。温泉位于丘陵谷地，出露岩性为花岗岩，局部见硅化现象，泉水从岩石裂隙呈股状涌出，串珠状气泡，水温40.2℃，以往流量100m³/d，现泉流量无法测得。

水化学成分： 2013年9月24日采集水样进行水质检测（表2.144）。

表2.144　云沙温泉化学成分　（单位：mg/L）

T_s/℃	pH	TDS	Na^+	K^+	Ca^{2+}	Mg^{2+}
40.2	7.66	245.23	3.47	1.83	66.79	4.91
Li	Rn/(Bq/L)	Sr	NH_4^+	CO_3^{2-}	HCO_3^-	SO_4^{2-}
0.008	1.8	0.11	0	0	199.76	37.6
Cl^-	F^-	CO_2	SiO_2	HBO_2	As	化学类型
2.61	0.17	5.93	27.66	< 0.2	< 0.001	HCO_3-Ca

开发利用： 泉眼处为一简易水池，四周植被发育，泉水清澈见底，供附近居民洗浴，泉水自流，汇入南侧5m的一条溪流，供灌溉用途。温泉已开发，供附近村民洗浴（图2.194）。

图 2.194　云沙温泉

GDQ195 张大表温泉

位置： 广东省廉江市塘蓬镇张大表村。泉口地面高程88m。

概况： 乡道、村道相通，交通条件一般。张大表温泉位于山间洼地中，周围植被发育。表层为第四系黏性土覆盖，下伏岩性为晚侏罗世二长花岗岩，受北东向信宜-廉江大断裂控制。泉眼位于坡脚，成一土窝状。2013年10月测得水温31.5℃，流量26 m³/d。泉水清澈，无色无味。

开发利用：该温泉尚未开发利用，温泉处于天然状态（图2.195）。

图 2.195　张大表温泉

GDQ196 洽水溪温泉（代表两个温泉）

位置：广东省肇庆市怀集县洽水镇溪村。地面高程236m。

概况：距洽水镇十几公里，有S262省道与乡间便道相通，交通方便。该天然泉眼出露于河边一级阶地与二级阶地的交界处，水头仅比河面高出0.3m左右，阶地上部0.5m为粉质黏土，0.5m以下为中-粗粒砾层，温泉周围植被发育，未发现有断裂带痕迹，水温48.2℃。泉水清澈，极少气泡。温泉东侧为一小河，遇大-暴雨河水浑黄、流速快，小河宽8～12m，水深约0.4m，热泉池深0.2～0.4m，西侧有另一热泉，面积约3m²。洽水溪温泉泉水赋存于燕山期黑云母花岗岩裂隙之中，受断裂构造控制，呈带状分布，流量32m³/d，热能为0.24MW。

水化学成分：根据收集的水质分析资料，地热流体水化学成分见表2.145。

表2.145　洽水溪温泉化学成分　　　　　　　　（单位：mg/L）

T_s/℃	pH	TDS	Na⁺	K⁺	Ca²⁺	Mg²⁺
48.2	8.4	252	na..	na.	na.	na.
Li	Rn/(Bq/L)	Sr	NH_4^+	CO_3^{2-}	HCO_3^-	SO_4^{2-}
na.	na.	na.	na.	na.	na.	na.
Cl⁻	F⁻	CO_2	SiO_2	HBO_2	As	化学类型
na.	5.5	na.	na.	na.	na.	HCO_3–Na

开发利用：据访，洽水溪温泉至今未被合理有效地开发利用，仅平日常有当地居民前来洗浴（图2.196）。

图 2.196 洽水溪温泉

GDQ197 双狮温泉

位置：广东省肇庆市怀集县中洲镇白竹村。地面高程185m。

概况：又称白竹温泉，有S263省道与乡间便道相通，交通较方便。泉眼出露于第四系冲洪积层，覆盖层较厚，周围植被发育茂盛，未见基岩与断层出露，水温48.7℃。温泉位于稻田间，施工了三个热水井，井径110mm。现场调查时，发现泉口有较多白色沉淀物，未见气泡冒出。该泉赋存于燕山期花岗岩裂隙之中，受断裂构造控制，呈带状分布，流量45m³/d。据访，在泉眼较多处，农民耕作时有多处可冒出泉水，冬天热泉水不够抽。

水化学成分：2013年10月17日采集水样进行水质检测（表2.146）。

表2.146 双狮温泉化学成分　　　　（单位：mg/L）

T_S/℃	pH	TDS	Na^+	K^+	Ca^{2+}	Mg^{2+}
48.7	8.48	235.4	58.78	2.56	1.94	0.88
Li	Rn/(Bq/L)	Sr	NH_4^+	CO_3^{2-}	HCO_3^-	SO_4^{2-}
0.265	1	0.08	0	21.24	55.34	8.12
Cl^-	F^-	CO_2	SiO_2	HBO_2	As	化学类型
11.3	12.12	0	90.74	0.65	0.009	HCO_3-Na

开发利用： 白竹温泉未经合理有效地开发利用，温泉主要引水至家庭式温泉浴室供游客洗浴（图2.197）。

图 2.197 双狮温泉

GDQ198 燕峰温泉

位置： 广东省肇庆市怀集县凤岗镇白坭村委热水坑村。地面高程336m。

概况： 靠近S349省道边，燕峰温泉度假村内，交通便捷。温泉位于山腰上，已钻孔成井，建有8m×8m的砖砌墙，泉水自孔内流出，少见气泡，无沉淀物，周围出露的岩石有硅化迹象，水温63.4℃。燕峰温泉热矿水赋存于燕山期黑云母花岗岩裂隙之中，受断裂构造控制，热储呈带状展布。共有四个天然泉眼出露，为上升裂隙泉，合计流量357m³/d。

水化学成分： 2013年10月18日采集水样进行水质检测（表2.147）。

表2.147 燕峰温泉化学成分　　　　　　　　（单位：mg/L）

$T_s/℃$	pH	TDS	Na^+	K^+	Ca^{2+}	Mg^{2+}
72	8.22	187.66	34.58	2.14	2.42	0.88
Li	Rn/(Bq/L)	Sr	NH_4^+	CO_3^{2-}	HCO_3^-	SO_4^{2-}
0.062	62	0.03	0	17.26	49.94	4.64
Cl^-	F^-	CO_2	SiO_2	HBO_2	As	化学类型
2.61	2.66	0	95.43	< 0.2	0.006	HCO_3-Na

开发利用： 据访，井的利用率较少，仅供村民使用，平常多自流，补给地表水。而另外三个泉眼则位于山谷洼地的燕峰温泉度假村内。主要供燕峰温泉和当地居民使用，作洗浴、洗涤用途（图2.198）。

图 2.198　燕峰温泉

GDQ199 五桂山温泉

位置：中山市五桂山街道办走马墩村。

概况：五桂山温泉出露于山间，热储受紫金-博罗大断裂影响控制发育，属裂隙型带状热储。水温为29.5℃，流量339m³/d。由于温度低，流量小，该泉尚未被开发利用（图2.199）。

图 2.199　五桂山温泉

GDQ200 湾仔银坑温泉（荒废）

位置：珠海市香洲区湾仔街办银坑。

概况：湾仔银坑温泉原水温为28℃、流量107m³/d，因工程建设已填埋。

第三节　代表性地热井

GDJ001 新葵地热井

位置：潮州市饶平县新丰镇新葵村。地面高程68m，井口高程68m。

井深：128m。

孔径：219mm。

井口温度：41℃。

热储层特征：裂隙型带状热储，岩性主要为燕山期黑云母花岗岩（$J_3\gamma$），顶板埋深120m，底板埋深不详，热储中部温度109℃，地热流体呈自流状态，流量105.0m³/d。

水化学成分：根据收集的水质分析资料，地热流体水化学成分见表2.148。

表2.148　新葵地热井化学成分　　　　　　　　　（单位：mg/L）

T_s/℃	pH	TDS	Na⁺	K⁺	Ca²⁺	Mg²⁺
41	8.3	547	na.	na.	na.	na.
Li	Rn/(Bq/L)	Sr	NH₄⁺	CO₃²⁻	HCO₃⁻	SO₄²⁻
na.	na.	na.	na.	na.	na.	na.
Cl⁻	F⁻	CO₂	SiO₂	HBO₂	As	化学类型
na.	10	na.	na.	na.	na.	SO₄-Na

开发利用：目前该井附近约开发有五家小型温泉浴馆，施工地热孔十几眼，淡季总开采量约100m³/d，旺季总开采量可达300～500m³/d，目前主要作洗浴、洗涤用。

GDJ002 东山湖地热井

位置：潮州市潮安县沙溪镇东山湖。地面高程7m，井口高程7m。

井深：228m。

孔径：219mm。

井口温度：101℃。

热储层特征：裂隙型带状热储，岩性主要为燕山期黑云母花岗岩（$J_3\gamma$），顶板埋深220m，底板埋深不详，热储中部温度131℃，地热流体呈自流状态，流量697.0m³/d。

水化学成分：根据收集的水质分析资料，地热流体水化学成分见表2.149。

表2.149　东山湖地热井化学成分　　　　　　　　（单位：mg/L）

T_S/℃	pH	TDS	Na$^+$	K$^+$	Ca^{2+}	Mg^{2+}
93	8.9	1110	na.	na.	na.	na.
Li	Rn/(Bq/L)	Sr	NH$_4^+$	CO$_3^{2-}$	HCO$_3^-$	SO$_4^{2-}$
na.	na.	na.	na.	na.	na.	na.
Cl$^-$	F$^-$	CO$_2$	SiO$_2$	HBO$_2$	As	化学类型
na.	11.55	na.	na.	na.	na.	Cl-Na

开发利用：该地热区于2005年进行了矿产资源储量核实，获取A级储量1597m³/d，热能6.16MW，水温为93～101℃。2006年由新加坡华侨投资两亿人民币进行规模化开发利用，建成东山湖温泉度假村，生产规模23×10⁴m³/a，东山湖温泉处于桑浦山西坡脚一带，生态环境优美，目前经济效益良好。

GDJ003 南海里水地热井

位置：广东省佛山市南海区里水镇班芙温泉小城。地面高程10m，井口高程11m。

井深：1600m。

孔径：219mm。

井口温度：49.5℃。

热储层特征：岩溶型层状热储，岩性主要为石炭系中上统壶天群石灰岩，顶板埋深1550m，底板埋深不详，热储中部温度80℃，地热流体呈自流状态，流量1500m³/d。

水化学成分：根据收集的水质分析资料，地热流体水化学成分见表2.150。

表2.150　南海里水地热井化学成分　　　　　　　（单位：mg/L）

T_S/℃	pH	TDS	Na$^+$	K$^+$	Ca^{2+}	Mg^{2+}
49.5	7.5	1400	na.	na.	na.	na.
Li	Rn/(Bq/L)	Sr	NH$_4^+$	CO$_3^{2-}$	HCO$_3^-$	SO$_4^{2-}$
na.	na.	na.	na.	na.	na.	na.
Cl$^-$	F$^-$	CO$_2$	SiO$_2$	HBO$_2$	As	化学类型
na.	na.	na.	na.	na.	na.	Cl-Na·Ca

开发利用：此地热区经过正规水文地质勘查和储量估算，获取B级储量2743m³/d，热能2.149MW。该地共施工三口地热井，一口成井深度600m，用水温度27℃，水量160m³/d；一口井在深度1200m遇断裂破碎带，出水水温48℃，水量288m³/d；主要用途是为班芙温泉小城提供热矿水供给住户。

GDJ004 沸湖村地热井

位置：广东省河源市东源县黄田镇沸湖村东约1.1km。地面高程72m，井口高程72m。

井深：10m。

孔径：219mm。

井口温度：39.9℃。

热储层特征：裂隙型带状热储，岩性主要为燕山期黑云母花岗岩（$J_3\gamma$），顶板埋深7m，底板埋深不详，热储中部温度145℃，地热流体呈自流状态，流量130m³/d。

水化学成分：2013年11月8日采集水样进行水质检测，地热流体水化学成分见表2.151。

表2.151　沸湖村地热井化学成分　　　　（单位：mg/L）

T_s/℃	pH	TDS	Na⁺	K⁺	Ca²⁺	Mg²⁺
39.9	7.35	913.81	206.66	12.55	93.11	7.98
Li	Rn/(Bq/L)	Sr	NH₄⁺	CO₃²⁻	HCO₃⁻	SO₄²⁻
0.774	19.1	0.22	0	0	843.6	38.81
Cl⁻	F⁻	CO₂	SiO₂	HBO₂	As	化学类型
11.3	4.93	48.28	114.33	0.28	0.006	HCO₃-Na·Ca

开发利用：井位置原有温泉出露，地热井成井于泉眼出露处，呈自流状态，目前井所属单位为沸湖村，该井旁施工有另一口浅井，仅5.0m，两口井均处于未开发利用状态。

GDJ005 叶园地热井

位置：广东省河源市东源县黄田镇良田村。地面高程87m，井口高程87m。

井深：100m。

孔径：219mm。

井口温度：39.9℃。

热储层特征：裂隙型带状热储，岩性主要为燕山期黑云母花岗岩（$J_3\gamma$），顶板埋深89m，底板埋深不详，热储中部温度139℃，地热流体总开采量1200m³/d。

水化学成分：2013年11月5日采集水样进行水质检测，地热流体水化学成分见表2.152。

表2.152　叶园地热井化学成分　　　　（单位：mg/L）

T_s/℃	pH	TDS	Na⁺	K⁺	Ca²⁺	Mg²⁺
55	7.9	397.08	93.21	5.44	21.25	2.15
Li	Rn/(Bq/L)	Sr	NH₄⁺	CO₃²⁻	HCO₃⁻	SO₄²⁻
0.367	18.8	0.13	0	0	286.15	4.85
Cl⁻	F⁻	CO₂	SiO₂	HBO₂	As	化学类型
15.64	7.64	4.24	103.64	0.28	< 0.001	HCO₃-Na

开发利用：目前属叶园温泉度假酒店所有，处于开发状态，主要用途为理疗洗浴。

GDJ006 源南新塘地热井

位置： 广东省河源市源城区源南镇新塘村。地面高程44m，井口高程44m。

井深： 26m。

孔径： 219mm。

井口温度： 38.8℃。

热储层特征： 裂隙型带状热储，岩性主要为燕山早期侵入岩（$J_1\gamma$），顶板埋深20m，底板埋深不详，热储中部温度127℃，地热流体呈自流状态，流量130m³/d。

水化学成分： 2013年11月10日采集水样进行水质检测，地热流体水化学成分见表2.153。

表2.153　源南新塘地热井化学成分　　　　　（单位：mg/L）

T_S/℃	pH	TDS	Na^+	K^+	Ca^{2+}	Mg^{2+}
38.8	7.98	482.51	5.24	5.24	30.36	1.53
Li	Rn/(Bq/L)	Sr	NH_4^+	CO_3^{2-}	HCO_3^-	SO_4^{2-}
0.368	1.9	0.25	0	0	284.8	72.77
Cl^-	F^-	CO_2	SiO_2	HBO_2	As	化学类型
14.77	8.53	3.39	83.26	0.47	0.002	HCO_3-Na

开发利用： 目前该温泉作为地震监测点使用。

GDJ007 温泉镇地热井

位置： 广东省广州市从化市温泉镇温泉东路112号。地面高程45m，井口高程45m。

井深： 148m。

孔径： 219mm。

井口温度： 65℃。

热储层特征： 裂隙型带状热储，岩性主要为燕山期黑云母花岗岩（$J_3\gamma$），顶板埋深140m，底板埋深不详，热储中部温度128℃，地热流体呈自流状态，流量1000m³/d。

水化学成分： 2013年10月24日采集水样进行水质检测，地热流体水化学成分见表2.154。

表2.154　温泉镇地热井化学成分　　　　　（单位：mg/L）

T_S/℃	pH	TDS	Na^+	K^+	Ca^{2+}	Mg^{2+}
65	7.85	273.12	62.6	2.64	13.55	0.88
Li	Rn/(Bq/L)	Sr	NH_4^+	CO_3^{2-}	HCO_3^-	SO_4^{2-}
0.169	0.5	0.14	0	0	176.82	6.96
Cl^-	F^-	CO_2	SiO_2	HBO_2	As	化学类型
6.08	7.62	3.39	84.32	< 0.2	0.006	HCO_3-Na

开发利用：据访，温泉镇共钻进成井九口，目前能正常抽水为七口，水温一般60~70℃，水无色透明，用途主要供各温泉旅馆、浴馆作游客理疗洗浴。将来，该地区计划兴建集"高端酒店、会务、旅游、温泉养生、体育休闲"等多功能于一体的国际知名温泉旅游度假区，总体规划面积近30km²，并有十多项配套的生活设施。

GDJ008 石桥村地热井

位置：广东省广州市从化市温泉镇龙岗村委石桥村。地面高程50m，井口高程50m。

井深：40m。

孔径：219mm。

井口温度：34.5℃。

热储层特征：裂隙型带状热储，岩性主要为燕山期黑云母花岗岩（$J_3\gamma$），顶板埋深35m，底板埋深不详，热储中部温度88℃，地热流体原呈自流状态，由于该地方钻孔抽水过多，现已不再自流，多口井总开采量为800m³/d。

水化学成分：2013年10月24日采集水样进行水质检测，地热流体水化学成分见表2.155。

表2.155　石桥村地热井化学成分　　　　（单位：mg/L）

T_s/℃	pH	TDS	Na^+	K^+	Ca^{2+}	Mg^{2+}
34.5	7.43	185.93	14.54	3.52	26.62	7.34
Li	Rn/(Bq/L)	Sr	NH_4^+	CO_3^{2-}	HCO_3^-	SO_4^{2-}
0.043	2	0.41	0.15	0	124.18	27.84
Cl^-	F^-	CO_2	SiO_2	HBO_2	As	化学类型
4.34	1.84	6.78	36.46	< 0.2	0.016	HCO_3-Na

开发利用：据访，从前曾测得泉水温为38℃，有较重的硫黄气味。该处现有八口钻井，当地居民主要利用热矿水来种植观赏草和鱼塘养殖。

GDJ009 太和南岭村地热井

位置：广东省广州市白云区太和镇南岭村委广州温泉花园。地面高程13m，井口高程14m。

井深：293m。

孔径：219mm。

井口温度：31.2℃。

热储层特征：岩溶型层状热储，岩性主要为二叠纪碳酸盐岩，顶板埋深286m，底板埋深不详，热储中部温度70℃，地热流体呈自流状态，流量314m³/d。

水化学成分：2013年11月17日采集水样进行水质检测，地热流体水化学成分见表2.156。

表2.156　太和南岭村地热井化学成分　　　　　（单位：mg/L）

T_s/℃	pH	TDS	Na⁺	K⁺	Ca²⁺	Mg²⁺
31.2	7.88	482.42	55.5	2.7	87.03	11.04
Li	Rn/(Bq/L)	Sr	NH₄⁺	CO₃²⁻	HCO₃⁻	SO₄²⁻
0.06	1.7	0.95	0	0	163.32	152.81
Cl⁻	F⁻	CO₂	SiO₂	HBO₂	As	化学类型
67.77	0.18	2.54	23.73	< 0.2	0.006	SO₄·HCO₃–Ca·Na

开发利用：地热田在广州市水文地质普查工作中被发现，普查中施工八个钻孔，成井两眼，目前该两口热水井所属单位为广州南岭温泉花园，原作为该花园小区旧住户的生活用水井，如今小区已安装有自来水，热水井已较少利用。

GDJ010 下林村地热井

位置：惠州市龙门县蓝田镇下林村。地面高程117m，井口高程117m。

井深：160m。

孔径：219mm。

井口温度：39.9℃。

热储层特征：裂隙型带状热储，岩性主要为晚侏罗世花岗岩（$J_3\gamma$），顶板埋深150m，底板埋深不详，热储中部温度92℃，地热流体呈自流状态，流量302m³/d。

开发利用：该地热井尚未开发。

GDJ011 龙门地派地热井

位置：广东省惠州市龙门县地派镇地派圩，地派温泉度假村内。地面高程169m，井口高程169m。

井深：164m。

孔径：219mm。

井口温度：38.5℃。

热储层特征：裂隙型带状热储，岩性主要为晚侏罗世花岗岩（$J_3\gamma$），顶板埋深155m，底板埋深不详，热储中部温度112℃，地热流体呈自流状态，流量300m³/d。

开发利用：该井热矿水现主要供度假村旅客洗浴，建井日期2009年6月15日。据访，冬季水温略高，达50℃，开采深段158～163.8m，生产规模12.60×10⁴m³/a，矿区面积为0.19km²。

GDJ012 龙门铁泉地热井

位置：广东省龙门县龙田镇热水锅村。地面高程120m，井口高程121m。

井深：250m。

孔径：219mm。

井口温度：78℃。

热储层特征：裂隙型带状热储，岩性主要为晚白垩世侵入岩、泥盆系上统砂页岩（D_3—C_1m），顶板埋深242m，底板埋深不详，热储中部温度133℃，地热流体开采量1200m³/d。

水化学成分：2013年11月11日采集水样进行水质检测，地热流体水化学成分见表2.157。

表2.157　龙门铁泉地热井化学成分　　　　（单位：mg/L）

$T_s/℃$	pH	TDS	Na^+	K^+	Ca^{2+}	Mg^{2+}
78	7.52	844.74	65.68	6.08	144.72	14.42
Li	Rn/(Bq/L)	Sr	NH_4^+	CO_3^{2-}	HCO_3^-	SO_4^{2-}
0.147	4.4	3.01	0	0	80.99	470.55
Cl^-	F^-	CO_2	SiO_2	HBO_2	As	化学类型
6.08	4.27	4.24	92.28	0.23	< 0.001	SO_4—Ca·Na

开发利用：该处热矿水已取得采矿权，开发建设有旅游、休闲、理疗洗浴于一体的温泉度假村，该度假村现打有两口热水井，所属单位为龙门明信温泉发展有限公司，开发利用程度较高。

龙门铁泉又称热水锅温泉（度假村），于2003年1月由广东省龙门民营瓷土矿老板刘亚芬投资兴建，其名称来历是温泉群中有一名为"黄金池"，即自流温泉水长期呈微黄色。此温泉度假区号称"亚洲第一泉"，获国家4A级温泉旅游景区。度假区处于山间谷地地带，山清水秀，风景美丽，原生态环境保护较好，景区内原有每棵树都要保护和围修成景点。

GDJ013 赖屋地热井

位置：惠州市龙门县龙田镇赖屋村。地面高程83m，井口高程83m。

井深：151m。

孔径：219mm。

井口温度：72℃。

热储层特征：岩溶型层状热储，岩性主要为石炭系下统石磴子石灰岩（C_1s），顶板埋深143m，底板埋深不详，热储中部温度114℃，地热流体呈自流状态，流量798m³/d。

水化学成分：根据收集的水质分析资料，地热流体水化学成分见表2.158。

表2.158　赖屋地热井化学成分　　　　（单位：mg/L）

$T_s/℃$	pH	TDS	Na^+	K^+	Ca^{2+}	Mg^{2+}
72	7.85	367	na.	na.	na.	na.
Li	Rn/(Bq/L)	Sr	NH_4^+	CO_3^{2-}	HCO_3^-	SO_4^{2-}
na.	na.	na.	na.	na.	na.	na.
Cl^-	F^-	CO_2	SiO_2	HBO_2	As	化学类型
na.	10.14	na.	na.	na.	na.	$HCO_3·SO_4$—Na

开发利用：热矿水于2007年7月由深圳尚天然投资公司投资开发，老板陈鸿祥先生把赖屋温泉度假区取名"国际温泉小镇"，修建温泉区和温泉酒店，为中国最大的"客家围"建筑风格。赖屋温泉文化和当地农民画艺术文化相结合，使温泉文化增添当地农民文化色彩，引起游客兴趣和观赏。在温泉区内展出的农民画"彩蛋"、"赛龙舟"、"舞火狗"、"五谷之神"等，栩栩如生、活灵活现，给许多游客留下深刻的印象和好评。地热井现在主要供水至温泉度假村给游客理疗、洗浴，利用程度较高。

GDJ014 油田村地热井

位置：广东省惠州市龙门县永汉镇油田、南昆山大观园度假村内。地面高程47m，井口高程47m。

井深：108m。

孔径：219mm。

井口温度：58℃。

热储层特征：岩溶型层状热储，岩性主要为泥盆系上统天子岭组石灰岩（D_3t），顶板埋深95m，底板埋深不详，热储中部温度106℃，地热流体开采量2500m³/d。

水化学成分：根据收集的水质分析资料，地热流体水化学成分见表2.159。

表2.159　油田村地热井化学成分　　　（单位：mg/L）

T_S/℃	pH	TDS	Na⁺	K⁺	Ca²⁺	Mg²⁺
58	6.9	1028	na.	na.	na.	na.
Li	Rn/(Bq/L)	Sr	NH₄⁺	CO₃²⁻	HCO₃⁻	SO₄²⁻
na.	na.	na.	na.	na.	na.	na.
Cl⁻	F⁻	CO₂	SiO₂	HBO₂	As	化学类型
na.	3.09	na.	na.	na.	na.	SO₄–Ca

开发利用：该地热田经过正规水文地质勘查，施工生产井四眼，井深70.00～166.32m，经多次抽水试验，并经省级国土资源部门批准，C+D级允许开采水量为4055m³/d，热能9.98MW。历史测量最高水温82℃。

2005年5月由香港籍老板杨满芳、杨松芳两兄弟投资开发，建有南昆山大观园生态度假村，主要供游客理疗洗浴，开发利用程度较高，生产规模92.40×10⁴m³/a。地处太平河两岸，河东北边为温泉淋浴、泡浴区，近河边为别墅群。河南西边为生活区，即大堂、餐厅、会议中心和娱乐中心等。太平河下、上游各建造一座拱桥，下游又修建拦河坝，形成人工湖。各类建筑均按大观园格式建筑，显得大气美观，古色古香，又具现代气息。加之有山有水、风景秀丽，故得到远近游客，特别是家庭式游客青睐。

GDJ015 云顶温泉地热井

位置：广东省惠州市龙门县永汉镇马星村。地面高程35m，井口高程35m。

井深：106m。

孔径：219mm。

井口温度：60℃。

热储层特征：裂隙型带状热储，岩性主要为燕山期黑云母花岗岩（$J_3\gamma$）、泥盆系上统砂页岩（D_3），顶板埋深100m，底板埋深不详，热储中部温度155℃，地热流体开采量533m³/d。

水化学成分：根据收集的水质分析资料，地热流体水化学成分见表2.160。

表2.160　云顶温泉地热井化学成分　　　　（单位：mg/L）

T_s/℃	pH	TDS	Na⁺	K⁺	Ca²⁺	Mg²⁺
60	7	na.	na.	na.	na.	na.
Li	Rn/(Bq/L)	Sr	NH₄⁺	CO₃²⁻	HCO₃⁻	SO₄²⁻
na.	na.	na.	na.	na.	na.	na.
Cl⁻	F⁻	CO₂	SiO₂	HBO₂	As	化学类型
na.	8.3	na.	na.	na.	na.	na.

开发利用：地热井开发利用程度较高，主要抽引水供云顶温泉度假区旅游洗浴。

GDJ016 惠林地热井

位置：广东省惠州市龙门县永汉镇马星村。地面高程35m，井口高程35m。

井深：591.5m。

孔径：219mm。

井口温度：98.3℃。

热储层特征：裂隙型带状热储，岩性主要为晚侏罗世花岗岩（$J_3\gamma$），顶板埋深582m，底板埋深不详，热储中部温度155℃，地热流体呈自流状态，流量199.6m³/d。

开发利用：2013年10月施工完成供水井，井底测得最高水温118.2℃。该地热田为惠林温泉洲际酒店开发，已建成温泉理疗洗浴、旅游、度假和休闲于一体的度假旅游区，周围还有十余家小型温泉浴馆，利用地热井开采温泉作洗浴用途。

GDJ017 罗浮山地热井

位置：惠州市博罗县长宁镇上屋村。地面高程39m，井口高程39m。

井深：300.2m。

孔径：219mm。

井口温度：51.2℃。

热储层特征：裂隙型带状热储，岩性主要为晚侏罗世花岗岩（$J_3\gamma$），顶板埋深294m，底板埋深不详，热储中部温度92℃。

开发利用：由深圳嘉宝田集团开发，共钻进施工两口地热井，井深分别为300.2m和401m，日开采量不详。

GDJ018 汤仔村地热井

位置：广东省惠州市惠东县白盘珠镇汤仔村。地面高程55m，井口高程55.3m。

井深：30m。

孔径：219mm。

井口温度：48.2℃。

热储层特征：裂隙型带状热储，岩性主要为燕山期黑云母花岗岩（$J_3\gamma$），顶板埋深23m，底板埋深不详，热储中部温度110℃，地热流体开采量102m³/d。

水化学成分：根据收集的水质分析资料，地热流体水化学成分见表2.161。

表2.161　汤仔村地热井化学成分　　　　（单位：mg/L）

T_S/℃	pH	TDS	Na⁺	K⁺	Ca²⁺	Mg²⁺
48.2	7.3	252	na.	na.	na.	na.
Li	Rn/(Bq/L)	Sr	NH₄⁺	CO₃²⁻	HCO₃⁻	SO₄²⁻
1.12	640	na.	na.	na.	na.	na.
Cl⁻	F⁻	CO₂	SiO₂	HBO₂	As	化学类型
na.	12.5	na.	na.	na.	na.	HCO₃–Na

开发利用：目前地热井未被正式大规模开发利用，该处有三家私人温泉洗浴度假村，各自施工地热孔，该地热孔管理权归东莞宝龙有限公司所有。

GDJ019 鹧洞村地热井

位置：广东省惠州市惠东县平海镇鹧洞村。地面高程19m，井口高程19m。

井深：166m。

孔径：219mm。

井口温度：55℃。

热储层特征：裂隙型带状热储，岩性主要为燕山期中粗粒斑状黑云母二长花岗岩（$J_3\eta r$），顶板埋深160m，底板埋深不详，热储中部温度92℃，地热流体开采量2000m³/d。

水化学成分：根据收集的水质分析资料，地热流体水化学成分见表2.162。

表2.162　鹧洞村地热井化学成分　　　　（单位：mg/L）

T_S/℃	pH	TDS	Na⁺	K⁺	Ca²⁺	Mg²⁺
55	7.7	3340	na.	na.	na.	na.
Li	Rn/(Bq/L)	Sr	NH₄⁺	CO₃²⁻	HCO₃⁻	SO₄²⁻
na.	544	12	na.	na.	na.	na.
Cl⁻	F⁻	CO₂	SiO₂	HBO₂	As	化学类型
na.	6.97	na.	na.	na.	na.	Cl–Na·Ca

开发利用： 地热井所在地热田一带经过正规水文地质勘查和储量评估，并已取得探矿权，获取C+D级储量3685m³/d，热能为5.27MW，矿区面积1.183km²，开采深度14～166m，生产规模75×10⁴m²/a。

该处已建有温泉度假区，内有大浴池及酒店住宿，供旅客洗浴、休闲。由于近海边，加之滨海温泉度假村又建设得高档、现代化，具备"住有别墅，玩有沙场，游有海水，泡有温泉"等特色，所以一年四季游客特别多，经济效益和社会效益特别好。

GDJ020 海塘岗地热井

位置： 广东省惠州市惠阳区沙田镇海塘岗。地面高程49m，井口高程49m。

井深： 184m。

孔径： 219mm。

井口温度： 39.8℃。

热储层特征： 裂隙型带状热储，岩性主要为印支期流纹质凝灰岩和石炭系下统测水组（C_1c）砂页岩，顶板埋深178m，底板埋深不详，热储中部温度79℃。

水化学成分： 根据收集的水质分析资料，地热流体水化学成分见表2.163。

表2.163　海塘岗地热井化学成分　　　　　　（单位：mg/L）

T_s/℃	pH	TDS	Na^+	K^+	Ca^{2+}	Mg^{2+}
39.8	7.6	400	na.	na.	na.	na.
Li	Rn/(Bq/L)	Sr	NH_4^+	CO_3^{2-}	HCO_3^-	SO_4^{2-}
na.	na.	na.	na.	na.	na.	na.
Cl^-	F^-	CO_2	SiO_2	HBO_2	As	化学类型
na.	na.	na.	na.	na.	na.	$HCO_3 \cdot SO_4-Na$

开发利用： 海塘岗地热田已经过正规水文地质勘查，并已申报探矿权，目前正处于开发前期建设阶段，预计兴建集房产、度假、休闲、温泉洗浴于一体的旅游度假村。

GDJ021 帝都地热井

位置： 江门市恩平市良西镇帝都温泉旅游村。地面高程45m，井口高程45m。

井深： 70m。

孔径： 219mm。

井口温度： 48.6℃。

热储层特征： 裂隙型带状热储，岩性主要为燕山期黑云母花岗岩（$J_3\gamma$），顶板埋深60m，底板埋深不详，热储中部温度130℃，地热流体开采量2000m³/d。

水化学成分： 根据收集的水质分析资料，地热流体水化学成分见表2.164。

表2.164 帝都地热井化学成分 （单位：mg/L）

T_S/℃	pH	TDS	Na$^+$	K$^+$	Ca^{2+}	Mg^{2+}
48.6	na.	259	na.	na.	na.	na.
Li	Rn/(Bq/L)	Sr	NH$_4^+$	CO$_3^{2-}$	HCO$_3^-$	SO$_4^{2-}$
na.	na.	na.	na.	na.	na.	na.
Cl$^-$	F$^-$	CO$_2$	SiO$_2$	HBO$_2$	As	化学类型
na.	na.	na.	na.	na.	na.	HCO$_3$-Na

开发利用：该地热区进行过地质勘查评价工作，共施工钻孔五个，孔深67.5～108.3m，第四系厚度14.2～20.4m，成井四个，其中1号孔深37.1m，自喷，自喷高度为高出地面3.23m，地热分布面积控制为0.06km^2。按国家地热规范GB11615-89规定，此处属低温地热资源之温热水矿。帝都温泉，被国家工商行政管理局于2002年2月命名为"名泉帝都"；2002年4月被世界养生大会组织委员会推荐为第二届世界养生基地；2003年3月被命名为"中国温泉之乡"；2010年4月被命名为"5A级温泉度假区"。

GDJ022 康桥温泉地热井

位置：江门市台山市白沙镇康桥温泉度假村。地面高程11m，井口高程11m。

井深：40m。

孔径：168mm。

井口温度：86.1℃。

热储层特征：裂隙型带状热储，岩性主要为印支期斑状闪长岩、寒武系八村群石英砂岩，顶板埋深32m，底板埋深不详，热储中部温度110℃，地热流体开采量2000m^3/d。

开发利用：在原天然温泉出露处，康桥温泉先后施工两眼机井，分别为开采孔及观测孔，井深40m，抽水时动水位2～3m，不抽水时井管自流。该地热田已经正规地热勘查，并已取得探矿权，由康桥温泉度假区开发利用，生产规模23.6×10^{4}m^3/a，该地热井亦供附近村民洗浴等用途。

GDJ023 三合温泉圩地热井

位置：江门市台山市三合镇温泉圩南侧。地面高程14m，井口高程14m。

井深：100m。

孔径：219mm。

井口温度：66.7℃。

热储层特征：裂隙型带状热储，岩性主要为燕山期黑云母花岗岩（J$_3\gamma$）、寒武系八村群石英砂岩，顶板埋深93m，底板埋深不详，热储中部温度163℃，地热流体呈自流状态，流量86.4m^3/d。

水化学成分：根据收集的水质分析资料，地热流体水化学成分见表2.165。

表2.165　三合温泉圩地热井化学成分　　　　（单位：mg/L）

$T_S/℃$	pH	TDS	Na$^+$	K$^+$	Ca^{2+}	Mg^{2+}
66.7	7.66	782	na.	na.	na.	na.
Li	Rn/(Bq/L)	Sr	NH$_4^+$	CO$_3^{2-}$	HCO$_3^-$	SO$_4^{2-}$
1.719	na.	na.	na.	na.	na.	na.
Cl$^-$	F$^-$	CO$_2$	SiO$_2$	HBO$_2$	As	化学类型
na.	7.76	na.	na.	na.	na.	Cl–Na

开发利用：1959年，广东省水文一大队曾调查该泉，当时水温74℃，涌水量1.50L/s。近年，业主为取得较大开采量，进行大井法施工取水，井深十数米，有数口施工井。目前热矿水主要供喜运来温泉度假村使用，该温泉度假村距地热井约1km，采用管道运输热水，另附近村民也有取水，但取水量较小。现有房地产公司拟投资40亿元进行温泉房产项目。

GDJ024 神灶地热井

位置：江门市台山市汶村镇神灶围海区。地面高程0m，井口高程1m。
井深：35m。
孔径：219mm。
井口温度：82.3℃。
热储层特征：裂隙型带状热储，岩性主要为燕山期花岗闪长斑岩和二长花岗岩，顶板埋深28m，底板埋深不详，热储中部温度194℃，地热流体呈自流状态，流量323m³/d。
水化学成分：根据收集的水质分析资料，地热流体水化学成分见表2.166。

表2.166　神灶地热井化学成分　　　　（单位：mg/L）

$T_S/℃$	pH	TDS	Na$^+$	K$^+$	Ca^{2+}	Mg^{2+}
82.3	6.98	na.	na.	na.	na.	na.
Li	Rn/(Bq/L)	Sr	NH$_4^+$	CO$_3^{2-}$	HCO$_3^-$	SO$_4^{2-}$
1.719	na.	na.	na.	na.	na.	na.
Cl$^-$	F$^-$	CO$_2$	SiO$_2$	HBO$_2$	As	化学类型
na.	na.	na.	na.	na.	na.	Cl·Na·Ca

开发利用：20世纪70年代广东省水文一队在开展广海幅1：20万水文地质普查，发现该处海滩热异常，并有天然泉眼出露，涨潮时完全淹没，后地方施工了三眼地热井。地热区已经过正规水文地质勘查和储量评估，获得C+D级储量2117 m³/d，热能为6.69MW。

地热井位于滨海潮间带，井管高于地面1～1.5m，高潮位时井管部分被淹，热矿水从井管内涌出，可见强烈冒泡现象，流量受潮水水位影响而波动。据访，神灶围温泉旅游度假村有限公司正对该处热矿水进行开发，拟生产规模320000m³/a，已办理采矿权，目前正筹备建设规模化开发利用设施。

GDJ025 古兜咸水地热井

位置：江门市新会区崖门镇古兜温泉东南5km黄矛海中。海面高程0m，井口高程9m。

井深：150m。

孔径：219mm。

井口温度：34℃。

热储层特征：裂隙型带状热储，岩性主要为二长花岗岩（$J_3 \eta r$），顶板埋深142m，底板埋深不详，热储中部温度142℃，地热流体呈自流状态，流量500m³/d。

开发利用：2004年，当地渔民在这片海域用竹竿插入海泥，拔出时感觉竹竿炽热烫手，反复数次亦是如此，证明存在海底温泉，于是进行勘探开发。当地于海上施工两口水井，均呈自流状态，水量丰富，另一口钻井坐标$X=2449130$，$Y=19711061$。目前由古兜温泉开发利用，采用抽水设备取水，管引水到古兜温泉度假村供游客理疗洗浴。

GDJ026 剃下村地热井

位置：广东省揭阳市揭西县河婆镇剃下村。地面高程53m，井口高程53m。

井深：104m。

孔径：219mm。

井口温度：38.93℃。

热储层特征：裂隙型带状热储，岩性主要为燕山期黑云母花岗岩，顶板埋深98m，底板埋深不详，热储中部温度110℃，地热流体开采量107m³/d。

开发利用：该井原计划作为居民开采生活用水井，后发现为热水井，目前仅作当地居民建筑用水，未正式作热矿水开发利用。

GDJ027 河婆乡肚地热井

位置：广东省揭阳市揭西县乡肚村。地面高程52m，井口高程52m。

井深：100m。

孔径：219mm。

井口温度：37.7℃。

热储层特征：裂隙型带状热储，岩性主要为燕山期黑云母花岗岩，顶板埋深92m，底板埋深不详，热储中部温度110℃，地热流体开采量25m³/d。

水化学成分：根据收集的水质分析资料，地热流体水化学成分见表2.167。

表2.167　河婆乡肚地热井化学成分　　　　（单位：mg/L）

T_s/℃	pH	TDS	Na⁺	K⁺	Ca²⁺	Mg²⁺
37.7	8.3	241	na.	na.	na.	na.
Li	Rn/(Bq/L)	Sr	NH₄⁺	CO₃²⁻	HCO₃⁻	SO₄²⁻
na.	na.	na.	na.	na.	na.	na.
Cl⁻	F⁻	CO₂	SiO₂	HBO₂	As	化学类型
na.	10	na.	na.	na.	na.	HCO₃–Na

开发利用：原有温泉天然露头，现于泉眼附近施工有两眼地热井，深度100m左右，天然泉眼已不再涌水。乡肚温泉宾馆使用离心泵抽水使用，目前仅是附近当地人前来洗浴。

GDJ028 河婆东星地热井

位置：广东省揭阳市揭西县河婆镇东星村。地面高程62m，井口高程62m。

井深：101m。

孔径：219mm。

井口温度：44℃。

热储层特征：裂隙型带状热储，岩性主要为上侏罗统黑云母二长花岗岩（$J_3\eta r$），顶板埋深95m，底板埋深不详，热储中部温度120℃，地热流体开采量30m³/d。

开发利用：井口密封，潜水泵抽采，水量较小。该地热井已初步开发，热矿水供揭西水都温泉山庄使用，主要用于理疗洗浴。

GDJ029 果陇地热井

位置：广东省揭阳市普宁区燎原镇果陇村。地面高程10m，井口高程10m。

井深：118m。

孔径：219mm。

井口温度：47℃。

热储层特征：裂隙型带状热储，岩性主要为燕山期黑云母花岗岩，顶板埋深108m，底板埋深不详，热储中部温度145℃，地热流体呈自流状态，流量86m³/d。

水化学成分：根据收集的水质分析资料，地热流体水化学成分见表2.168。

表2.168　果陇地热井化学成分　　　　（单位：mg/L）

T_s/℃	pH	TDS	Na⁺	K⁺	Ca²⁺	Mg²⁺
47	7	405	na.	na.	na.	na.
Li	Rn/(Bq/L)	Sr	NH₄⁺	CO₃²⁻	HCO₃⁻	SO₄²⁻
na.	na.	na.	na.	na.	na.	na.
Cl⁻	F⁻	CO₂	SiO₂	HBO₂	As	化学类型
na.	28	na.	na.	na.	na.	HCO₃–Na

开发利用：目前热矿水已初步开发，但未被较大规模开发利用，主要为温泉泳池提供用水，供当地人使用，该井仅在冬季、春季抽水使用，其余季节停采，利用率较低。

GDJ030 池尾华市地热井

位置：广东省揭阳市普宁市池尾街道华市村祥云温泉。地面高程30m，井口高程30m。

井深：149m。

孔径：219mm。

井口温度：42℃。

热储层特征：裂隙型带状热储，岩性主要为燕山期黑云母花岗岩，顶板埋深140m，底板埋深不详，热储中部温度100℃，地热流体开采量50m³/d。

水化学成分：根据收集的水质分析资料，地热流体水化学成分见表2.169。

表2.169　池尾华市地热井化学成分　　　　（单位：mg/L）

T_S/℃	pH	TDS	Na$^+$	K$^+$	Ca^{2+}	Mg^{2+}
42	8.3	280	na.	na.	na.	na.
Li	Rn/(Bq/L)	Sr	NH$_4^+$	CO$_3^{2-}$	HCO$_3^-$	SO$_4^{2-}$
na.	na.	na.	na.	na.	na.	na.
Cl$^-$	F$^-$	CO$_2$	SiO$_2$	HBO$_2$	As	化学类型
na.	na.	na.	na.	na.	na.	HCO$_3$-Na

开发利用：普宁地下热矿水是20世纪70年代在水文地质普查工作中发现的，市内已施工多口地热水开采井，水温一般40~45℃。该地热井为祥云足道温泉会所使用，主要用途为沐足。

GDJ031 流沙地热井

位置：揭阳市普宁市流沙镇街道办金兰港温泉大酒店内。地面高程30m，井口高程30m。

井深：151m。

孔径：219mm。

井口温度：44℃。

热储层特征：裂隙型带状热储，岩性主要为燕山期黑云母花岗岩，顶板埋深145m，底板埋深不详，热储中部温度102℃，地热流体开采量695m³/d。

水化学成分：根据收集的水质分析资料，地热流体水化学成分见表2.170。

表2.170　流沙地热井化学成分　　　　　　（单位：mg/L）

T_s/℃	pH	TDS	Na⁺	K⁺	Ca²⁺	Mg²⁺
44	8.3	280	na.	na.	na.	na.
Li	Rn/(Bq/L)	Sr	NH₄⁺	CO₃²⁻	HCO₃⁻	SO₄²⁻
na.	122.1	na.	na.	na.	na.	na.
Cl⁻	F⁻	CO₂	SiO₂	HBO₂	As	化学类型
na.	14	na.	na.	na.	na.	HCO₃-Na

开发利用：普宁热矿水是20世纪70年代在水文地质普查工作中发现的，当时在240m处揭露地热流体，数年后先后施工七口钻孔。该热水井目前供金兰港温泉大酒店使用，主要用途为洗浴。

GDJ032 盘龙湾地热井

位置：广东省揭阳市普宁市梅林镇古庵村北东约200m。地面高程37m，井口高程38.5m。

井深：101m。

孔径：219mm。

井口温度：68℃。

热储层特征：裂隙型带状热储，岩性主要为燕山期黑云母花岗岩，顶板埋深95m，底板埋深不详，热储中部温度110℃，地热流体呈自流状态，流量983m³/d。

水化学成分：根据收集的水质分析资料，地热流体水化学成分见表2.171。

表2.171　盘龙湾地热井化学成分　　　　　　（单位：mg/L）

T_s/℃	pH	TDS	Na⁺	K⁺	Ca²⁺	Mg²⁺
68	8.8	230	na.	na.	na.	na.
Li	Rn/(Bq/L)	Sr	NH₄⁺	CO₃²⁻	HCO₃⁻	SO₄²⁻
na.	122.1	na.	na.	na.	na.	na.
Cl⁻	F⁻	CO₂	SiO₂	HBO₂	As	化学类型
na.	14	na.	na.	na.	na.	HCO₃-Na

开发利用：地热井口密封，热矿水通过热水管道输送至盘龙湾温泉度假村供游客洗浴。盘龙湾温泉度假村占地80×10⁴m²，设有多种功能区，为普宁市旅游重点项目，目前经营状况良好。

GDJ033 西江温泉度假邨地热井

位置：广东省茂名市信宜市北界镇西江温泉度假邨内。地面高程73m，井口高程72m。

井深：500m。

孔径：219mm。

井口温度：74.5℃。

热储层特征： 裂隙型带状热储，岩性主要为燕山期黑云母花岗岩（J₃γ），顶板埋深95m，底板埋深不详，热储中部温度138℃，地热流体呈自流状态，流量415m³/d。

水化学成分： 2013年11月22日采集水样进行水质检测，地热流体水化学成分见表2.172。

表2.172　西江温泉度假邨地热井化学成分　　（单位：mg/L）

T_s/℃	pH	TDS	Na⁺	K⁺	Ca²⁺	Mg²⁺
74.5	8.27	323.51	83.52	4.37	6.07	0.61
Li	Rn/(Bq/L)	Sr	NH₄⁺	CO₃²⁻	HCO₃⁻	SO₄²⁻
0.278	22.6	0.03	0.1	13.28	107.98	38.81
Cl⁻	F⁻	CO₂	SiO₂	HBO₂	As	化学类型
8.69	12.01	0	102.06	0.68	< 0.001	HCO₃-Na

开发利用： 该地热井区经过水文地质勘查和储量评估，获取C级储量为1139m³/d，热能为2.306MW。热水井目前处于开发状态，在度假村内，井口上已筑有小房，现供西江温泉度假邨旅客理疗洗浴，同时也作为地震监测点，由广东省地震局监测。

GDJ034 镇隆地热井

位置： 茂名市信宜市镇隆镇同心新安村。地面高程50m，井口高程52m。

井深： 102m。

孔径： 219mm。

井口温度： 55.9℃。

热储层特征： 裂隙型带状热储，岩性主要为燕山期黑云母花岗岩，顶板埋深95m，底板埋深不详，热储中部温度149℃，地热流体呈自流状态，流量276m³/d。

水化学成分： 2013年11月22日采集水样进行水质检测，地热流体水化学成分见表2.173。

表2.173　镇隆地热井化学成分　　（单位：mg/L）

T_s/℃	pH	TDS	Na⁺	K⁺	Ca²⁺	Mg²⁺
55.9	8.11	366.02	104.43	5.87	6.58	1.23
Li	Rn/(Bq/L)	Sr	NH₄⁺	CO₃²⁻	HCO₃⁻	SO₄²⁻
0.276	0.58	0.05	0.2	14.6	214.61	4.85
Cl⁻	F⁻	CO₂	SiO₂	HBO₂	As	化学类型
19.12	15.06	0	86.78	1.4	< 0.001	HCO₃-Na

开发利用： 该地热田经过正规水文地质勘查，地热井施工单位广东省地质局水文工程地质一大队，获取C+D级储量为3026m³/d，热能为3.887MW。受开采河沙影响，井管口高于水面约2m，于井附近河漫滩也发现有热异常。该热水孔尚未开发，热矿水从井口自流而出，直接跌落河溪中。

GDJ035 观珠带坡地热井

位置：茂名市电白县观珠镇带坡村。地面高程47m，井口高程47.24m。

井深：10.5m。

孔径：219mm。

井口温度：46.8℃。

热储层特征：裂隙型带状热储，岩性主要为燕山期黑云母花岗岩，顶板埋深5m，底板埋深不详，热储中部温度67℃，水位埋深1.42m，地热流体呈自流状态，流量5m³/d。

开发利用：井位原为天然温泉露头，1971年11月广东省水文一队在开展1∶20万阳江幅水文地质调查时调查了该泉，当时测得水温50℃，涌水量0.336L/s。现水温相较1971年有所下降。地热井西侧10m为鱼塘，据访，鱼塘中存在温泉泉眼，现已填埋。地热井为一居民所有，井水清澈、无色无味，采用手摇泵开采，作家庭日常生活和洗浴用。

GDJ036 根竹园地热井

位置：茂名市电白县观珠镇根竹园村302°方向200m。地面高程45m，井口高程45.1m。

井深：80.5m。

孔径：219mm。

井口温度：76℃。

热储层特征：裂隙型带状热储，岩性主要为燕山期黑云母花岗岩，顶板埋深72m，底板埋深不详，热储中部温度152℃，地热流体呈自流状态，流量1431m³/d。

水化学成分：根据收集的水质分析资料，地热流体水化学成分见表2.174。

表2.174　根竹园地热井化学成分　　　　　（单位：mg/L）

T_s/℃	pH	TDS	Na^+	K^+	Ca^{2+}	Mg^{2+}
76	8.61	186	na.	na.	na.	na.
Li	Rn/(Bq/L)	Sr	NH_4^+	CO_3^{2-}	HCO_3^-	SO_4^{2-}
na.	na.	na.	na.	na.	na.	na.
Cl^-	F^-	CO_2	SiO_2	HBO_2	As	化学类型
na.	13.493	na.	na.	na.	na.	HCO_3–Na

开发利用：井位原为天然温泉露头，1971年11月广东省水文一队在此处曾开展过1∶20万阳江幅水文地质调查工作，据抽水试验，单井涌水量为1538m³/d，泉眼周围温度较高不易接近。井周围砌有扇形水池，部分泉水由水池出水口流出，出水口宽11cm，水深3.8cm。井旁为一条小河，水流出后直接排入河中。地热井所属地热田已经过正规水文地质勘查工作，目前未正式开发利用，正在招商引资。

GDJ037 新时代温泉地热井

位置： 茂名市化州市那务镇湖塘村边。地面高程35m，井口高程35m。

井深： 101m。

孔径： 219mm。

井口温度： 50.5℃。

热储层特征： 裂隙型带状热储，岩性主要为燕山期黑云母花岗岩，顶板埋深95m，底板埋深不详，热储中部温度134℃，地热流体呈自流状态，流量135m³/d。

水化学成分： 2013年11月24日采集水样进行水质检测，地热流体水化学成分见表2.175。

表2.175　新时代温泉地热井化学成分　　　（单位：mg/L）

T_s/℃	pH	TDS	Na⁺	K⁺	Ca²⁺	Mg²⁺
50.5	8.9	315.2	90.81	3.83	2.53	0.31
Li	Rn/(Bq/L)	Sr	NH_4^+	CO_3^{2-}	HCO_3^-	SO_4^{2-}
0.23	1.8	0.02	0.6	34.52	91.78	26.68
Cl⁻	F⁻	CO_2	SiO_2	HBO_2	As	化学类型
2.61	13.61	0	93.76	3.44	< 0.001	HCO_3–Na

开发利用： 新时代温泉经过正规水文地质勘查，2002年12月化州市那务镇银泉度假村首次取得采矿许可证，并投资建设新时代银泉度假村，于2005年投产。至今一直由化州市那务镇银泉度假村有限公司开发利用，建成"化州市新时代温泉度假村"日开采水量450m³。

GDJ038 山阁村水厂地热井

位置： 茂名市茂南区山阁镇山阁村水厂。地面高程29m，井口高程29 m。

井深： 428m。

孔径： 219mm。

井口温度： 52℃。

热储层特征： 孔隙型层状热储，可分两个热储层：第一热储层为古近系、新近系高棚岭组和老虎岭组（即第一承压含水层组）中下部松散岩类孔隙承压含水层，顶板埋深200～1200m，底板埋深250～1300m。第二热储层为古近系、新近系黄牛岭组中下部松散岩类孔隙承压水层，顶板埋深200～1800m，底板埋深400～2200m，是主要热储层，据已有地热井资料，第二热储层地热流体井口温度34～55℃，水位埋深0.08～19.3m，单井出水量26.0～1600m³/d，为淡水。

水化学成分： 2013年11月26日采集水样进行水质检测，地热流体水化学成分见表2.176。

表2.176　山阁村水厂地热井化学成分　　　　　（单位：mg/L）

T_S/℃	pH	TDS	Na⁺	K⁺	Ca²⁺	Mg²⁺
52	6.93	203.96	17.31	35.95	15.18	1.23
Li	Rn/(Bq/L)	Sr	NH₄⁺	CO₃²⁻	HCO₃⁻	SO₄²⁻
0.096	2.2	0.07	0.1	0	105.28	35.17
Cl⁻	F⁻	CO₂	SiO₂	HBO₂	As	化学类型
2.61	0.23	16.94	34.3	0.42	< 0.001	HCO₃·SO₄–Ca·Na

开发利用：地热井已开发，主要供附近居民生活用水，现每天开采150m³/d。

GDJ039 溪庄村地热井

位置：广东省梅州市兴宁市罗岗镇溪庄村北面沟谷中。地面高程239m，井口高程239m。

井深：50m。

孔径：168mm。

井口温度：50℃。

热储层特征：裂隙型带状热储，岩性主要为二长花岗岩，顶板埋深43m，底板埋深不详，热储中部温度141℃，地热流体开采量120m³/d。

水化学成分：2013年10月21日采集水样进行水质检测，地热流体水化学成分见表2.177。

表2.177　溪庄村地热井化学成分　　　　　（单位：mg/L）

T_S/℃	pH	TDS	Na⁺	K⁺	Ca²⁺	Mg²⁺
51.7	8.06	358.36	88	4.77	9.2	0.59
Li	Rn/(Bq/L)	Sr	NH₄⁺	CO₃²⁻	HCO₃⁻	SO₄²⁻
0.128	26.3	0.1	0	1.33	140.38	56.84
Cl⁻	F⁻	CO₂	SiO₂	HBO₂	As	化学类型
7.82	13.34	0	106.15	< 0.2	< 0.001	HCO₃·SO₄–Na

开发利用：目前该处热矿水由当地居民开发利用，主要用途为温泉洗浴、洗涤，在沟地中施工有数十口热水井，深度30～60m，建成20多家营业性温泉浴室。实地调查取水样的地热井成井日期为2005年3月14日，属水头温泉浴室使用。

GDJ040 石壁村地热井

位置：广东省梅州市兴宁市龙田镇石壁村中。地面高程140m，井口高程140.2m。

井深：757m。

孔径：168mm。

井口温度：42.8℃。

热储层特征：裂隙型带状热储，岩性主要为变质砂岩（Z_2b），顶板埋深745m，底板埋深不详，热储中部温度76℃，地热流体呈自流状态，流量105m³/d。

水化学成分：2013年10月21日采集水样进行水质检测，地热流体水化学成分见表2.178。

表2.178　石壁村地热井化学成分　　　　　　（单位：mg/L）

T_s/℃	pH	TDS	Na⁺	K⁺	Ca²⁺	Mg²⁺
42.8	7.78	378.05	127.06	3.45	9.68	2.64
Li	Rn/(Bq/L)	Sr	NH₄⁺	CO₃²⁻	HCO₃⁻	SO₄²⁻
0.382	1.6	0.48	0	0	313.14	34.8
Cl⁻	F⁻	CO₂	SiO₂	HBO₂	As	化学类型
7.82	8.3	6.78	27.72	0.37	0.028	HCO₃-Na

开发利用：该地热井为当地一个家庭使用，井口封闭，热矿水由一PV管引出，目前仍保持自流，成井日期1971年4月15日。井水主要供家庭生活用水、洗浴，不能饮用，开发利用方式单一，暂无经济收益。

GDJ041 大坪长滩地热井

位置：广东省梅州市梅县大坪镇长滩村北东1km。地面高程120m，井口高程121m。

井深：289m。

孔径：168mm。

井口温度：35.4℃。

热储层特征：裂隙型带状热储，岩性主要为燕山期黑云母花岗岩，顶板埋深270m，底板埋深不详，热储中部温度98℃，地热流体呈自流状态，流量600m³/d。

水化学成分：2013年10月22日采集水样进行水质检测，地热流体水化学成分见表2.179。

表2.179　大坪长滩地热井化学成分　　　　　　（单位：mg/L）

T_s/℃	pH	TDS	Na⁺	K⁺	Ca²⁺	Mg²⁺
35.4	7.65	228.22	13.39	2.28	31.94	17.61
Li	Rn/(Bq/L)	Sr	NH₄⁺	CO₃²⁻	HCO₃⁻	SO₄²⁻
0.071	0.9	0.52	0	0	197.07	11.6
Cl⁻	F⁻	CO₂	SiO₂	HBO₂	As	化学类型
4.34	2.59	6.78	45.87	< 0.2	0.003	HCO₃-Ca·Mg

开发利用：该井由大坪镇煤矿勘探孔成井，成井日期为1972年5月16日，为长滩村集体所有。曾

为村民提供生活饮用水，现管道均已损坏，未作利用，井水自流汇入山谷溪流，向西南排泄。

GDJ042 石门池地热井

位置： 梅州市丰顺县汤南镇石门池村鸿兴温泉浴馆。地面高程9m，井口高程8m。

井深： 273m。

孔径： 168mm。

井口温度： 55℃。

热储层特征： 裂隙型带状热储，岩性主要为二长花岗岩，顶板埋深265m，底板埋深不详，热储中部温度161℃，地热流体开采量72m³/d。

开发利用： 热水井已开发，该村共建有四家小型温泉浴馆，供附近村民及外地客人理疗洗浴。

GDJ043 邓屋地热井

位置： 梅州市丰顺县汤坑镇邓屋村。地面高程23m，井口高程23m。

井深： 800.8m。

孔径： 168mm。

井口温度： 86℃。

热储层特征： 裂隙型带状热储，岩性主要为燕山期黑云母花岗岩，顶板埋深745m，底板埋深不详，热储中部温度111℃，地热流体呈自流状态，流量199.9m³/d。

水化学成分： 根据收集的水质分析资料，地热流体水化学成分见表2.180。

表2.180　邓屋地热井化学成分　　　　（单位：mg/L）

T_s/℃	pH	TDS	Na⁺	K⁺	Ca²⁺	Mg²⁺
86.1	7.4	340	na.	na.	na.	na.
Li	Rn/(Bq/L)	Sr	NH₄⁺	CO₃²⁻	HCO₃⁻	SO₄²⁻
na.	1344.85	na.	na.	na.	na.	na.
Cl⁻	F⁻	CO₂	SiO₂	HBO₂	As	化学类型
na.	14	na.	na.	na.	na.	HCO₃–Na

开发利用： 邓屋村地热田经过正规水文地质勘探，获取了A+B+C级储量9240m³/d，为大型地热田；热能为10.85MW，属中型地热田；水温72～92℃，属中温地热资源。

利用该地热井于1968年建成中国第一个地热发电站，1970年利用热矿水发电成功。目前地热水每天开采约200m³，电站装机组有三组，共586kW，每天发电5000kW余，现该电站正安装一365kW新机组。发电站旁边还有一口地热井，即我们所调查的井，水位埋深15m，，近井口水温86.1℃，井内最高水温103℃，由金河温泉浴馆开发利用，水泵流量720m³/d，淡季每天抽水时间约1小时，旺季抽水时间5～10小时。

GDJ044 田心村地热井

位置：广东省清远市连山县小三江镇田心村。地面高程248m，井口高程248m。

井深：88m。

孔径：168mm。

井口温度：42℃。

热储层特征：裂隙型带状热储，岩性主要为燕山期黑云母花岗岩，顶板埋深80m，底板埋深不详，热储中部温度121℃，地热流体开采量400m³/d。

水化学成分：2013年10月17日采集水样进行水质检测，地热流体水化学成分见表2.181。

表2.181　田心村地热井化学成分　　　　（单位：mg/L）

T_s/℃	pH	TDS	Na⁺	K⁺	Ca²⁺	Mg²⁺
42	7.1	182.34	28.84	1.89	7.74	1.47
Li	Rn/(Bq/L)	Sr	NH₄⁺	CO₃²⁻	HCO₃⁻	SO₄²⁻
0.091	61	0.05	0	0	91.78	17.4
Cl⁻	F⁻	CO₂	SiO₂	HBO₂	As	化学类型
1.74	2.09	9.32	74.48	＜0.2	0.003	HCO₃–Na

开发利用：此地原有天然泉眼出露，现已干涸，并填埋。目前共施工建成三口热水井，热水井通过一条直径12cm大水管和八条小水管，分别引水至爽喜来温泉浴场（五个大池，六间浴房）及当地民宅中，主要供村民和客人洗浴、洗涤。

GDJ045 新寨村地热井

位置：广东省清远市连南县寨岗镇石羊坑村委新寨村。地面高程333m，井口高程333m。

井深：100m。

孔径：168mm。

井口温度：52℃。

热储层特征：裂隙型带状热储，岩性主要为燕山期黑云母花岗岩，顶板埋深92m，底板埋深不详，热储中部温度118℃，地热流体开采量50m³/d。

开发利用：热水井主要为3km外的连南瑶族温矿泉度假山邨提供热水供游客理疗洗浴，部分引水至附近的旧公共浴房供当地居民洗浴。连南瑶族温矿泉度假村是连南瑶族自治县唯一的温泉度假区，属硫黄热矿温泉，度假村控制范围为8km²，现建有大小温泉池23个，床位180个，建筑面积2300m²。

GDJ046 银盏村地热井

位置：广东省清远市清城区龙塘镇银盏村委银盏村。地面高程26m，井口高程16m。

井深：101m。

孔径：168mm。

井口温度：58.2℃。

热储层特征：裂隙型带状热储，岩性主要为燕山期黑云母花岗岩，顶板埋深95m，底板埋深不详，热储中部温度114℃，地热流体开采量998m³/d。

水化学成分：2013年11月15日采集水样进行水质检测，地热流体水化学成分见表2.182。

表2.182　银盏村地热井化学成分　　　　（单位：mg/L）

T_s/℃	pH	TDS	Na^+	K^+	Ca^{2+}	Mg^{2+}
58.2	8.24	243.16	64.95	3.32	6.07	1.23
Li	Rn/(Bq/L)	Sr	NH_4^+	CO_3^{2-}	HCO_3^-	SO_4^{2-}
0.313	1	0.18	0	9.29	103.93	13.34
Cl^-	F^-	CO_2	SiO_2	HBO_2	As	化学类型
19.12	8.87	0	64.23	0.74	0.023	HCO_3-Na

开发利用：此地热区原有天然出露泉眼，经过正规水文地质勘查，现为热水井开采，下泵至50多米，成井日期2008年3月27日，所属单位清远市国有资产经营有限公司，主要为银盏温泉度假村抽采热矿水供游客理疗洗浴。银盏温泉度假村生意火爆，游客满棚，经济效益甚好，为满足日益增多的用水量需求，银盏温泉度假村近期新施工建成了七口热水井。

GDJ047 美林湖地热井

位置：广东省清远市清城区美林湖温泉度假区。地面高程53m，井口高程53m。

井深：2500m。

孔径：219mm。

井口温度：52℃。

热储层特征：裂隙型带状热储，岩性主要为燕山期黑云母花岗岩，顶板埋深1500m，底板埋深不详，热储中部温度100℃，地热流体开采量1000m³/d。

水化学成分：根据收集的水质分析资料，地热流体水化学成分见表2.183。

表2.183　美林湖地热井化学成分　　　　（单位：mg/L）

T_s/℃	pH	TDS	Na^+	K^+	Ca^{2+}	Mg^{2+}
52	na.	na.	na.	na.	na.	na.
Li	Rn/(Bq/L)	Sr	NH_4^+	CO_3^{2-}	HCO_3^-	SO_4^{2-}
na.	na.	na.	na.	na.	na.	na.
Cl^-	F^-	CO_2	SiO_2	HBO_2	As	化学类型
na.	na.	na.	na.	na.	na.	HCO_3-Na

开发利用：地热井为清远美林湖山庄所有，井深2500m，于1500m深处揭露地热流体。美林湖温泉现已开发成大型的以温泉为主题的旅游度假区，地跨清远清城区及广州市花都区，现主要用途为供水至度假区供游客理疗洗浴。

GDJ048 清新三坑地热井

位置：广东省清远市清新县三坑镇清新温矿泉旅游区。地面高程20m，井口高程20m。

井深：110m。

孔径：219mm。

井口温度：45.5℃。

热储层特征：岩溶型层状热储，岩性主要为泥盆系上统春湾组石灰岩，顶板埋深100m，底板埋深不详，热储中部温度92℃，地热流体呈自流状态，流量2667m³/d。

水化学成分：2013年11月14日采集水样进行水质检测，地热流体水化学成分见表2.184。

表2.184　清新三坑地热井化学成分　　　　（单位：mg/L）

T_s/℃	pH	TDS	Na⁺	K⁺	Ca²⁺	Mg²⁺
45.5	7.27	1046.65	8.96	6.55	269.2	17.49
Li	Rn/(Bq/L)	Sr	NH₄⁺	CO₃²⁻	HCO₃⁻	SO₄²⁻
0.01	2.9	1.52	0	0	97.18	653.68
Cl⁻	F⁻	CO₂	SiO₂	HBO₂	As	化学类型
1.74	0.15	6.78	40.27	＜0.2	0.001	SO₄–Ca

开发利用：此处地热区经过正规水文地质勘查工作，共成井四眼，井深61.3～146.3m，获得C+D级储量2020m³/d，热能为1.958MW，水温为45.5℃。

地热井是在原出露热泉眼钻探成井，热矿水从井口涌出，清澈透明，冒泡强烈，常年自流。已建成环境优美、设施完善的旅游景区，矿区面积约1.62km²，采矿权为清新温矿泉旅游度假区有限公司所有，开采规模每年约88×10⁴m³。

GDJ049 洞冠村地热井

位置：广东省清远市阳山县黎埠镇洞冠村委洞冠村。地面高程84m，井口高程84m。

井深：60m。

孔径：219mm。

井口温度：45.5℃。

热储层特征：岩溶型层状热储，岩性主要为石炭系碳酸盐岩，顶板埋深50m，底板埋深不详，热储中部温度90℃，地热流体呈自流状态，流量480m³/d。

水化学成分：根据收集的水质分析资料，地热流体水化学成分见表2.185。

表2.185　洞冠村地热井化学成分　　　　　（单位：mg/L）

T_s/℃	pH	TDS	Na⁺	K⁺	Ca²⁺	Mg²⁺
48	na.	na.	na.	na.	na.	na.
Li	Rn/(Bq/L)	Sr	NH₄⁺	CO₃²⁻	HCO₃⁻	SO₄²⁻
na.	na.	na.	na.	na.	na.	na.
Cl⁻	F⁻	CO₂	SiO₂	HBO₂	As	化学类型
na.	na.	na.	na.	na.	na.	HCO₃-Ca

开发利用：原河边的热矿水呈自流状态，天然露头由于河道筑坝建水库，河水位上涨，泉眼已淹没。地热井乃于温泉附近钻进成井，共施工成井两口，距今已有十年，井深约60m，井径为168mm、219mm。

据访，此地热井曾连续七昼夜不间断抽水，期间测得最高水温为48℃。现在两个地热井均处于闲置状态，热矿水未被开发利用。

GDJ050 湖下村地热井

位置：广东省清远市英德市望埠镇李屋村委湖下村。地面高程45m，井口高程45m。

井深：300m。

孔径：219mm。

井口温度：59℃。

热储层特征：岩溶型层状热储，岩性主要为石炭系下统孟公坳石灰岩，顶板埋深285m，底板埋深不详。上部为第四系冲洪积砾砂层及砂质黏土层，砾砂层为松散岩类孔隙水含水层，水位埋深0.8~1.7m，单井涌水量为150~300m³/d；其下为碳酸盐岩类溶洞裂隙水（岩溶水），水位埋深1.9~2.5m，单井水量2500m³/d。热储中部温度125℃，地热井若不抽水时，地热流体呈自流状态，流量855m³/d。

水化学成分：2013年9月14日采集水样进行水质检测，地热流体水化学成分见表2.186。

表2.186　湖下村地热井化学成分　　　　　（单位：mg/L）

T_s/℃	pH	TDS	Na⁺	K⁺	Ca²⁺	Mg²⁺
59	7.76	782.14	61.02	15.39	132.61	16.73
Li	Rn/(Bq/L)	Sr	NH₄⁺	CO₃²⁻	HCO₃⁻	SO₄²⁻
0.208	2.5	1.8	0.25	0	211.91	349.14
Cl⁻	F⁻	CO₂	SiO₂	HBO₂	As	化学类型
18.25	2.62	4.24	79.79	1.15	0.004	SO₄·HCO₃-Ca

开发利用：经地热田水文地质勘查，此地热田分布面积约1.9km³。据访，此处原有天然温泉出露，地热井是在原泉眼及其周围钻进成井，共两口井，若不抽水时，呈自流状，井口周围有较

重的硫黄气味。

2005年6月深圳商人陈先生在此处修建奇洞温泉度假村，较大规模开发利用该处热矿水。度假村建在湖下村温泉之南1.5km处的丘陵地带，各类温泉浸泡池、豪华宾馆、别墅、会所均一应俱全，具有岭南建筑风格。目前，热矿水主要用于洞温泉度假村和附近温泉浴室的理疗洗浴，目前每天大概抽水12小时。

GDJ051 莲上镇地热井

位置：广东省汕头市澄海区莲上镇联丰水产养鳗场。地面高程1.6m，井口高程1.6m。

井深：115.7m。

孔径：168mm。

井口温度：38℃。

热储层特征：孔隙型层状热储，岩性主要为黏土、粉质黏土、粉土、砂、砾砂及砾石等，其中砂土单层厚度变化大，从数十厘米到十数米不等。热储层含水介质主要为粗砂、砾砂及中砂，属孔隙承压水含水层，平均厚度21.01m。顶板埋深42～91m，底板埋深50～120m，地热流体单孔出水量849m³/d，水量较丰富。

开发利用：澄海盆地地下水开采水温一般为28～40℃，为低温地热资源，澄海盆地热矿水目前仅应用于生活饮用和养殖等方面，开发利用程度较低。莲上镇地热井主要用途为养殖鳗鱼。

GDJ052 莲花山地热井

位置：广东省汕头市澄海区莲花镇碧砂村。地面高程13m，井口高程13m。

井深：116m。

孔径：168mm。

井口温度：50.5℃。

热储层特征：裂隙型带状热储，岩性主要为燕山期黑云母花岗岩，顶板埋深108m，底板埋深不详，热储中部温度112℃，水位埋深5m，地热流体开采量262m³/d。

水化学成分：根据收集的水质分析资料，地热流体水化学成分见表2.187。

表2.187 莲花山地热井化学成分 （单位：mg/L）

T_S/℃	pH	TDS	Na⁺	K⁺	Ca²⁺	Mg²⁺
54	7.5	1310	na.	na.	na.	na.
Li	Rn/(Bq/L)	Sr	NH₄⁺	CO₃²⁻	HCO₃⁻	SO₄²⁻
na.	1070	na.	na.	na.	na.	na.
Cl⁻	F⁻	CO₂	SiO₂	HBO₂	As	化学类型
na.	5.5	na.	na.	na.	na.	Cl–Na

开发利用：此地热区开展过正规的地热地质和水文地质勘查，1987年进行了热矿水钻探，1997年、2000年开展了地热地质勘查工作，通过储量评估，获取C+D级储量584m³/d，热能0.87MW，水温54℃。

现热矿水已开发利用，采矿权归汕头莲花山温泉度假村有限公司所有，生产规模16.01×10⁴m³/a，主要供度假村旅客浸泡、理疗洗浴。

GDJ053 黄羌热水村地热井

位置：广东省汕尾市海丰县黄羌镇热水村旁公平水库。地面高程14m，井口高程14m。

井深：71m。

孔径：168mm。

井口温度：71.5℃。

热储层特征：裂隙型带状热储，岩性主要为燕山期黑云母花岗岩，顶板埋深63m，底板埋深不详，热储中部温度110℃，地热流体呈自流状态，流量145m³/d。

水化学成分：根据收集的水质分析资料，地热流体水化学成分见表2.188。

表2.188 黄羌热水村地热井化学成分 （单位：mg/L）

T_s/℃	pH	TDS	Na⁺	K⁺	Ca²⁺	Mg²⁺
71.5	8.6	250	na.	na.	na.	na.
Li	Rn/(Bq/L)	Sr	NH₄⁺	CO₃²⁻	HCO₃⁻	SO₄²⁻
na.	na.	na.	na.	na.	na.	na.
Cl⁻	F⁻	CO₂	SiO₂	HBO₂	As	化学类型
na.	17	na.	na.	na.	na.	HCO₃·Cl-Ca·Na

开发利用：该处有天然温泉出露，热矿水自水库库底涌出，泉眼为库水所淹，需乘船才能到达泉位。当地人在泉眼处钻进成井，热矿水自流，不锈钢井管高出水面0.5m，热矿水从管中喷涌而出。

现泉眼附近共钻进施工建成了六眼水井，均为自流温热水井。地热井供两个小型温泉度假村（广热源、高热能）使用，据访，在秋冬季才作少量开采，每天约3～5m³水，利用率低。

GDJ054 埔仔洞村地热井

位置：广东省汕尾市海丰县海城镇铺仔洞村。地面高程35m，井口高程35m。

井深：42m。

孔径：168mm。

井口温度：36.5℃。

热储层特征：裂隙型带状热储，岩性主要为侏罗系下统金鸡群（J₁J）石英砂岩及板岩，顶板埋深35m，底板埋深不详，热储中部温度110℃，地热流体单孔出水量709m³/d。

水化学成分：根据收集的水质分析资料，地热流体水化学成分见表2.189。

表2.189　埔仔洞村地热井化学成分　　　　　（单位：mg/L）

$T_s/℃$	pH	TDS	Na^+	K^+	Ca^{2+}	Mg^{2+}
37.7	9.4	260	na.	na.	na.	na.
Li	$Rn/(Bq/L)$	Sr	NH_4^+	CO_3^{2-}	HCO_3^-	SO_4^{2-}
na.	na.	na.	na.	na.	na.	na.
Cl^-	F^-	CO_2	SiO_2	HBO_2	As	化学类型
na.	15.46	na.	na.	na.	na.	HCO_3-Na

开发利用：该地热区已经过正规水文地质勘查和储量评估，并已取得采矿权，矿区面积为0.486km²，生产规模为23.4×10⁴m³/a，该井由第一温泉（浴馆）开发利用，开发规模小，淡季游客稀少。第一温泉附近还有数间类似的温泉浴馆，由于交通状态不好、设施较简陋、竞争较大等原因，目前均处在经营低迷状态，效益较差。

GDJ055 陆丰河西地热井

位置：广东省汕尾市陆丰县河西镇温泉国家新城。地面高程15m，井口高程16m。

井深：100m。

孔径：168mm。

井口温度：71.5℃。

热储层特征：裂隙型带状热储，岩性主要为燕山期黑云母花岗岩，顶板埋深92m，底板埋深不详，热储中部温度120℃，地热流体呈自流状态，流量17.3m³/d。

水化学成分：根据收集的水质分析资料，地热流体水化学成分见表2.190。

表2.190　陆丰河西地热井化学成分　　　　　（单位：mg/L）

$T_s/℃$	pH	TDS	Na^+	K^+	Ca^{2+}	Mg^{2+}
65.5	7.3	9390	na.	na.	na.	na.
Li	$Rn/(Bq/L)$	Sr	NH_4^+	CO_3^{2-}	HCO_3^-	SO_4^{2-}
na.	288.5	46.1	na.	na.	na.	na.
Cl^-	F^-	CO_2	SiO_2	HBO_2	As	化学类型
na.	15.46	na.	na.	na.	na.	$Cl-Na$

开发利用：该地热田已经过正规　水文地质勘查工作，获取C+D级储量850m³/d，热能为1.758MW。该处有两眼地热井，热矿水自流，出水管口附近有白色泉华结晶。此地热区为陆丰县内温度较高的地热田，现处于几乎未开发状态，开发潜力较大。

GDJ056 明热村地热井

位置：广东省汕尾市海丰县赤石镇明热村。地面高程41m，井口高程41m。

井深：240m。

孔径：168mm。

井口温度：63.3℃。

热储层特征：裂隙型带状热储，岩性主要为燕山期黑云母花岗岩，顶板埋深230m，底板埋深不详，热储中部温度113℃，地热流体呈自流状态，流量500m³/d。

水化学成分：根据收集的水质分析资料，地热流体水化学成分见表2.191。

表2.191　明热村地热井化学成分　　　　（单位：mg/L）

T_s/℃	pH	TDS	Na^+	K^+	Ca^{2+}	Mg^{2+}
63.3	9.4	320	na.	na.	na.	na.
Li	Rn/(Bq/L)	Sr	NH_4^+	CO_3^{2-}	HCO_3^-	SO_4^{2-}
na.	288.5	46.1	na.	na.	na.	na.
Cl^-	F^-	CO_2	SiO_2	HBO_2	As	化学类型
na.	14.4	na.	na.	na.	na.	HCO_3-Na

开发利用：此处原有天然泉眼，现已填埋，原泉眼附近共施工六眼热水井，成井日期2006年3月，热水井井水自流，可见强烈冒泡及少量泉华。

该地热区已经过正规水文地质勘查，可确定为较大规模的地热田，目前尚未开发利用。由于地热井涌水量较大，水温较高，发展前景可观，有开发意向的开发商正在兴建一个较大型的温泉度假村。

GDJ057 李屋地热井

位置：广东省韶关市曲江区大塘镇汤溪村委李屋村。地面高程115m，井口高程115m。

井深：50m。

孔径：168mm。

井口温度：68.6℃。

热储层特征：岩溶型层状热储，岩性主要为石炭系碳酸盐岩和碎屑岩，顶板埋深41m，底板埋深不详，热储中部温度123℃，地热流体出水量1350m³/d。

水化学成分：2013年11月26日采集水样进行水质检测，地热流体水化学成分见表2.192。

表2.192　李屋地热井化学成分　　　　（单位：mg/L）

T_s/℃	pH	TDS	Na^+	K^+	Ca^{2+}	Mg^{2+}
68.6	7.28	1166.29	68.31	12.76	255.03	10.43
Li	Rn/(Bq/L)	Sr	NH_4^+	CO_3^{2-}	HCO_3^-	SO_4^{2-}
0.315	0.8	4.50	0	0	68.84	700.97
Cl^-	F^-	CO_2	SiO_2	HBO_2	As	化学类型
5.21	2.6	5.08	76.48	0.74	0.002	SO_4-Ca

开发利用：该地有十多间温泉宾馆正在营业，钻探施工的热水孔有30多眼，均建有简易砖房对其保护；供居民自用的地热井多为人工开挖，主要为日常生活用水。该地的热水井主要抽水至附近多家旅馆、酒店，供游客理疗洗浴。当地居民亦集资修建有一公共浴池，每天下午为当地村民免费开放。

GDJ058 浴塘村曹溪地热井

位置： 广东省韶关市曲江区马坝镇浴塘村曹溪温泉度假村内。地面高程71m，井口高程69m。

井深： 336m。

孔径： 168mm。

井口温度： 45℃。

热储层特征： 岩溶型层状热储，岩性主要为石炭系下统石磴子组石灰岩，顶板埋深330m，底板埋深不详，热储中部温度91℃，地热流体呈自流状态，流量485m³/d。

水化学成分： 2013年10月26日采集水样进行水质检测，地热流体水化学成分见表2.193。

表2.193 浴塘村曹溪地热井化学成分 （单位：mg/L）

T_S/℃	pH	TDS	Na^+	K^+	Ca^{2+}	Mg^{2+}
45	7.18	1810.62	47.52	8.05	414.27	55.16
Li	Rn/(Bq/L)	Sr	NH_4^+	CO_3^{2-}	HCO_3^-	SO_4^{2-}
0.322	41	9.21	0	0	98.53	1187.76
Cl^-	F^-	CO_2	SiO_2	HBO_2	As	化学类型
6.08	1.9	8.47	39.73	< 0.2	0.002	SO_4–Ca

开发利用： 曹溪地热田已开发利用多年，经过正规水文地质勘查，获取D级储量为1248m³/d，热能1.642MW。

据访，最早的天然热泉眼出露于距该地热井约800m的南华温泉，但已干涸。该地共有三口热水孔，孔深不详。调查的地热井主要供水至曹溪温泉，供游客洗浴，每年的生产规模约16×10⁴m³/a，采矿权为韶关市曲江区曹溪温泉假日度假村有限公司所有。曹溪温泉度假村拥有30几个浸泡温泉池、数十栋别墅和会议中心等，属规模化正规开发旅游项目，游客多、接待各种会议多，经效益和社会效益甚好。

GDJ059 小坑汤湖地热井

位置： 广东省韶关市曲江区小坑镇汤湖村。地面高程268m，井口高程268m。

井深： 88m。

孔径： 168mm。

井口温度： 60.6℃。

热储层特征： 裂隙型带状热储，岩性主要为燕山期黑云母花岗岩，顶板埋深80m，底板埋深不详，热储中部温度117℃，地热流体呈自流状态，流量2853m³/d。

水化学成分：2013年9月5日采集水样进行水质检测，地热流体水化学成分见表2.194。

表2.194 小坑汤湖地热井化学成分 （单位：mg/L）

T_S/℃	pH	TDS	Na⁺	K⁺	Ca²⁺	Mg²⁺
60.6	7.82	225.12	29.4	3.94	24.2	0.29
Li	Rn/(Bq/L)	Sr	NH₄⁺	CO₃²⁻	HCO₃⁻	SO₄²⁻
0.163	8.1	0.17	0	0	80.99	51.04
Cl⁻	F⁻	CO₂	SiO₂	HBO₂	As	化学类型
1.74	5.55	1.69	68.37	< 0.2	0.002	HCO₃·SO₄-Na·Ca

开发利用： 该地热矿水采矿权已被韶关大森林温泉世界有限公司购买，目前正在兴建大型的温泉旅游度假区，现开采热矿水量约1300m³/d。温泉度假区于2009年正式动工，第一期已完工，计划于2014年春节期间部分对外营业；第二期选址于第一期建筑背后的山地，征地200亩；第三期计划选址于水库边上。

GDJ060 船兜村地热井

位置： 广东省韶关市仁化县扶溪镇斜周村委船兜村。地面高程189m，井口高程189m。

井深： 400m。

孔径： 168mm。

井口温度： 56.6℃。

热储层特征： 裂隙型带状热储，岩性主要为燕山期黑云母花岗岩，顶板埋深370m，底板埋深不详，热储中部温度123℃，地热流体呈自流状态，流量694m³/d。

水化学成分： 2013年8月11日采集水样进行水质检测，地热流体水化学成分见表2.195。

表2.195 船兜村地热井化学成分 （单位：mg/L）

T_S/℃	pH	TDS	Na⁺	K⁺	Ca²⁺	Mg²⁺
56.6	7.34	258.64	61.68	4.83	8.71	1.17
Li	Rn/(Bq/L)	Sr	NH₄⁺	CO₃²⁻	HCO₃⁻	SO₄²⁻
0.305	131.4	0.09	0.2	0	161.97	9.28
Cl⁻	F⁻	CO₂	SiO₂	HBO₂	As	化学类型
4.41	10.67	17.79	76.6	0.35	0.001	HCO₃-Na

开发利用： 该地共有两口地热井，另一口井深度不详，现其中一口井围砌约8m×10m的砖房作为当地居民的公共浴室。目前，该地正在兴建温泉度假区，准备规模化开发利用热矿水。

GDJ061 冯屋村地热井

位置： 广东省韶关市仁化县周田镇田铺村委冯屋村。地面高程78m，井口高程78m。

井深： 60m。

孔径： 168mm。

井口温度： 56.6℃。

热储层特征： 裂隙型带状热储，岩性主要为白垩纪-新近系红色岩系，顶板埋深50m，底板埋深不详，热储中部温度100℃，地热流体呈自流状态，流量694m³/d。

开发利用： 据访，当地原来并无天然泉眼出露，后因勘察队于2005年钻探施工揭露了热矿水，遂建成热水井，成井日期为2005年1月1日，井深约60m，井口水温42℃。由于该地已被当地政府征收，在地面整平改造中，热水孔已被填埋。

GDJ062 龙华山地热井

位置： 广东省韶关市南雄市全安镇龙华山温泉度假村内。地面高程139m，井口高程139m。

井深： 378m。

孔径： 168mm。

井口温度： 56.8℃。

热储层特征： 裂隙型带状热储，岩性主要为晚白垩世—早古新世陆相紫红、砖红色泥砂质岩石与燕山期二长花岗岩，顶板埋深370m，底板埋深不详，热储中部温度107℃，地热流体呈自流状态，流量242m³/d。

水化学成分： 2013年8月9日采集水样进行水质检测，地热流体水化学成分见表2.196。

表2.196 龙华山地热井化学成分 （单位：mg/L）

T_s/℃	pH	TDS	Na⁺	K⁺	Ca²⁺	Mg²⁺
56.8	7.5	743.82	88.35	41.6	85.18	17.61
Li	Rn/(Bq/L)	Sr	NH_4^+	CO_3^{2-}	HCO_3^-	SO_4^{2-}
0.422	2.3	0.93	0	0	253.76	320.12
Cl⁻	F⁻	CO_2	SiO_2	HBO_2	As	化学类型
3.53	4.24	19.48	56.2	< 0.2	0.005	$SO_4·HCO_3–Ca·Na$

开发利用： 地热井于原泉眼处钻井成井，周围已水泥硬底化，采矿权为韶关奥威斯酒店有限公司所有，现已开发成温泉旅游度假村。

GDJ063 大岭背村地热井

位置： 广东省韶关市南雄市乌迳镇大岭背村。地面高程165.5m，井口高程167m。

井深：800m。

孔径：168mm。

井口温度：40℃。

热储层特征：裂隙型带状热储，岩性主要为晚白垩世—早古新世陆相紫红、砖红色泥砂质岩石与燕山期二长花岗岩，顶板埋深789m，底板埋深不详，热储中部温度79℃，地热流体呈自流状态，流量78m³/d。

水化学成分：2013年8月8日采集水样进行水质检测，地热流体水化学成分见表2.197。

表2.197　大岭背村地热井化学成分　　　　　　（单位：mg/L）

T_S/℃	pH	TDS	Na$^+$	K$^+$	Ca^{2+}	Mg^{2+}
40	8.4	1227.81	456.23	5.14	6.78	4.69
Li	Rn/(Bq/L)	Sr	NH$_4^+$	CO$_3^{2-}$	HCO$_3^-$	SO$_4^{2-}$
3.992	1.6	0.36	0	55.76	566.9	353.78
Cl$^-$	F$^-$	CO$_2$	SiO$_2$	HBO$_2$	As	化学类型
24.7	7.25	0	29.88	1.91	0.13	HCO$_3$·SO$_4$–Na

开发利用：地热井周围砌起简陋的砖墙半围闭。据访，该孔为20世纪70年代地质队的水文地质探矿孔，现主要为村民提供热水沐浴、洗涤等。

GDJ064 龙珠村地热井

位置：广东省韶关市乳源瑶族自治县东坪镇龙珠村。地面高程247m，井口高程248m。

井深：83.5m。

孔径：168mm。

井口温度：61.4℃。

热储层特征：裂隙型带状热储，岩性主要为燕山期黑云母花岗岩，顶板埋深75m，底板埋深不详，热储中部温度118℃，地热流体呈自流状态，流量810m³/d。

水化学成分：2013年8月22日采集水样进行水质检测，地热流体水化学成分见表2.198。

表2.198　龙珠村地热井化学成分　　　　　　（单位：mg/L）

T_S/℃	pH	TDS	Na$^+$	K$^+$	Ca^{2+}	Mg^{2+}
61.4	7.25	143.14	17.08	1.65	9.66	0.88
Li	Rn/(Bq/L)	Sr	NH$_4^+$	CO$_3^{2-}$	HCO$_3^-$	SO$_4^{2-}$
0.69	20.8	0.02	0	0	75.59	1.16
Cl$^-$	F$^-$	CO$_2$	SiO$_2$	HBO$_2$	As	化学类型
0.88	3.68	10.16	70.15	< 0.2	0.003	HCO$_3$–Na·Ca

开发利用：此处有天然热泉眼出露，原为当地村民的公共洗浴场所，坐标113°08′45.5″，24°49′13.1″。后因水库蓄水位上涨，该泉眼已被淹没。该地热井选址于水库内天然温泉附近，目前几乎未进行开发利用，仅少数村民用管引水使用，利用量小，具较大开采潜力。

GDJ065 青岗村地热井

位置：广东省韶关市乳源瑶族自治县侯公渡镇青岗村丽宫温泉度假村。地面高程105m，井口高程105m。

井深：101m。

孔径：168mm。

井口温度：43℃。

热储层特征：岩溶型层状热储，岩性主要为泥盆系碳酸盐岩和碎屑岩，顶板埋深95m，底板埋深不详，热储中部温度82℃，地热流体呈自流状态，流量1200m³/d。

水化学成分：2013年10月27日采集水样进行水质检测，地热流体水化学成分见表2.199。

表2.199　青岗村地热井化学成分　　　　（单位：mg/L）

T_S/℃	pH	TDS	Na$^+$	K$^+$	Ca^{2+}	Mg^{2+}
43	7.68	931.7	12.62	6.02	198.91	38.14
Li	Rn/(Bq/L)	Sr	NH$_4^+$	CO$_3^{2-}$	HCO$_3^-$	SO$_4^{2-}$
0.01	35.4	2.38	0	0	141.73	569.52
Cl$^-$	F$^-$	CO$_2$	SiO$_2$	HBO$_2$	As	化学类型
2.61	0.48	3.39	31.95	< 0.2	0.002	SO$_4$–Ca

开发利用：该处有天然温泉出露，天然泉眼处已筑砖墙混凝土顶房子封盖，由于附近已施工数口热水井，并大量抽水，该泉眼已不再自流。

地热井主要抽水供给大型温泉度假村-丽宫温泉，用于游客理疗洗浴和浸泡，采矿权属乳源瑶族自治县丽宫温矿泉有限公司所有。

GDJ066 河背村地热井

位置：广东省韶关市翁源县坝仔镇半溪村委河背村。地面高程201m，井口高程201m。

井深：392m。

孔径：168mm。

井口温度：35.3℃。

热储层特征：裂隙型带状热储，岩性主要为燕山期黑云母花岗岩，顶板埋深385m，底板埋深不详，热储中部温度108℃，地热流体呈自流状态，流量337m³/d。

水化学成分：2013年9月11日采集水样进行水质检测，地热流体水化学成分见表2.200。

表2.200　河背村地热井化学成分　　　　（单位：mg/L）

T_s/℃	pH	TDS	Na$^+$	K$^+$	Ca^{2+}	Mg^{2+}
35.3	6.92	905.31	213.1	28.72	70.66	21.13
Li	Rn/(Bq/L)	Sr	NH$_4^+$	CO$_3^{2-}$	HCO$_3^-$	SO$_4^{2-}$
0.736	17	0.57	0.02	0	780.16	109.03
Cl$^-$	F$^-$	CO$_2$	SiO$_2$	HBO$_2$	As	化学类型
8.69	6.15	101.64	56.43	0.46	0.006	HCO$_3$-Na

开发利用：地热井已被围成水池蓄水，底部水泥硬底化，该井由约30年前探矿队钻探施工成井，当时井口水温为34.9℃。

目前地热井处于闲置状态，未产生经济社会效益。该地区另有一热水孔，位置114°12′50.9″东、24°34′28.1″北，亦为当时探矿队钻进施工而成，目前亦为闲置状态。

GDJ067 新屋村地热井

位置：广东省韶关市翁源县钡仔镇新屋村新兴温泉度假村。地面高程169m，井口高程169m。

井深：40m。

孔径：168mm。

井口温度：43.8℃。

热储层特征：裂隙型带状热储，岩性主要为燕山期黑云母花岗岩，顶板埋深35m，底板埋深不详，热储中部温度82℃，地热流体呈自流状态，流量734m³/d。

水化学成分：2013年9月11日采集水样进行水质检测，地热流体水化学成分见表2.201。

表2.201　新屋村地热井化学成分　　　　（单位：mg/L）

T_s/℃	pH	TDS	Na$^+$	K$^+$	Ca^{2+}	Mg^{2+}
43.8	7.33	614.38	29.18	10.7	110.83	42.25
Li	Rn/(Bq/L)	Sr	NH$_4^+$	CO$_3^{2-}$	HCO$_3^-$	SO$_4^{2-}$
0.108	1.6	0.12	0.02	0	481.87	142.67
Cl$^-$	F$^-$	CO$_2$	SiO$_2$	HBO$_2$	As	化学类型
4.34	1.38	25.41	31.64	< 0.2	0.002	HCO$_3$·SO$_4$-Ca·Mg

开发利用：地热井是在原天然泉眼的位置上钻进施工而成，于2006年完工，所属单位为新兴温泉度假村，原泉眼已无出水。热矿水主要用途为抽水至新兴温泉供旅客洗浴（现按30元/间进行收费）。在天气炎热的夏季，前来洗浴的旅客较少；秋冬季生意较旺。

GDJ068 水口围地热井

位置：广东省韶关市翁源县周陂镇光明村委水口围村。地面高程128m，井口高程128m。

井深：166m。

孔径：168mm。

井口温度：48℃。

热储层特征：岩溶型层状热储，岩性主要为石炭系下统测水组砂页岩（C_1c），顶板埋深160m，底板埋深不详，热储中部温度96℃，地热流体抽水量540m³/d。

水化学成分：2013年9月11日采集水样进行水质检测，地热流体水化学成分见表2.202。

表2.202 水口围地热井化学成分 （单位：mg/L）

T_s/℃	pH	TDS	Na⁺	K⁺	Ca²⁺	Mg²⁺
48	7.16	1860.41	57.58	11.07	492.35	10.12
Li	Rn/(Bq/L)	Sr	NH₄⁺	CO₃²⁻	HCO₃⁻	SO₄²⁻
0.198	1	6.82	0	0	257.8	1110.89
Cl⁻	F⁻	CO₂	SiO₂	HBO₂	As	化学类型
3.48	0.3	22.87	44.27	0.26	< 0.001	SO₄–Ca

开发利用：地热井所属单位为韶关市技师学院高级技工学校农牧系校外实习基地，基地内已全部水泥硬底化，井处已建有简易小房。据访，该地热井是在原天然泉眼的位置上钻进施工成井，现由水泵抽采，一天约抽12小时，供水充足，主要作劳动实践基地的员工生活用水及温室种植用。

GDJ069 江尾热水村地热井

位置：广东省韶关市翁源县江尾镇热水村。地面高程380m，井口高程380m。

井深：800m。

孔径：168mm。

井口温度：40.3℃。

热储层特征：裂隙型带状热储，岩性主要为燕山期黑云母花岗岩，顶板埋深788m，底板埋深不详，热储中部温度121℃，地热流体呈自流状态，流量147m³/d。

开发利用：地热井不断有砂粒随热矿水上涌，暂未开发利用，仅供当地人洗浴。

GDJ070 上营村地热井

位置：广东省韶关市始兴县罗坝镇上营村。地面高程155m，井口高程155m。

井深：89.5m。

孔径：168mm。

井口温度：53℃。

热储层特征：裂隙型带状热储，岩性主要为燕山期黑云母花岗岩，顶板埋深80m，底板埋深不详，热储中部温度132℃，地热流体出水量1000m³/d。

水化学成分：2013年11月26日采集水样进行水质检测，地热流体水化学成分见表2.203。

表2.203 上营村地热井化学成分 （单位：mg/L）

T_S/℃	pH	TDS	Na^+	K^+	Ca^{2+}	Mg^{2+}
53	8.27	303.86	65.13	4.39	16.7	1.53
Li	Rn/(Bq/L)	Sr	NH_4^+	CO_3^{2-}	HCO_3^-	SO_4^{2-}
0.722	0.6	0.15	0	7.97	126.88	37.6
Cl^-	F^-	CO_2	SiO_2	HBO_2	As	化学类型
6.95	8.39	0	91.76	0.29	0.007	HCO_3-Na

开发利用：该地有十多家温泉旅馆，其中以"花果山温泉"最为著名。每家旅馆均有地热井抽水，处于无序开采状态。秋冬季时较多人前来沐浴。

GDJ071 温下村地热井

位置：广东省韶关市始兴县司前镇温下村。地面高程238m，井口高程238m。

井深：89.6m。

孔径：168mm。

井口温度：66℃。

热储层特征：裂隙型带状热储，岩性主要为燕山期黑云母花岗岩，顶板埋深80m，底板埋深不详，热储中部温度133℃，地热流体出水量224m³/d。

水化学成分：2013年8月13日采集水样进行水质检测，地热流体水化学成分见表2.204。

表2.204 温下村地热井化学成分 （单位：mg/L）

T_S/℃	pH	TDS	Na^+	K^+	Ca^{2+}	Mg^{2+}
66.6	7.25	272.44	57.77	2.73	6.78	2.93
Li	Rn/(Bq/L)	Sr	NH_4^+	CO_3^{2-}	HCO_3^-	SO_4^{2-}
0.416	39.3	0.05	0	0	113.38	37.12
Cl^-	F^-	CO_2	SiO_2	HBO_2	As	化学类型
4.41	11.35	15.25	92.54	0.24	0.007	HCO_3-Na

开发利用：据访，此地曾有天然热泉出露，现已经消失。地热井成井日期2009年1月1日，主要用途为抽水至浴室供当地人洗浴浸泡，浴室占地约100m²。

GDJ072 云海地热井

位置：广东省韶关市新丰县梅坑镇石坑村，云天海温泉度假村内。地面高程334m，井口高程334m。

井深：107m。

孔径：168mm。

井口温度：50℃。

热储层特征：裂隙型带状热储，岩性主要为燕山期黑云母花岗岩，顶板埋深100m，底板埋深不详，热储中部温度107℃，地热流体呈自流状态，流量334m³/d。

水化学成分：2013年11月25日采集水样进行水质检测，地热流体水化学成分见表2.205。

表2.205　云海地热井化学成分　　　　　　　（单位：mg/L）

T_S/℃	pH	TDS	Na⁺	K⁺	Ca²⁺	Mg²⁺
46.8	7.78	176.79	35.70	2.22	10.63	0.61
Li	Rn/(Bq/L)	Sr	NH₄⁺	CO₃²⁻	HCO₃⁻	SO₄²⁻
0.068	1.9	0.09	0	0	86.38	16.98
Cl⁻	F⁻	CO₂	SiO₂	HBO₂	As	化学类型
6.95	4.92	1.69	55.56	0.25	0.004	HCO₃–Na

开发利用：该地热矿水已被开发，共施工六口热水井，井深300～770m，总涌水量为1200m³/d，水温38～50℃。地热井属云天海温泉度假村所有，已兴建大型温泉旅游度假村。现热矿水主要供水至度假村，供游客理疗洗浴。

GDJ073 云髻山地热井

位置：广东省韶关市新丰县丰城镇西坑村。地面高程422m，井口高程422m。

井深：80m。

孔径：168mm。

井口温度：41.5℃。

热储层特征：裂隙型带状热储，岩性主要为燕山期黑云母花岗岩，顶板埋深71m，底板埋深不详，热储中部温度98℃，地热流体抽水量1344m³/d。

水化学成分：2013年9月13日采集水样进行水质检测，地热流体水化学成分见表2.206。

表2.206　云髻山地热井化学成分　　　　　　（单位：mg/L）

T_S/℃	pH	TDS	Na⁺	K⁺	Ca²⁺	Mg²⁺
41.5	7.79	141.85	15.69	0.82	17.91	0.59
Li	Rn/(Bq/L)	Sr	NH₄⁺	CO₃²⁻	HCO₃⁻	SO₄²⁻
0.04	4.2	0.09	0	0	71.54	19.72
Cl⁻	F⁻	CO₂	SiO₂	HBO₂	As	化学类型
1.74	2.76	2.54	46.48	< 0.2	< 0.001	HCO₃–Ca·Na

开发利用：该地原有天然温泉出露，并经过正规水文地质勘查，获取B+C级储量345m³/d，热能为0.333MW。

目前，泉眼处及周围已钻进施工成井多口，开发利用热矿水，已建成云髻山温泉度假山庄，由新丰县人民政府和省人民政府批准的大陆和台商合资开发，是一所集住宿、饮食、休闲娱乐、温泉度假、商务会议为一体的旅游度假胜地，也是广东省较有特色的高山天然园林式温泉景区。热矿水主要供游客洗浴、浸泡用，山庄设有约70间客房，虽修建规模不大，但山清水秀，原生态环境好，游客较多，全年有六成多的入住率，生意红火，经济效益较好，目前正计划扩大规模。

GDJ074 黄沙寨地热井

位置：阳江市阳春市春城镇合岗村委黄沙寨东南380m。地面高程18m，井口高程18m。

井深：80m。

孔径：219mm。

井口温度：51.1℃。

热储层特征：岩溶型层状热储，岩性主要为石炭系下统测水组石英砂岩（C_1c），顶板埋深70m，底板埋深不详，热储中部温度102℃，地热流体呈自流状态，流量207m³/d。

水化学成分：根据收集的水质分析资料，地热流体水化学成分见表2.207。

表2.207 黄沙寨地热井化学成分　　　　　（单位：mg/L）

T_s/℃	pH	TDS	Na$^+$	K$^+$	Ca^{2+}	Mg^{2+}
51.1	6.78	984	na.	na.	na.	na.
Li	Rn/(Bq/L)	Sr	NH$_4^+$	CO$_3^{2-}$	HCO$_3^-$	SO$_4^{2-}$
na.	na.	na.	na.	na.	na.	na.
Cl$^-$	F$^-$	CO$_2$	SiO$_2$	HBO$_2$	As	化学类型
na.	3.432	na.	na.	na..	na.	SO$_4$–Ca

开发利用：该处在1980年开展了1∶20万阳春幅水文地质调查时发现了天然泉眼，后在泉眼处施工了一口地热井，热矿水自流而出，井口周围无保护措施，杂草丛生。目前，该地热井未得到合理开发利用，自流涌出的泉水直接流入稻田、鱼塘等地。

GDJ075 大八信宜地热井

位置：阳江市阳东县大八镇信宜村南100m。地面高程18m，井口高程18.7m。

井深：65m。

孔径：219mm。

井口温度：53.4℃。

热储层特征：裂隙型带状热储，岩性主要为燕山期黑云母花岗岩，顶板埋深58m，底板埋深不详，热储中部温度162℃，地热流体呈自流状态，流量346.1m³/d。

开发利用： 1980年广东省水文一队进行1：20万阳春幅水文地质普查时曾调查观测该泉，当时水温47～56℃，流量未测。沿冲洪积带西向的吉水村北侧和南岗村有天然温泉出露，呈带状分布。

该处热矿水未充分合理利用，成井后，井水水自流，无色透明，孔中泉水冒泡，具硫黄气味，仅供周围农田灌溉使用。

GDJ076 岗美独竹地热井

位置： 阳江市阳春市岗美镇独竹村。地面高程9m，井口高程9m。

井深： 65m。

孔径： 219mm。

井口温度： 61.6℃。

热储层特征： 裂隙型带状热储，岩性主要为燕山期黑云母花岗岩，顶板埋深58m，底板埋深不详，热储中部温度143℃，地热流体呈自流状态，流量2.08m³/d。

水化学成分： 根据收集的水质分析资料，地热流体水化学成分见表2.208。

表2.208　岗美独竹地热井化学成分　　　　　　　　（单位：mg/L）

T_S/℃	pH	TDS	Na$^+$	K$^+$	Ca^{2+}	Mg^{2+}
61.7	7.43	1642	na.	na.	na.	na.
Li	Rn/(Bq/L)	Sr	NH$_4^+$	CO$_3^{2-}$	HCO$_3^-$	SO$_4^{2-}$
1.107	na.	na.	na.	na.	na.	na.
Cl$^-$	F$^-$	CO$_2$	SiO$_2$	HBO$_2$	As	化学类型
na.	5	na.	na.	na.	na.	Cl–Na·Ca

开发利用： 在没有进行钻探时，地热区仅以热砂、热沟及热气雾为地热显示标志，乃深部热矿水沿裂隙通道上升进入上部第四系砂层含水层加温所致。2003年，广东省地质局水文工程地质一大队在本区施工了热水孔，曾被开发为漠江温泉作旅游洗浴，但由于经营不善而停业。目前地热井主要供附近鱼塘养殖使用，据鱼塘养殖户所述，该热水孔温度、水量稳定，养殖效益良好。

GDJ077 儒洞搭枧地热井

位置： 阳西县儒洞镇搭枧村咸水湖。地面高程10m，井口高程10m。

井深： 22m。

孔径： 219mm。

井口温度： 73.5℃。

热储层特征： 裂隙型带状热储，岩性主要为寒武系八村群混合岩，顶板埋深17m，底板埋深不详，热储中部温度120℃，地热流体呈自流状态，多井总流量为1768m³/d。

水化学成分： 根据收集的水质分析资料，地热流体水化学成分见表2.209。

表2.209　儒洞搭枧地热井化学成分　　　　　（单位：mg/L）

T_S/℃	pH	TDS	Na$^+$	K$^+$	Ca^{2+}	Mg^{2+}
73.5	7.9	11710	na.	na.	na.	na.
Li	Rn/(Bq/L)	Sr	NH$_4^+$	CO$_3^{2-}$	HCO$_3^-$	SO$_4^{2-}$
3.3	na.	22.4	na.	na.	na.	na.
Cl$^-$	F$^-$	CO$_2$	SiO$_2$	HBO$_2$	As	化学类型
na.	2.65	na.	na.	na.	na.	Cl–Na·Ca

开发利用：地热田已经过详细水文地质勘查工作，并经主管部门审批，曾获取采矿许可证，该地热田已成井十口，均为自流井，但大多已堵塞，井径160～219mm不等，可见强烈冒泡，H$_2$S气味刺鼻，水咸度较高。咸水湖地热田曾被"阳西县月亮湾健康度假中心有限公司"申请开发，开发商拟采用管道方式将热矿水引到16km以外的月亮湾温泉池，此项工程中途因故而停工，目前热矿水尚未开发利用。

GDJ078 阳西咸水矿地热井

位置：阳江市阳西县织篢镇大塱村59°方向350m（河中）。地面高程3m，井口高程6.2m。

井深：45m。

孔径：219mm。

井口温度：48.8℃。

热储层特征：裂隙型带状热储，岩性主要为燕山期黑云母花岗岩，顶板埋深38m，底板埋深不详，热储中部温度108℃，水位埋深0.46m，地热流体开采量720m³/d。

开发利用：地热井处于沿海侵蚀堆积平原地貌的织篢河河滩之中，临近南海，地形平缓，井口上建有混凝土抽水架及平台，井口高出河水面3.2m，水位受潮汐影响明显，每日两涨两落，潮差2.05m。该地热田经过详细水文地质勘查工作，并经主管部门评审，已领取采矿许可证。地热田内施工地热井四眼，井深48.22～100.50m，第四系冲积物厚度5.00～8.10m，其下为燕山期黑云母花岗岩，静水头0.10～2.58m，总自流量518m³/d。多井抽水试验时，水位降深4.82m，涌水量2730m³/d。热矿水用管道接驳送往4km外阳西咸水矿温泉度假村使用。该度假区位于织篢镇，目前有200多间客房，每天抽水约720m³，目前经营火爆。

GDJ079 青山绿水地热井

位置：广东省云浮市新兴县东成镇礼村青山绿水温泉度假村。地面高程73m，井口高程73m。

井深：230m。

孔径：219mm。

井口温度：47℃。

热储层特征：裂隙型带状热储，岩性主要为燕山期黑云母二长花岗岩，顶板埋深221m，底板埋深不详，热储中部温度146℃，地热流体呈自流状态，多井总流量420m³/d。

水化学成分：2013年11月3日采集水样进行水质检测，地热流体水化学成分见表2.210。

表2.210　青山绿水地热井化学成分　　　（单位：mg/L）

T_S/℃	pH	TDS	Na^+	K^+	Ca^{2+}	Mg^{2+}
47	8.27	387.34	100.94	4.41	8.71	0.88
Li	Rn/(Bq/L)	Sr	NH_4^+	CO_3^{2-}	HCO_3^-	SO_4^{2-}
0.3	na.	<0.01	0	10.62	191.67	25.52
Cl^-	F^-	CO_2	SiO_2	HBO_2	As	化学类型
10.43	13.24	0	116.64	1.67	0.004	HCO_3-Na

开发利用：地热井位于云河溪流边，四周山清水秀，风景美丽，故开发商取名"青山绿水"温泉。青山绿水温泉已经过正规水文地质勘查工作，开发商已取得采矿许可证，批准其生产规模为$13.86×10^4m^3$/a，所属单位为佛山市南海邦达策划顾问有限公司。该热矿水主要用途为供水至青山绿水温泉度假村供游客洗浴浸泡。

GDJ080 金水台地热井

位置：云浮市新兴县水台镇镇政府北西侧350m处。地面高程32m，井口高程32m。

井深：209m。

孔径：219mm。

井口温度：26℃。

热储层特征：裂隙型带状热储，岩性主要为燕山期黑云母花岗岩，顶板埋深200m，底板埋深不详，热储中部温度146℃，水位埋深10m，地热流体呈自流状态，流量130m³/d。

水化学成分：根据收集的水质分析资料，地热流体水化学成分见表2.211。

表2.211　金水台地热井化学成分　　　（单位：mg/L）

T_S/℃	pH	TDS	Na^+	K^+	Ca^{2+}	Mg^{2+}
56.8	9.41	379	na.	na.	na.	na.
Li	Rn/(Bq/L)	Sr	NH_4^+	CO_3^{2-}	HCO_3^-	SO_4^{2-}
na.	na.	na.	na.	na.	na.	na.
Cl^-	F^-	CO_2	SiO_2	HBO_2	As	化学类型
na.	17.7	na.	na.	na.	na.	HCO_3-Na

开发利用：金水台地热区经过正规水文地质勘查，并已取得热矿水探矿权，矿区面积0.07km²。先后施工81个测温孔，孔深17.2～25.5m；15个深孔，孔深70.00～270.00m。所有钻孔均经过抽水试验，成井四眼，C+D级开采量2249m³/a，热能为3.84MW，水温56.8℃，矿山企业生产规模为$36×10^4m^3$/a。

金水台温泉是新兴县水台温泉娱乐有限公司投资兴建的，为民营企业。温泉区建筑特色具粤西古式古香建筑风格，并采用六祖庙式建筑，亭、楼、阁、桥配置风雅高档，加之现代化的水上世界，显得别具风情。

GDJ081 龙山地热井

位置：云浮市新兴县集城镇公平圩龙山温泉。地面高程52m，井口高程52m。

井深：100m。

孔径：219mm。

井口温度：63℃。

热储层特征：裂隙型带状热储，岩性主要为燕山期黑云母花岗岩，顶板埋深89m，底板埋深不详，热储中部温度160℃，地热流体呈自流状态，流量1200m³/d。

开发利用：龙山温泉地热区经过正规水文地质勘查，进行过水文地质测绘、物探和钻探工作。矿区面积0.47km，成井四眼，孔深94.00～107.10m，静水位埋深1.50～2.06m，群孔抽水试验动水位5.70～6.76m，总涌水量2664m³/d，水温65.8～70℃。经审批C+D级可采水量为2664m³/d，热能5.9MW。该处热矿水已办有采矿权，供龙山镇几家酒店及度假村使用，生产规模1200m³/d，冬季开采量较大。

GDJ082 廉江竹寨地热井

位置：广东省廉江市石角镇竹寨村北侧。地面高程45m，井口高程45m。

井深：101m。

孔径：219mm。

井口温度：59.8℃。

热储层特征：裂隙型带状热储，岩性主要为燕山早期侵入岩，顶板埋深95m，底板埋深不详，热储中部温度107℃，地热流体呈自流状态，流量10m³/d。

水化学成分：2013年10月25日采集水样进行水质检测，地热流体水化学成分见表2.212。

表2.212　廉江竹寨地热井化学成分　　　　（单位：mg/L）

T_s/℃	pH	TDS	Na$^+$	K$^+$	Ca^{2+}	Mg^{2+}
59.8	7.77	324.94	80.12	4.1	7.08	1.23
Li	Rn/(Bq/L)	Sr	NH$_4^+$	CO$_3^{2-}$	HCO$_3^-$	SO$_4^{2-}$
0.483	2.3	0.1	0	0	183.57	9.7
Cl$^-$	F$^-$	CO$_2$	SiO$_2$	HBO$_2$	As	化学类型
8.69	14.19	4.24	108.04	0.56	< 0.001	HCO$_3$–Na

开发利用：地热井位置原有天然温泉出露，2004年，广东省地质局水文工程地质一大队在该区取得探矿权，进行了水文地质勘查工作，并施工了两口深度分别为100.68m、100.39m的热水井，井眼围砌成一方形小水池，供附近村民洗浴、洗涤。目前，该处热矿水尚未合理开发利用，正招商引资。

GDJ083 蓝月湾地热井

位置：湛江市霞山区海滨宾馆内。地面高程20m，井口高程20m。

井深：600m。

孔径：219mm。

井口温度：42℃。

热储层特征：孔隙型层状热储，分为两个热储层段，第一层段200～380m，主要热储层为第四系下更新统湛江组（Qz）砂砾层，其热储温度平均为36℃，热储砂层平均厚度47.62m；第二层段380～1000m，主要热储岩性为第四系下更新统湛江组（Qz）、新近系中新统下洋组（Nx）含水层及古近系渐新统涠洲组（Ew）砂砾层，每一热储层段又由多个单层含水砂砾层组成，热储温度取46℃，经过多个勘探孔计算的热储砂层平均厚度186.53m。其中，湛江组和下洋组热储层分布较广、连续且厚度较大，为主要热储层。热储盖层则主要包括第四系地层的黏性土层。地热流体单井涌水量2148m³/d。

开发利用：该处自20世纪70年代以来施工过多口地热井，井深在600m以上，现蓝月湾地热井为海滨宾馆开发自用，主要用于游客洗浴疗养，目前经营状况良好。

GDJ084 晨鸣地热井

位置：广东省湛江市麻章区太平镇晨鸣浆纸有限公司。地面高程19m，井口高程19m。

井深：602.1m。

孔径：219mm。

井口温度：40℃。

热储层特征：孔隙型层状热储，分为两个热储层段，第一层段200～380m，主要热储层为第四系下更新统湛江组（Qz）砂砾层，其热储温度平均为36℃，热储砂层平均厚度47.62m；第二层段380～1000m，主要热储岩性为第四系下更新统湛江组（Qz）、新近系中新统下洋组（Nx）含水层及古近系渐新统涠洲组（Ew）砂砾层，每一热储层段又由多个单层含水砂砾层组成，热储温度取46℃，经过多个勘探孔计算的热储砂层平均厚度186.53m。其中，湛江组和下洋组热储层分布较广、连续且厚度较大，为主要热储层。热储盖层则主要包括第四系黏性土层。地热流体单井涌水量1650m³/d。

水化学成分：2013年11月25日采集水样进行水质检测，地热流体水化学成分见表2.213。

表2.213 晨鸣地热井化学成分 （单位：mg/L）

T_S/℃	pH	TDS	Na^+	K^+	Ca^{2+}	Mg^{2+}
40	7.85	314.41	44.29	21.75	32.89	3.37
Li	Rn/(Bq/L)	Sr	NH_4^+	CO_3^{2-}	HCO_3^-	SO_4^{2-}
0.092	1.2	0.11	0.1	0	207.86	27.89
Cl^-	F⁻	CO_2	SiO_2	HBO_2	As	化学类型
36.49	0.32	3.39	31.98	0.29	< 0.001	HCO_3–Na·Ca

开发利用：地热井主要作为晨鸣浆纸有限公司员工生活用水的备用井。

GDJ085 双兴村地热井

位置：广东省肇庆市怀集县蓝钟镇双兴村。地面高程346m，井口高程346m。

井深：81m。

孔径：219mm。

井口温度：60.5℃。

热储层特征：裂隙型带状热储，岩性主要为燕山期黑云母花岗岩，顶板埋深75m，底板埋深不详，热储中部温度139℃，地热流体呈自流状态，多井总流量1327m³/d。

水化学成分：2013年11月22日采集水样进行水质检测，地热流体水化学成分见表2.214。

表2.214 双兴村地热井化学成分　　　　　　（单位：mg/L）

T_s/℃	pH	TDS	Na⁺	K⁺	Ca²⁺	Mg²⁺
60.5	7.18	193.54	24.89	2.39	5.32	1.47
Li	Rn/(Bq/L)	Sr	NH₄⁺	CO₃²⁻	HCO₃⁻	SO₄²⁻
0.074	6.3	0.03	0	0	86.38	9.28
Cl⁻	F⁻	CO₂	SiO₂	HBO₂	As	化学类型
1.74	1.32	8.47	103.56	< 0.2	0.004	HCO₃–Na

开发利用：该地区原有三处天然泉眼出露，顺河溪沿北东向呈带状分布，现其周围施工有多口地热井，主要抽水至村边的民宅式温泉旅馆、浴池等供游客洗浴浸泡。据访，该地已被某财团征收，禁止他人钻井开采热矿水。

GDJ086 麒麟山地热井

位置：广东省肇庆市封开县渔涝镇戴村麒麟山矿泉水有限公司。地面高程81m，井口高程80m。

井深：500m。

孔径：219mm。

井口温度：32℃。

热储层特征：岩溶型层状热储，岩性主要为泥盆系碎屑岩及碎屑岩夹碳酸盐岩，顶板埋深493m，底板埋深不详，热储中部温度68℃，地热流体呈自流状态，流量344m³/d。

水化学成分：2013年11月3日采集水样进行水质检测，地热流体水化学成分见表2.215。

表2.215 麒麟山地热井化学成分 （单位：mg/L）

T_s/℃	pH	TDS	Na⁺	K⁺	Ca²⁺	Mg²⁺
32	7.86	367.06	11.1	4.94	37.75	57.22
Li	Rn/(Bq/L)	Sr	NH₄⁺	CO₃²⁻	HCO₃⁻	SO₄²⁻
0.012	na.	0.18	0	0	419.78	22.04
Cl⁻	F⁻	CO₂	SiO₂	HBO₂	As	化学类型
0.87	0.15	6.78	22.58	< 0.2	< 0.001	HCO₃–Mg·Ca

开发利用：据访，地热井采矿权属麒麟山矿泉水有限公司，采矿权有效期限：2008年1月28日至2018年1月28日，热矿水主要为肇庆麒麟山矿泉水有限公司提供矿泉水源。矿泉水公司占地约$7×10^4m^2$，总投资1亿多元，原年产量约1.7亿余瓶，但现已停业。

GDJ087 虎池围地热井

位置：中山市南蓢镇翠亨村虎池围。地面高程0.5m，井口高程 -2.5m。

井深：78m。

孔径：219mm。

井口温度：98℃。

热储层特征：裂隙型带状热储，岩性主要为燕山期黑云母花岗岩，顶板埋深70m，底板埋深不详，热储中部温度153℃，地热流体呈自流状态，流量1200m³/d。

水化学成分：根据收集的水质分析资料，地热流体水化学成分见表2.216。

表2.216 虎池围地热井化学成分 （单位：mg/L）

T_s/℃	pH	TDS	Na⁺	K⁺	Ca²⁺	Mg²⁺
98	7.5	1130	na.	na.	na.	na.
Li	Rn/(Bq/L)	Sr	NH₄⁺	CO₃²⁻	HCO₃⁻	SO₄²⁻
na.	na.	21.84	na.	na.	na.	na.
Cl⁻	F⁻	CO₂	SiO₂	HBO₂	As	化学类型
na.	3.25	na.	na.	na.	na.	C1–Na·Ca

开发利用：地热井位于滨海潮间带，周围地势低平。滨海岸滩涂有天然温泉眼出露，涨潮时被海水淹没，退潮时可见成群热泉出露于滩涂，泉眼较集中，呈条带分布。

虎池围地热区已经过正式的水文地质勘查，并已进行开发利用。区内可见三个大水池，池直径12m，深4~5m，水池内是井深为77.9~85.5m的热水井，池中冒泡，有两条水管抽水供翠亨温泉酒店使用。

GDJ088 张家边地热井

位置：中山市中山港街道办张家边村。地面高程5m，井口高程5m。

井深：71m。

孔径：219mm。

井口温度：51.8℃。

热储层特征：裂隙型带状热储，岩性主要为震旦系（Z_1b）片麻岩、石英砂岩，顶板埋深65m，底板埋深不详，热储中部温度139℃，地热流体开采量2500m³/d。

水化学成分：根据收集的水质分析资料，地热流体水化学成分见表2.217。

表2.217 张家边地热井化学成分　　　　（单位：mg/L）

T_s/℃	pH	TDS	Na$^+$	K$^+$	Ca^{2+}	Mg^{2+}
51.8	7.29	na.	na.	na.	na.	na.
Li	Rn/(Bq/L)	Sr	NH$_4^+$	CO$_3^{2-}$	HCO$_3^-$	SO$_4^{2-}$
5.938	na.	na.	na.	na.	na.	na.
Cl$^-$	F$^-$	CO$_2$	SiO$_2$	HBO$_2$	As	化学类型
na.	3.5	na.	na.	na.	na.	na.

开发利用：张家边地热是在张家边开发区工程地质勘察中发现的，尔后进行正规水文地质勘查，成井三眼，井深71.10～113.10m。几年前曾开发，建有温泉宾馆、别墅及不同形状和规格的浴池，但附近软土地基出现沉降，群众意见强烈，现已全部封闭弃用。

GDJ089 泉眼地热井

位置：中山市三乡镇雍陌村泉眼温泉。地面高程1.5m，井口高程1.5m。

井深：93.37m。

孔径：219mm。

井口温度：75℃。

热储层特征：裂隙型带状热储，岩性主要为燕山早期石英闪长岩（$J_1\delta O$），顶板埋深85m，底板埋深不详，热储中部温度131℃，地热流体呈自流状态，流量676m³/d。

水化学成分：2012年9月20日采集水样进行水质检测，地热流体水化学成分见表2.218。

表2.218 泉眼地热井化学成分　　　　（单位：mg/L）

T_s/℃	pH	TDS	Na$^+$	K$^+$	Ca^{2+}	Mg^{2+}
75	7.6	na.	na.	na.	na.	na.
Li	Rn/(Bq/L)	Sr	NH$_4^+$	CO$_3^{2-}$	HCO$_3^-$	SO$_4^{2-}$
na.	na.	na.	na.	na.	na.	na.
Cl$^-$	F$^-$	CO$_2$	SiO$_2$	HBO$_2$	As	化学类型
na.	3.5	na.	na.	na.	na.	Cl-Na

开发利用：三乡温泉已经过水文地质勘查，1965年由"中山温泉"最早开发利用，现有客房270间，酒店与地热井相距约1.5km，通过管道引热矿水供酒店洗浴。当地村民在地热田处兴建了"龙温泉"，2007年扩建为泉眼温泉，目前有三家经营实体开采地热资源。其中"中山三乡温泉"，在珠三角和港澳地区非常出名，经营火爆。

GDJ090 东六围地热井

位置：珠海市斗门区白蕉镇东六围村。地面高程5m，井口高程5.5m。

井深：45m。

孔径：219mm。

井口温度：50℃。

热储层特征：裂隙型带状热储，岩性主要为燕山期中粗粒黑云母花岗岩，顶板埋深40m，底板埋深不详，热储中部温度100℃，地热流体开采量50m³/d。

开发利用：该处有数口地热井，呈线状排列，深50～100m，水位埋深1.5～4.5m，开采方式为泵抽，作水产养殖用水。热矿水无色透明，微咸，从井内抽出后，利用旁边溪水降温至适宜温度，然后输入鱼塘内，以保持鱼塘内水的合适温度。

GDJ091 御温泉地热井

位置：珠海市斗门区斗门镇珠海御温泉西500m。地面高程1m，井口高程1m。

井深：170m。

孔径：219mm。

井口温度：45℃。

热储层特征：裂隙型带状热储，岩性主要为燕山期中粗粒黑云母花岗岩，顶板埋深160m，底板埋深不详，热储中部温度105℃，水位埋深1.0～1.3m，地热流体抽水量800m³/d。

水化学成分：根据收集的水质分析资料，地热流体水化学成分见表2.219。

表2.219　御温泉地热井化学成分　　　　　（单位：mg/L）

T_s/℃	pH	TDS	Na$^+$	K$^+$	Ca^{2+}	Mg^{2+}
45	7.1	7870	na.	na.	na.	na.
Li	Rn/(Bq/L)	Sr	NH$_4^+$	CO$_3^{2-}$	HCO$_3^-$	SO$_4^{2-}$
na.	163	na.	na.	na.	na.	na.
Cl$^-$	F$^-$	CO$_2$	SiO$_2$	HBO$_2$	As	化学类型
na.	6.7	na.	na.	na.	na.	Cl–Na

开发利用：地热井位于珠海御温泉度假村西面约500m处，该处保留有三眼热水井，不自流，采用水泵抽水至度假村使用。御温泉已进行过水文地质勘查，并已取得探矿权，C+D级储量3750m³/d，

热能为8.886MW，矿区每年生产规模为$26.4 \times 10^4 \text{m}^3$，开采深度15～170m，矿区面积1.5878km²。是广东省开发利用较早的温泉，也是有名的、经济效益和社会效益均较好的温泉度假村。

GDJ092 海泉湾地热井

位置：珠海市金湾区平沙镇海泉湾温泉度假区。地面高程2.29m，井口高程3.5m。

井深：172m。

孔径：219mm。

井口温度：75℃。

热储层特征：裂隙型带状热储，岩性主要为燕山期黑云母花岗岩（$J_3 \gamma$），顶板埋深165m，底板埋深不详，热储中部温度110℃，地热流体呈自流状态，流量264m³/d。

水化学成分：根据收集的水质分析资料，地热流体水化学成分见表2.220。

表2.220　海泉湾地热井化学成分　　　　（单位：mg/L）

T_s/℃	pH	TDS	Na$^+$	K$^+$	Ca^{2+}	Mg^{2+}
75	7.13	6470	na.	na.	na.	na.
Li	Rn/（Bq/L）	Sr	NH$_4^+$	CO$_3^{2-}$	HCO$_3^-$	SO$_4^{2-}$
na.	na.	17.52	na.	na.	na.	na.
Cl$^-$	F$^-$	CO$_2$	SiO$_2$	HBO$_2$	As	化学类型
na.	3.31	na.	na.	na.	na.	Cl-Ca·Na

开发利用：地热井所在为滨海堆积滩涂地貌，多年前已进行填海造地围塘工程，地形平坦，目前周围为一片海水渔场区。该地热井南侧另钻进成井数眼，坐标113°08′01.7″东，22°03′01.5″北，井口水温78℃，自流量2236m³/d。两处地热井位置原为两处温泉出露处，在当地有南北泉之称。北泉地热井呈自流状态，有高出地面约1.2m的铸铁管引水而出，管口附近有较厚的盐华结垢，旁边已建有水泵房，但未使用；南泉地热井除一眼井自流外，其余均暂时封闭，自流井设有蓄水池，有两根出水管（ϕ125mm）泄水，池内最高水温78℃，现该井为主要开采井。

该地热区已经过正规水文地质勘查，2000年由香港中旅集团投资开发利用，已建成已建成大型海泉湾温泉度假村，目前经营火爆。

第/三/章

海南省

第一节 地热资源及分布特征

海南省地热资源仅分布于海南岛，其他岛屿和三沙市均没有分布。有关海南省地热资源的条件、情况的描述内容仅限于海南岛，不涉及其他周边岛屿和三沙市。海南岛地处热带，年平均气温24.1℃，地下水水温在24℃左右，常温水水温较高，如若按水温大于或等于25℃作为地热资源，则海南省范围的地下水基本上均属于地热资源。因此，沿用"1:20万海南岛区域水文地质普查报告"中对地热资源的划分，海南省的地热资源定义是：水温大于或等于32℃而小于100℃的中低温地热资源。

一、地热资源形成特点及分布规律

海南岛地处欧亚板块、印度板块和滨太平洋板块的交汇地带。燕山期时，海南岛由特提斯构造域转向滨太平洋构造域。晚燕山期，受太平洋板块俯冲引起的弧后扩张带控制，导致区域性的伸展减薄。同时，由于软流圈地幔上涌导致岩石圈裂解拉张，形成了一系列幔源和壳幔混合源侵入岩，侵位于地壳浅部成岩。随着地壳的减薄与张裂，地幔物质上涌，深部热载体（岩浆、热液）沿深大断裂带喷溢地表或停留于地壳浅部，从而形成区域性的高热流值。喜马拉雅期以来，在印度板块与欧亚板块的碰撞作用下，海南岛在特提斯构造域控制下形成的北西向构造再次发生活动，形成一系列密集但规模较小的北西向韧脆性断裂，构成现今地表最显著的构造迹象。

东西向的王五-文教断裂带、昌江-琼海断裂带、尖峰-吊罗断裂带、九所-陵水断裂带是海南岛区域性深大断裂，也是区域性控热构造带，海南岛的温泉均沿着构造带出露（图3.1）。四条深大断裂带控制着海南岛不同期次的岩浆活动，是引发岩浆侵入和喷发的通道，也形成了深部热源储存和运移的通道。此外，北东向的文昌-琼海-三亚断陷带、戈枕-临高断裂带、潭爷断裂带等对温泉的形成也有一定的控制作用，当次一级的断裂构造沟通与其水力联系时，成为了热水的运移通道。

海南省地热资源主要受地质构造、岩石、地层控制。根据其产出条件，可划分为隆起山地型和沉积盆地型两大类。

1.隆起山地型地热资源分布特征

隆起山地型地热资源主要分布于五指山褶皱带和三亚台缘拗陷带，在地表大都以泉点（群）的形式出现，称之为温泉。1981年1:20万海南岛区域水文地质普查时共记录有32处温泉点（群），1990~2012年陆续发现了凤凰山庄温泉、油甘温泉和乌坡温泉，本次调查新发现了石壁温泉、千家温泉和石门山温泉，而高桥温泉和中宫岭温泉已经消失，全岛现发现的温泉点（群）共有36处。北东向的文昌-琼海-三亚断陷带共分布有温泉点（群）18处，是海南岛温泉出露最多的区域，涉及文昌市、屯昌县、琼海市、万宁市、琼中县、保亭县、陵水县和三亚市八个市县；东西的九所-陵水断裂带西段分布有温泉点（群）三处，涉及三亚市和乐东县两个市县；北东向的戈枕-临高断裂带分布有温泉点（群）九处，涉及东方市、昌江县和白沙县三个市县；北东向的潭爷断裂带共分布有温泉点（群）六处，涉及儋州市和澄迈县两个市县。目前，除临高县、定安县和五指山市三个市县尚未发现有地热田或温泉外，其他15个市县均有发现（图3.2）。

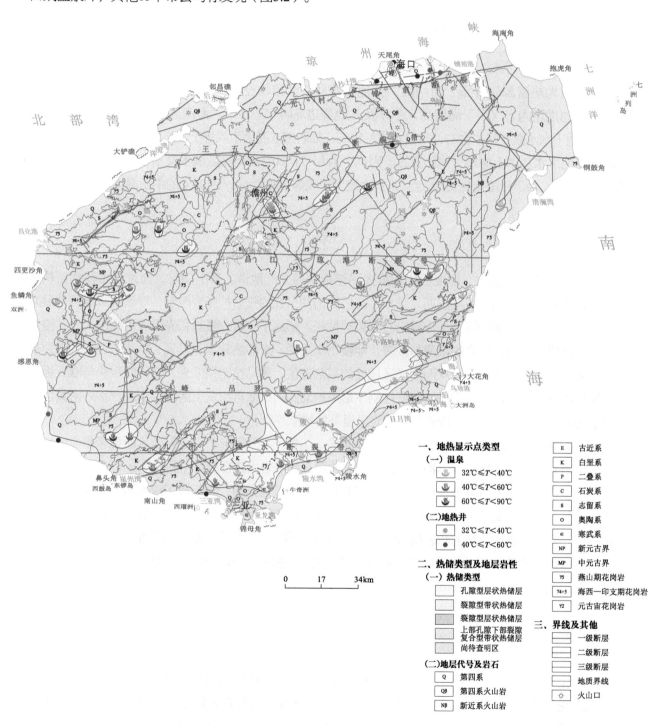

图 3.1　海南岛地热地质图

隆起山地型地热资源的热源主要来源于地壳深部或地幔的热能，其生成是大气降雨通过地球深部循环，水体得到能量（来自于地壳深部热源），水温升高、水压增大，通过裂隙上升，形成了温泉出露于地表。热储主要以花岗岩或变质岩为原岩的断裂破碎带，属裂隙型带状热储，热储温度为40.3～139.9℃（钾镁地热温标）；盖层为第四系松散层或较完整的岩体，厚度几十米至上百米。

2.沉积盆地型地热资源分布特征

沉积盆地型地热资源主要分布于海南岛北部的琼北承压水盆地东北部的海口地区以及海南岛西南部的莺歌海-九所斜地、南部的三亚斜地（图3.2）。

图 3.2　海南岛地热资源类型分区图

海口地区沉积盆地型地热资源的热储属孔隙型层状热储，热储层为新近系中新统角尾组、下洋组和古近系渐新统涠洲组，岩性主要为中粗砂、黏土质砂等。目前，地热井开采深度一般450～1000m，热储厚度一般51～98m，热储温度42.7～54.6℃，孔口水温为39.5～50℃。海口地区深部热水是在地热高异常增温情况下形成的，热水的形成除接受深部地热增温而温度升高外，推测与活动断裂有关的火山喷发残留的余热有密切关系，沿近东西向的光村-铺前断裂分布有地热高异常区，地热增温率高达5.0℃/100m；海口地区地热增温率一般为2.48～4.04℃/100m，平均3.4℃/100m。

乐东县的莺歌海-九所和三亚市的海坡地区，沉积盆地型地热资源的热储属上部孔隙下部裂隙复合型带状热储，上部热储层为新近系望楼港组和佛罗组，岩性为中粗砂、含砾黏土质砂等；下部热储层属于中生代花岗岩为原岩的断裂破碎带，构造裂隙赋存热水。热水的形成主要是由于盆地基底经深循环加热后的基岩裂隙水沿构造破碎带补给上部的新近系孔隙承压水而成。深部热储温度76.1～99.1℃（石英温标），地热井主要是混采孔隙承压水和下部基岩构造裂隙水，开采深度一般150～300m，孔口水温为35～48℃。

二、地热资源量

海南岛隆起山地型地热资源总量为6.18×10^{15}kJ，折合标准煤2.11×10^8t，地热流体可开采量为$2.48 \times 10^7 \text{m}^3$/a，地热流体可开采热量为$3.70 \times 10^{12}$kJ/a，折合标准煤$1.26 \times 10^5$t/a（图3.3）。

海口地区沉积盆地型地热资源的热储层为新近系中新统角尾组、下洋组和古近系渐新统涠洲组，岩性主要为中粗砂、黏土质砂等。在4000m深度范围内，地热资源量总计为9.32×10^{16}kJ，折合标准煤3.18×10^9t，地热资源可开采量合计为2.33×10^{16}kJ，折合标准煤7.95×10^8t，地热流体储存量为$1.98 \times 10^{11} \text{m}^3$，地热流体可开采量为$1.16 \times 10^8 \text{m}^3$/a，地热流体可开采热量为$3.03 \times 10^{13}$kJ/a，折合标准煤$1.03 \times 10^6$t/a；在考虑回灌条件下，地热流体可开采量为$4.81 \times 10^8 \text{m}^3$/a，地热流体可开采热量为$1.40 \times 10^{14}$kJ/a，折合标准煤$4.79 \times 10^6$t/a。

其中角尾组地热资源量为1.02×10^{15}kJ，折合标准煤3.47×10^7t，地热资源可开采量为2.54×10^{14}kJ，折合标准煤8.66×10^6t，地热流体储存量为$8.26 \times 10^9 \text{m}^3$，地热流体可开采量为$1.49 \times 10^7 \text{m}^3$/a，地热流体可开采热量为$1.15 \times 10^{12}$kJ/a，折合标准煤$3.92 \times 10^4$t/a；在考虑回灌条件下，地热流体可开采量为$1.99 \times 10^7 \text{m}^3$/a，地热流体可开采热量为$1.54 \times 10^{12}$kJ/a，折合标准煤$5.25 \times 10^4$t/a。

下洋组地热资源量为2.07×10^{15}kJ，折合标准煤7.05×10^7t，地热资源可开采量为5.16×10^{14}kJ，折合标准煤1.76×10^7t，地热流体储存量为$1.32 \times 10^{10} \text{m}^3$，地热流体可开采量为$1.24 \times 10^7 \text{m}^3$/a，地热流体可开采热量为$1.22 \times 10^{12}$kJ/a，折合标准煤$4.16 \times 10^4$t/a；在考虑回灌条件下，地热流体可开采量为$3.17 \times 10^7 \text{m}^3$/a，地热流体可开采热量为$3.12 \times 10^{12}$kJ/a，折合标准煤$1.07 \times 10^5$t/a。

涠洲组地热资源量为9.01×10^{16}kJ，折合标准煤3.07×10^9t，地热资源可开采量为2.25×10^{16}kJ，折合标准煤7.69×10^8t，地热流体储存量为$1.77 \times 10^{11} \text{m}^3$，地热流体可开采量为$8.84 \times 10^7 \text{m}^3$/a，地热流体可开采热量为$2.79 \times 10^{13}$kJ/a，折合标准煤$9.52 \times 10^5$t/a；在考虑回灌条件下，地热流体可开采量为$4.30 \times 10^8 \text{m}^3$/a，地热流体可开采热量为$1.36 \times 10^{14}$kJ/a，折合标准煤$4.63 \times 10^6$t/a。

乐东县的莺歌海-九所和三亚市的海坡地区，上部热储层为新近系望楼港组和佛罗组，岩性为中粗砂、含砾黏土质砂等，属孔隙型层状热储；下部热储层为中生代花岗岩为原岩的断裂破碎带，属裂隙型带状热储。在1000m深度范围内，地热资源量总计为1.22×10^{16}kJ，折合标准煤4.17×10^8t，地热资源可开采为1.25×10^{15}kJ，折合标准煤4.26×10^7t，地热流体储存量为$1.95 \times 10^9 \text{m}^3$，地热流体可开采量为$3.76 \times 10^6 \text{m}^3$/a，地热流体可开采热量为$2.24 \times 10^{11}$kJ/a，折合标准煤$7.63 \times 10^3$t/a。其中上部孔隙型层状热储地热资源量合计为$1.82 \times 10^{14}$kJ，折合标准煤$6.21 \times 10^6$t，地热资源可开采为$4.55 \times 10^{13}$kJ，折合标准煤$1.55 \times 10^6$t，地热流体储存量为$1.95 \times 10^9 \text{m}^3$，地热流体可开采量为$3.76 \times 10^6 \text{m}^3$/a，地热流体可开采热量为$2.24 \times 10^{11}$kJ/a，折合标准煤$7.63 \times 10^3$t/a；下部裂隙型带状热储地热资源量合计为$1.20 \times 10^{16}$kJ，折合标准煤$4.10 \times 10^8$t；地热资源可开采量为$1.20 \times 10^{15}$kJ，折合标准煤$4.10 \times 10^7$t。

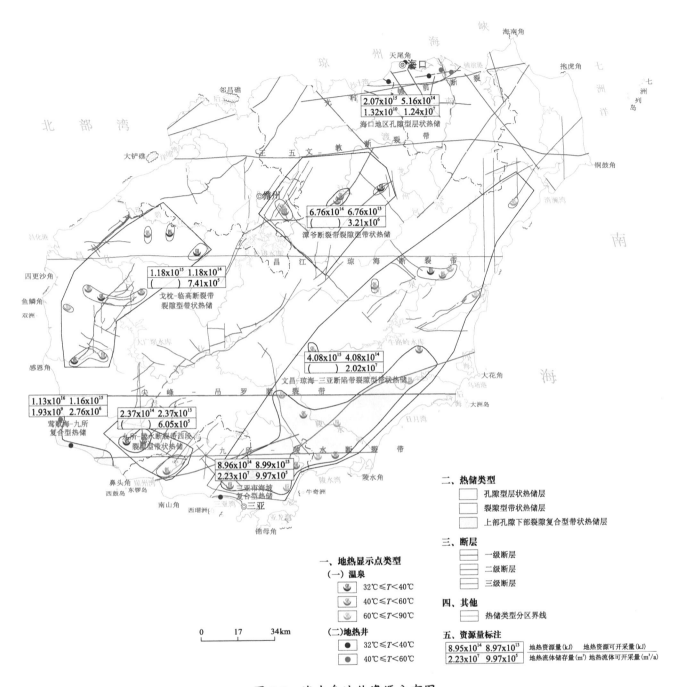

图 3.3　海南岛地热资源分布图

三、地热流体地球化学特征

1.地热流体水化学特征

隆起山地裂隙型带状热储热水阴离子主要以Cl^-、SO_4^{2-}、HCO_3^-为主，Cl^-含量12~3410mg/L，SO_4^{2-}含量4~292mg/L，HCO_3^-含量4.8~293mg/L；阳离子以Na^+、Ca^{2+}为主，Na^+含量25.1~1590mg/L，Ca^{2+}含量2.4~664mg/L；矿化度0.16~6.21g/L；pH7.17~9.38。水化学类型较复杂，变化较大，主要有HCO_3–Na、HCO_3·Cl–Na、Cl–Na、Cl–Na·Ca、HCO_3–Na·Ca等。

沉积盆地孔隙型层状热储热水 Cl^- 含量 $23\sim637mg/L$，SO_4^{2-} 含量 $17.8\sim103mg/L$，HCO_3^- 含量 $210\sim1100mg/L$；阳离子以 Na^+、Ca^{2+} 为主，Na^+ 含量 $119\sim860mg/L$，Ca^{2+} 含量 $1.6\sim6.9mg/L$；矿化度 $0.456\sim2.79g/L$；pH8.38~8.55。水化学类型主要有 HCO_3–Na、$HCO_3\cdot Cl$–Na 两种类型。

沉积盆地上部孔隙下部裂隙复合型带状热储热水 Cl^- 含量 $8.1\sim326mg/L$，SO_4^{2-} 含量 $4\sim185mg/L$，HCO_3^- 含量 $75.7\sim610mg/L$；阳离子以 Na^+、Ca^{2+} 为主，Na^+ 含量 $116\sim303mg/L$，Ca^{2+} 含量 $3.5\sim34.7mg/L$；矿化度 $0.574\sim0.96g/L$；pH8.33~8.53。水化学类型主要有 Cl–Na、$HCO_3\cdot Cl$–Na、HCO_3–Na 三种类型。

2.理疗热矿水水质评价

在海南岛出露的36处隆起山地型地热资源（温泉）中，中沙温泉由于已被填埋，收集的已往水质分析资料中没有相关的评价指标，本次没有进行评价；在收集的红岗温泉水质分析资料中，氟含量为 $5.5mg/L$，达到了命名矿水浓度，可命名氟水。在本次采样测试的34处构造裂隙型地热资源（温泉）中，偏硅酸的含量为 $79.0\sim137.0mg/L$，均达到了命名矿水浓度，氟含量为 $2.0\sim22.0mg/L$（除千家温泉外），均达到了命名矿水浓度，可命名为氟、硅热矿水；九曲江温泉的锶含量为 $16.91mg/L$，达到命名矿水浓度，锂和偏硼酸含量达到了有理疗价值浓度，可命名为含锂、偏硼酸的氟、硅、锶热矿水；官新温泉的锂含量为 $1.74mg/L$，达到矿水浓度，可命名为含锂的氟、硅热矿水。

海口地区沉积盆地孔隙型层状热储热水偏硅酸的含量为 $26.5\sim44.1mg/L$，均达到了矿水浓度；部分偏硼酸含量也达到了矿水浓度；部分氟含量达到了命名矿水浓度；可命名为含偏硅酸的热矿水，含偏硅酸、偏硼酸的氟热矿水和含偏硅酸、氟的热矿水。

莺歌海–九所斜地和三亚斜地上部孔隙下部裂隙复合型带状热储热水偏硅酸的含量为 $27.7\sim47.2mg/L$，均达到了矿水浓度；部分偏硼酸含量达到有理疗价值浓度；大部分氟含量达到了命名矿水浓度；可命名为含偏硅酸的氟热矿水，含偏硅酸、偏硼酸的氟热矿水和含偏硅酸的热矿水。

3.地热流体腐蚀性评价

隆起山地型地热资源（温泉）除琼海市九曲江温泉属于半腐蚀性水以外，其他各温泉均属于非腐蚀性水。

沉积盆地型地热资源均属于非腐蚀性水。

4.地热流体结垢评价

在本次进行测试分析的34处隆起山地型地热资源（温泉）中，文昌官新、琼海市九曲江和三亚市南田三处温泉的锅垢总量为 $640.82\sim2057.65mg/L$，属于锅垢很多的地热流体；陵水县红鞋、乐东县千家、东方市高坡岭三处温泉的锅垢总量为 $252.86\sim381.56mg/L$，属于锅垢多的地热流体；陵水县南平、陵水县高峰、乐东县石门山、白沙县邦溪、白沙县光雅、儋州市的沙田、蓝洋和加答八处温泉的锅垢总量为 $125.31\sim233.68mg/L$，属于锅垢少的地热流体；其他20处温泉锅垢总量为 $76.56\sim118.68mg/L$，属于锅垢很少的地热流体。

海口地区沉积盆地孔隙型层状热储热水的锅垢总量为 $28.74\sim107.72mg/L$，属于锅垢很少的地热流体。

三亚市海坡上部孔隙下部裂隙复合型带状热储热水的锅垢总量为87.04~98.36mg/L，属于锅垢很少的地热流体；乐东县莺歌海-九所上部孔隙下部裂隙复合型带状热储热水的锅垢总量为32.98~153.17mg/L，属于锅垢少-很少的地热流体。

四、地热资源开发利用历史及现状

1.开发利用历史

海南在地热开发利用方面具有悠久的历史，在当地的县志都有记载。如儋州市的蓝洋温泉、三亚市的崖城温泉，早在400多年前的明朝就已被当地群众利用。历史上对地热资源的开发利用大多限于对热水的天然露头（温泉）的直接利用，主要用于洗浴或宰杀家禽牲畜。有目的地进行地热资源勘查与开发是在1973年，为利用地热能发电，海南地质大队对保亭县七仙岭地热田进行了地热水文地质勘探。

1988年建省后，随着旅游业发展对地热资源需求的加大，先后对万宁兴隆、三亚南田、琼海官塘、儋州蓝洋、澄迈西达、保亭七仙岭等九处地热田进行了勘查评价工作，掀起了地热资源开发利用的高潮，先后建成了万宁兴隆、保亭七仙岭、三亚南田、琼海官塘、儋州蓝洋等温泉休闲旅游度假村。另外，海口城区，许多星级酒店、企事业单位在施工供水井时，发现了新近系深部孔隙承压水，为一大型层状地热田，在1000m范围内，水温达到40~50℃。在近30年来，已在海口孔隙层状地热田中施工了大量的地热开采井，探获了一批地热资源量，为开发利用提供了依据。

2.开发利用现状

地热资源在海南主要作为旅游资源进行开发利用，温泉已是海南旅游资源的重要品牌，享誉海内外。

在36处隆起山地型地热资源（温泉）中，已开发利用并且已初具规模的主要为琼海官塘、九曲江、保亭七仙岭、保亭石硐、万宁兴隆、三亚南田、凤凰山庄、儋州兰洋、澄迈西达等九处，总开采量约5590m³/d，目前的开采量约占允许开采量11.67%。沉积盆地型地热资源的开采主要分布于海口地区，开采井数约60口，开采量约5000m³/d，目前的开采量约占允许开采量5.20%；三亚市的海坡及乐东县的龙沐湾地区也有少量开采，开采量约1100m³/d，目前的开采量约占允许开采量14.19%。

海南现阶段地热资源的开采程度总体是比较低的，地热流体现状开采量均大大低于允许开采量，开采程度最高的为万宁市兴隆地热田，开采量也仅占到允许开采量的28.54%。另外，海南尚有20多处温泉出露点没有开发利用，目前仍然处于温泉点自流状态。因此，海南各处地热田均还具有很大的开发利用潜力。

第二节 温 泉

HIQ001 官新温泉

位置： 海南省文昌市会文镇西北4.5km处的官新村。

概况： 泉点（群）位于东西向王五-文教深大断裂的东段南侧，出露海拔9.0~10.5m。区域出露岩性主要为中三叠世粗中粒斑状角闪黑云二长花岗岩，温泉（群）的出露受北西向和区域性北东向断裂的控制，地下水在泉点（群）北部和西北部的剥蚀堆积平原区接受大气降雨入渗补给，沿断裂带向深部渗流，地下水在下渗过程中，经深循环和接受围岩余热，水温逐渐升高，经加热的地下水不断溶解围岩矿物成分，使得水中矿物成分和浓度不断增加而形成热矿水；在水头压力的作用下，通过北东向和北西向断裂的进一步沟通，在次级北北东向隐伏断裂与北西向断裂交汇复合部位沿裂隙呈上升泉形式排泄（图3.4），出露有四个泉眼。据1981年海南岛1：20万区域水文地质普查资料，泉流量为318.82m³/d，水温73.5℃。2002年8月热矿水普查时，测得泉群总流量为296.35m³/d，水温60~70℃。由于施工的地热井为自流井，2013年6月26日调查时，大部分泉点已断流或流量已变小，测得自流井和温泉总流量为485.57m³/d，井口水温75℃。

水化学成分： 2013年10月16日和2014年2月25日分别对自流井进行了取样测试（表3.1、表3.2）。

表3.1 官新温泉化学成分（2013-10-16） （单位：mg/L）

T_s/℃	pH	TDS	Na⁺	K⁺	Ca²⁺	Mg²⁺
69	7.56	3100	882	50.9	246	1.5
Li	Rb	Sr	NH₄⁺	CO₃²⁻	HCO₃⁻	SO₄²⁻
1.74	na.	8.27	<0.02	0	69.7	32.7
Cl⁻	F⁻	CO₂	SiO₂	HBO₂	HAsO₃	化学类型
1750	4.8	8.8	99.2	0.96	<0.005	Cl-Na

表3.2 官新温泉化学成分（2014-02-25） （单位：mg/L）

T_s/℃	pH	TDS	Na⁺	K⁺	Ca²⁺	Mg²⁺
72	8.23	3210	895	53.1	252	1.5
Li	Rb	Sr	NH₄⁺	CO₃²⁻	HCO₃⁻	SO₄²⁻
1.82	na.	8.36	<0.02	4.8	78.1	39.1
Cl⁻	F⁻	CO₂	SiO₂	HBO₂	HAsO₃	化学类型
1820	4.2	0	98.6	0.98	<0.005	Cl-Na

开发利用： 当地村民利用钻孔自流的温泉水用于洗浴或宰杀牲畜。

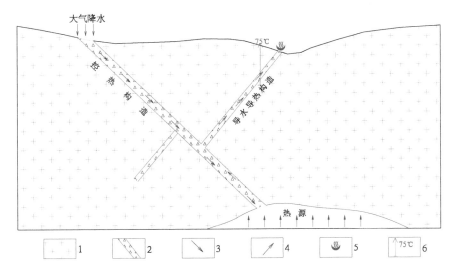

图 3.4 温泉成因模式图

1. 花岗岩；2. 构造破碎带；3. 大气降水及入渗方向；4. 热流运移方向；5. 温泉；6. 自流钻孔口温度

HIQ002 九曲江温泉

位置： 海南省琼海市博鳌镇北岸电站，距加积镇约18km，距博鳌港约9km，向西约5km与海榆东线公路和环岛高速公路连接。

概况： 泉点（群）位于东西向昌江-琼海深大断裂的东段南侧，温泉的出露受区域北东向断裂和北西向断裂的控制，出露海拔2.5m。地下水在泉点（群）西南侧接受大气降水补给后，沿北东向断裂自西南向东北径流，经深循环获取地壳深部的热能而形成热水。经深循环加温热水在运移至断裂交汇部位所形成的高渗透带附近和深部海水混合形成咸热水并沿裂隙呈上升泉形式排泄于河岸边，形成温泉（群），在九曲江河岸有两处泉眼。1997年在进行地热田勘探时测得泉口温度41～74℃，单泉流量86.4m³/d，经勘探，地热田热储以北西向九曲江断裂和北北东向青塘断裂交汇部位为中心，沿北北东向断裂走向在北西向断裂两侧呈椭圆形展布，主要热储层为下志留统陀烈组绢云母千枚岩、千枚状板岩、石英质千枚岩、变质砂岩为原岩的断裂破碎带，揭露热储厚度19.11～239.81m，热储-盖层厚度0～33.9m，热储面积约1.402km²，地热田B+C级允许开采量7800m³/d。2013年8月16日调查时，两处泉眼已分别用石砌形成泉池和水泥圈围起，底部见有水泡冒出，水温分别为59℃和64℃，流量无法测量。据1981年海南岛1：20万区域水文地质普查资料，泉流量为64.8m³/d，水温75℃。

水化学成分： 2013年12月8日对地热井进行了取样测试（表3.3）。

表3.3 九曲江温泉化学成分 （单位：mg/L）

T_s/℃	pH	TDS	Na⁺	K⁺	Ca²⁺	Mg²⁺
68	7.47	6170	1590	58.7	664	4.5
Li	Rb	Sr	NH₄⁺	CO₃²⁻	HCO₃⁻	SO₄²⁻
1.68	na.	16.91	<0.02	0	73.2	292
Cl⁻	F⁻	CO₂	SiO₂	HBO₂	HAsO₃	化学类型
3410	2.4	4.4	97.2	1.96	<0.005	Cl-Na·Ca

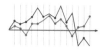

开发利用：目前主要利用1997年施工的两口地热井进行开采，通过管道输送至10km外的博鳌水城供酒店使用，使得亚洲论坛永久会址-博鳌水城更加富有生机和魅力（图3.5）。

图 3.5　九曲江温泉（泉眼处被水泥圈围起）

HIQ003 官塘温泉

位置：海南省琼海市加积镇西南郊万泉河畔，距加积镇约10km，海榆东线公路和环岛高速公路从该泉点（群）东侧穿过（图3.6）。

概况：泉点（群）区域上处于东西向昌江-琼海深大断裂的东段南侧，北北东向文昌-琼海-三亚断裂带的中部，温泉出露于北东向断裂上，主要泉（群）口有两个，出露海拔12.5m。据20世纪60年代中期调查结果，水温分别为70℃、84℃，流量分别为1866m³/d、46m³/d；后因兴建水利工程，渠道从泉池通过，所测水温变低。据1992年7月调查结果，泉水水温分别为42℃（蓄水池）、70℃，流量分别为1866m³/d、45m³/d。据1992~1994年对地热田的勘探成果，温泉出露于燕山期侵入岩中，北东向、

图 3.6　官塘温泉（泉池）

北西向断裂及其破碎带是热水运移、富集的主要场所，断裂控制着该区热水的热储结构，循环于深部被加热的热水沿断裂带上升，在断裂带交汇复合部位以泉的形式出露于地表。燕山早期侵入岩构

造破碎带构成本区热储，厚度一般为130～150m，最厚达270m。热储顶部被第四系松散层或较完整的岩体覆盖，盖层厚度52.4～190m。地热田B+C级允许开采量6700m³/d。2013年8月16日调查时泉水水温为48℃（泉池），流量无法测量。据1981年海南岛1∶20万区域水文地质普查资料，泉流量为285.98m³/d，水温48℃。

水化学成分：2013年10月16日和2014年2月25日分别对地热井进行了取样测试（表3.4、表3.5）。

表3.4　官塘温泉化学成分（2013-10-16）　　　　（单位：mg/L）

T_S/℃	pH	TDS	Na^+	K^+	Ca^{2+}	Mg^{2+}
68	8.38	577	180	7.7	8	0.52
Li	Rb	Sr	NH_4^+	CO_3^{2-}	HCO_3^-	SO_4^{2-}
0.38	na.	0.66	<0.02	15	147	61.6
Cl^-	F^-	CO_2	SiO_2	HBO_2	$HAsO_3$	化学类型
123	19	0	87.8	0.82	<0.005	$HCO_3 \cdot Cl$-Na

表3.5　官塘温泉化学成分（2014-02-25）　　　　（单位：mg/L）

T_S/℃	pH	TDS	Na^+	K^+	Ca^{2+}	Mg^{2+}
67	8.39	596	185	7.9	8.8	0.34
Li	Rb	Sr	NH_4^+	CO_3^{2-}	HCO_3^-	SO_4^{2-}
0.37	na.	0.67	<0.02	12.0	164	73.8
Cl^-	F^-	CO_2	SiO_2	HBO_2	$HAsO_3$	化学类型
115	24	0	87.1	0.83	<0.005	$HCO_3 \cdot Cl$-Na

开发利用：泉区现已开发成官塘温泉休闲旅游度假区，并在万泉河南岸兴建起一批住宅区，环境良好，充分利用了该区的地热资源（图3.6）。

HIQ004 蓝山温泉

位置：海南省琼海市龙江镇下朗村的万泉河东岸，距加积镇约13km，加积通往石壁的公路从泉点边通过，交通较便利。

概况：区域上处于东西向昌江-琼海深大断裂的东段南侧，北北东向文昌-琼海-三亚断裂带的中部，温泉出露于北东向断裂上，海拔12.5m。据1992年7月调查结果，泉水水温为58℃、流量为26m³/d。据地热田勘探资料，温泉出露于燕山期侵入岩中，北东向、北西向断裂及其破碎带是热水运移、富集的主要场所，断裂控制着该区热水的热储结构，循环于深部被加热的热水沿断裂带上升，在断裂带交汇复合部位以泉的形式出露于地表。2013年8月17日调查时泉眼处已被开挖成鱼塘，泉水流量和水温无法测量，测得原泉点附近的地热井自流量为18.96m³/d，水温为50℃。据1981年海南岛1∶20万区域水文地质普查资料，泉流量为25.92m³/d，水温58℃。

水化学成分：2013年12月8日对自流井进行了取样测试（表3.6）。

表3.6　蓝山温泉化学成分　　　　　　（单位：mg/L）

T_s/℃	pH	TDS	Na$^+$	K$^+$	Ca^{2+}	Mg^{2+}
48.5	8.56	487	146	6.5	4.6	0.17
Li	Rb	Sr	NH$_4^+$	CO$_3^{2-}$	HCO$_3^-$	SO$_4^{2-}$
0.36	na.	0.29	<0.02	14	186	80
Cl$^-$	F$^-$	CO$_2$	SiO$_2$	HBO$_2$	HAsO$_3$	化学类型
23.7	16	0	101	0.48	<0.005	HCO$_3$–Na

开发利用：该温泉资源未开发利用，附近村民主要用于洗浴。

HIQ005 石壁温泉

位置：海南省琼海市石壁镇南斗农场三队南侧，距加积镇约23km，有乡村公路和乡间小道通达。

概况：区域上处于东西向昌江-琼海深大断裂的东段南侧，温泉出露于白垩纪花岗岩和砂岩的接触带，泉点海拔60.0m。地貌上处于剥蚀丘陵区的沟谷地带，地形起伏较大。2013年8月17日调查时泉眼处已被填埋，泉流量和水温无法测量，在泉点附近测得地热井自流量为61.92m³/d，水温为36℃。

水化学成分：2013年12月8日对自流井进行了取样测试（表3.7）。

表3.7　石壁温泉化学成分　　　　　　（单位：mg/L）

T_s/℃	pH	TDS	Na$^+$	K$^+$	Ca^{2+}	Mg^{2+}
35	8.38	404	122	4	4.8	0.43
Li	Rb	Sr	NH$_4^+$	CO$_3^{2-}$	HCO$_3^-$	SO$_4^{2-}$
0.22	na.	0.27	<0.02	4.8	166	80
Cl$^-$	F$^-$	CO$_2$	SiO$_2$	HBO$_2$	HAsO$_3$	化学类型
20.7	15	0	66.7	0.45	<0.005	HCO$_3$·SO$_4$–Na

开发利用：该温泉资源尚未开发利用。

HIQ006 油甘温泉

位置：海南省万宁市东兴农场油甘作业区，东兴农场场部西南10km，东南距万城镇约30km。

概况：泉点（群）位于东西向尖峰-吊罗深大断裂的东段北侧，出露于中二叠世花岗岩中，泉点海拔150.0m。温泉的出露受东西向断裂与北东、北西向断裂控制，地下水在泉区南部丘陵区接受大气降水补给后，沿断裂带向深部运移，经深循环获取地壳深部的热能而形成热水；在水头压力的作用下，通过北西、北东向断裂的进一步沟通，在与东西向断裂带交汇复合部位由深部向浅部运移，沿北西、北东向裂隙呈上升泉形式排泄于地表。据1981年海南岛1：20万区域水文地质普查资料，当时普查时并没有该处温泉资料的记载。据1995年7月调查结果，区内出露有六个泉眼，单泉流量0.1～0.3L/s，泉口水温50～62℃。2013年8月19日经野外调查及访问，主要泉眼有五个，测得其中两处泉眼水温分别为48℃、60℃，流量为0.054L/s、0.3L/s。

水化学成分：2013年12月7日进行了取样测试（表3.8）。

表3.8 油甘温泉化学成分 （单位：mg/L）

T_s/℃	pH	TDS	Na$^+$	K$^+$	Ca^{2+}	Mg^{2+}
46	9.03	278	79.1	2.6	2.5	0.11
Li	Rb	Sr	NH$_4^+$	CO$_3^{2-}$	HCO$_3^-$	SO$_4^{2-}$
0.07	na.	0.095	<0.02	34	48.8	40
Cl$^-$	F$^-$	CO$_2$	SiO$_2$	HBO$_2$	HAsO$_3$	**化学类型**
14.8	10	0	75.8	0.13	<0.005	HCO$_3$-Na

开发利用：该温泉资源尚未开发利用（图3.7）。

图 3.7 油甘温泉

HIQ007 兴隆温泉

位置： 海南省万宁市兴隆镇华侨农场，东北距万城镇25km，南至环岛东线高速公路7km，海榆东线公路从泉点（群）西侧通过。

概况： 区域上位于东西向尖峰-吊罗深大断裂和北北东向文昌-琼海-三亚断裂带交汇复合部位，出露岩性主要为白垩纪和三叠纪花岗岩。1992～1993年对地热田进行了勘探，北东向深大断裂控制着区域热水的分布；北西向断裂带是该区的主要的导水、导热构造，北西向和北东向断裂的交汇复合部位沟通了深部的热源，沿北西向断裂破碎带径流的地下水经深循环获取深部的热能而形成热水；在水头压力的作用下，沿裂隙呈上升泉形式排泄于地形低洼处，出露海拔30.0m。热水主要赋存于北西向和北东向断裂交汇部位的白垩纪花岗岩裂隙破碎带中，地热田B+C级允许开采量7708m³/d。据1981年海南岛1：20万区域水文地质普查资料，共有12处温泉沿北西向断裂和北东向断裂出露，泉水流量为2.4L/s，水温63℃。由于地热井的长期开采，2013年8月20日野外调查时温泉都已不自流了。

水化学成分：2013年10月11日和2014年2月25日分别对地热井进行了取样测试（表3.9、表3.10）。

表3.9 兴隆温泉化学成分（2013-10-11）　　　（单位：mg/L）

T_S/℃	pH	TDS	Na^+	K^+	Ca^{2+}	Mg^{2+}
66	8.45	366	92.3	3	11.8	1
Li	Rb	Sr	NH_4^+	CO_3^{2-}	HCO_3^-	SO_4^{2-}
0.1	na.	0.36	<0.02	9.8	120	38.1
Cl^-	F^-	CO_2	SiO_2	HBO_2	$HAsO_3$	化学类型
51.7	7.2	0	89.1	0.056	0.0058	$HCO_3·Cl-Na$

表3.10 兴隆温泉化学成分（2014-02-25）　　　（单位：mg/L）

T_S/℃	pH	TDS	Na^+	K^+	Ca^{2+}	Mg^{2+}
64	8.63	364	101	3.2	6.7	0.31
Li	Rb	Sr	NH_4^+	CO_3^{2-}	HCO_3^-	SO_4^{2-}
0.1	na.	0.25	<0.02	9.6	112	38.4
Cl^-	F^-	CO_2	SiO_2	HBO_2	$HAsO_3$	化学类型
56.4	9.3	0	81.7	0.091	<0.005	$HCO_3·Cl-Na$

开发利用：兴隆温泉是海南开发利用地热资源最早的温泉之一，最早在20世纪50年代末，兴隆华侨农场就在泉（群）边修建招待所，利用温泉水洗浴。自1994年完成兴隆地热田勘探以来，在温泉周边已建成约10km²规模的兴隆温泉旅游度假区，并成为海南著名的温泉旅游度假胜地（图3.8）。

图 3.8 兴隆温泉

HIQ008 南平温泉

位置：海南省陵水县南平农场场部的陵水河河谷地带，东南距环岛高速公路约15km。

概况：泉点（群）位于近东西向九所-陵水、尖峰-吊罗和北东向文昌-琼海-三亚三大断裂带之间。温泉出露于晚白垩世保城岩体，岩性主要为黑云母二长花岗岩、黑云母花岗闪长岩等。据1981年海南岛1∶20万区域水文地质普查资料，沿近东西向陵水河河谷主要有四处温泉出露，海拔约30.0m，水温66～78℃，单泉最大流量为1221.7m³/d。2013年8月22日野外调查时测得单泉最大流量为1228.8m³/d，水温77℃。南平温泉是海南单泉自流量最大的温泉（图3.9）。

图 3.9　南平温泉

水化学成分：2013年10月9日和2014年2月25日分别进行了取样测试（表3.11、表3.12）。

表3.11　南平温泉化学成分（2014-10-09）　　　（单位：mg/L）

T_s/℃	pH	TDS	Na^+	K^+	Ca^{2+}	Mg^{2+}
71	8.38	414	108	3.6	14.5	0.53
Li	Rb	Sr	NH_4^+	CO_3^{2-}	HCO_3^-	SO_4^{2-}
0.12	na.	0.58	<0.02	4.9	84.7	45.2
Cl^-	F^-	CO_2	SiO_2	HBO_2	$HAsO_3$	化学类型
96.7	6.4	0	90.6	0.095	<0.005	Cl-Na

表3.12　南平温泉化学成分（2014-02-25）　　　（单位：mg/L）

T_s/℃	pH	TDS	Na^+	K^+	Ca^{2+}	Mg^{2+}
68	8.35	437	117	4.2	15.5	0.42
Li	Rb	Sr	NH_4^+	CO_3^{2-}	HCO_3^-	SO_4^{2-}
0.12	na.	0.62	<0.02	9.6	107	58
Cl^-	F^-	CO_2	SiO_2	HBO_2	$HAsO_3$	化学类型
85.9	8.1	0	84.5	0.099	<0.005	$HCO_3 \cdot Cl-Na$

开发利用：自20世纪50年代末南平农场建场以来，农场职工一直利用温泉水洗浴或宰杀牲畜（图3.9）。

HIQ009 红鞋温泉

位置：海南省陵水县英州镇红鞋村低洼地段，西北距环岛东线高速公路约1.5km。

概况：区域上处于东西向九所-陵水深大构造带的东段南侧附近，九所-陵水断裂带是海南岛区域性深大断裂，也是区域性控热构造带。温泉出露于剥蚀堆积平原区，海拔27.5m，地形平缓，泉口处被泥炭土覆盖，下伏基岩为三叠纪花岗岩。2013年8月22日野外调查时，在长约400m的距离内有两处温泉出露，流量47.04～110.88m³/d，水温45～54℃。据1981年海南岛1：20万区域水文地质普查资料，泉流量为174.53m³/d，水温68℃。

水化学成分：2013年10月10日进行了取样测试（表3.13）。

表3.13　红鞋温泉化学成分　　　　　　　　（单位：mg/L）

T_S/℃	pH	TDS	Na⁺	K⁺	Ca²⁺	Mg²⁺
48	8.03	1333	336	10.7	100	0.82
Li	Rb	Sr	NH₄⁺	CO₃²⁻	HCO₃⁻	SO₄²⁻
0.26	na.	2.53	<0.02	0	58.6	200
Cl⁻	F⁻	CO₂	SiO₂	HBO₂	HAsO₃	化学类型
563	4.8	2.6	85.8	0.41	<0.005	Cl-Na·Ca

开发利用：该温泉资源尚未开发利用（图3.10）。

图 3.10　红鞋温泉

HIQ010 高峰温泉

位置： 海南省陵水县英州镇高土村，东南距环岛东线高速公路出入口约2.5km，距陵水县城约25km。

概况： 温泉出露于东西向九所-陵水深大断裂南侧，海拔30.0m。区域出露岩性为三叠纪花岗岩，九所-陵水断裂带是海南岛区域性深大断裂，也是区域性控热构造带。泉水自第四纪海相沉积层残留体（贝壳碎屑岩）孔洞中流出，在长约1.1km的距离内主要有四处泉眼，2013年8月22日野外调查时，单泉流量1.9~345.6m³/d，水温

图 3.11 高峰温泉

46~71℃。据1981年海南岛1：20万区域水文地质普查资料，泉流量为401.76m³/d，水温72℃。

水化学成分： 2013年10月10日和2014年2月26日分别进行了取样测试（表3.14、表3.15）。

表3.14 高峰温泉化学成分（2013-10-10） （单位：mg/L）

T_S/℃	pH	TDS	Na^+	K^+	Ca^{2+}	Mg^{2+}
70	8.3	616	154	6.17	37.2	1.1
Li	Rb	Sr	NH_4^+	CO_3^{2-}	HCO_3^-	SO_4^{2-}
0.19	na.	1.28	<0.02	2	77.2	52.2
Cl^-	F^-	CO_2	SiO_2	HBO_2	$HAsO_3$	化学类型
208	8.9	0	109	0.16	0.0062	Cl-Na

表3.15 高峰温泉化学成分（2014-04-26） （单位：mg/L）

T_S/℃	pH	TDS	Na^+	K^+	Ca^{2+}	Mg^{2+}
66	8.16	685	175	7	41.6	1.1
Li	Rb	Sr	NH_4^+	CO_3^{2-}	HCO_3^-	SO_4^{2-}
0.21	na.	1.39	<0.02	0	87.9	64.2
Cl^-	F^-	CO_2	SiO_2	HBO_2	$HAsO_3$	化学类型
239	10	1.8	102	0.18	<0.005	Cl-Na

开发利用： 本区温泉未被商业性开发利用，附近村民在宰杀牲畜时用温泉水烫毛（图3.11）。

HIQ011 石硐温泉

位置： 海南省保亭县什岭镇石硐村西侧，东北距什岭镇约6km，西距保城镇约5km，保亭-陵水省级公路从泉点（群）北侧经过。

概况： 泉点（群）位于近东西向吊罗-尖峰深大断裂南侧，区域出露岩性主要为白垩纪花岗岩。根据2006年6月—2009年1月对该处地热田勘探成果，东西向吊罗-尖峰深大断裂是区域性控热构造带，北西向断裂带是该区的主要的导水、导热构造。地下水在北部深大断裂的丘陵区接受大气降水补给后，沿断裂带向深部运移，经深循环获取地壳深部的热能而形成热水，在水头压力的作用下，通过北西向断裂的进一步沟通，由西北向东南运移，沿裂隙呈上升泉形式排泄于河谷中。温泉水主要赋存于北西向的白垩纪花岗岩裂隙破碎带中，地热田B级允许开采量1032m³/d。由于地热井的开采，2013年9月3日野外调查时原泉眼已不自流了。据1981年海南岛1：20万区域水文地质普查资料，由于泉水出露于河谷中，流量无法测量，测得水温为54℃。

水化学成分： 2013年12月7日对地热井进行了取样测试（表3.16）。

表3.16 石硐温泉化学成分 （单位：mg/L）

T_S/℃	pH	TDS	Na⁺	K⁺	Ca²⁺	Mg²⁺
37	7.3	291	65	1.7	18.6	1.2
Li	Rb	Sr	NH₄⁺	CO₃²⁻	HCO₃⁻	SO₄²⁻
0.098	na.	0.42	<0.02	0	137	54.3
Cl⁻	F⁻	CO₂	SiO₂	HBO₂	HAsO₃	化学类型
12	6.7	6.2	60.8	0.15	<0.005	HCO₃·SO₄-Na

开发利用： 房地产开发商主要通过管道供应保城庄园豪都住宅区用于温泉洗浴和游泳池用水。

HIQ012 七仙岭温泉

位置： 海南省保亭县城西北部约8km的七仙岭脚下河谷地段。

概况： 区域上位于近东西向吊罗-尖峰深大断裂南侧附近，出露岩性主要为白垩纪花岗岩。据地热田勘探结果，近东西向断裂构造控制着本区温泉的分布，北西向断层为热水的补给径流通道，通过深循环形成热水，断层交汇部位的断层破碎带和破碎块状岩体构成地热田热储体，岩石主要为构造砾岩、碎裂岩、糜棱岩等。地热田B级允许开采量4040m³/d。据20世纪70～80年代勘探结果，共有泉眼47个，总流量14.7L/s，最大单泉流量4.65L/s，水温一般70℃，最高84℃；据2001年11月调查结果，大部分泉已不自流了，尚有自流泉眼四个，水温一般52～64℃；自流热水钻孔五个，水温一般90～97℃。2013年9月3日调查时，自流泉点尚有一处，位于七仙瑶池温泉度假村，泉眼出露于丘陵区坡脚处的小河边，有多个泉眼，单个泉眼流量小于0.1L/s，水温57～69℃；自流热水钻孔五个，水温一般79～97℃。

水化学成分： 2013年10月9日和2014年2月25日分别对自流井进行了取样测试（表3.17、表3.18）。

表3.17 七仙岭温泉化学成分（2013-10-09） （单位：mg/L）

$T_s/℃$	pH	TDS	Na^+	K^+	Ca^{2+}	Mg^{2+}
87	9.33	290	62	22	2.8	0.2
Li	Rb	Sr	NH_4^+	CO_3^{2-}	HCO_3^-	SO_4^{2-}
0.068	na.	0.085	<0.02	20	110	20.2
Cl^-	F^-	CO_2	SiO_2	HBO_2	$HAsO_3$	化学类型
13	8.9	0	105	0.043	0.0099	HCO_3-Na

表3.18 七仙岭温泉化学成分（2014-02-05） （单位：mg/L）

$T_s/℃$	pH	TDS	Na^+	K^+	Ca^{2+}	Mg^{2+}
84	8.98	270	67.2	2.8	2.8	0.07
Li	Rb	Sr	NH_4^+	CO_3^{2-}	HCO_3^-	SO_4^{2-}
0.078	na.	0.092	<0.02	19	58.6	25.9
Cl^-	F^-	CO_2	SiO_2	HBO_2	$HAsO_3$	化学类型
12	12	0	98.2	0.039	<0.005	HCO_3-Na

开发利用：保亭县政府利用七仙岭温泉资源和七仙岭森林资源现已在泉群周边开发建成温泉旅游度假区，区内集七仙岭奇峰异树、温泉美景于一地，是休闲旅游、度假疗养的理想景区（图3.12）。

图 3.12 七仙岭温泉

HIQ013 南田温泉

位置： 海南省三亚市海棠湾镇南田农场，环岛东线高速公路藤桥路口，距三亚市约30km。

概况： 区域上位于近东西向九所-陵水深大断裂南侧，出露岩性主要为三叠纪花岗岩。根据1992～1993年对地热田勘探成果，东西向九所-陵水深大断裂是区域性控热构造带，北东向断裂是本区的控热断裂，北西向断裂带是本区的主要的导水、导热构造；北西向和北东向断裂的交汇复合部位，热储体内裂隙相互沟通，沿北西向断裂破碎带径流的地下水经深循环获取深部的热能而形成热水；在水头压力的作用下，沿裂隙呈上升泉形式排泄于地形低洼处。温泉水主要赋存于北西向和北东向断裂交汇部位的三叠纪花岗岩裂隙破碎带中，地热田B+C级允许开采量8030m^3/d。据1981年海南岛1：20万区域水文地质普查资料，泉水流量0.24L/s，水温47℃。由于地热井的自流及开采，2013年9月4日野外调查时原泉眼已不自流了。

水化学成分： 2013年12月6日对自流井进行了取样测试（表3.19）。

表3.19 南田温泉化学成分 （单位：mg/L）

T_S/℃	pH	TDS	Na^+	K^+	Ca^{2+}	Mg^{2+}
50	7.89	1706	393	16	190	2.6
Li	Rb	Sr	NH_4^+	CO_3^{2-}	HCO_3^-	SO_4^{2-}
0.43	na.	6.4	<0.02	0	48.8	255
Cl^-	F^-	CO_2	SiO_2	HBO_2	$HAsO_3$	化学类型
741	4.8	4.4	77.3	0.19	<0.005	Cl-Na·Ca

开发利用： 该处温泉开发较好，被誉为"神州第一泉"，已建成大型温泉旅游度假区，区内游泳池、浴池、宾馆等设施齐全，环境良好，吸引了大量国内外游客，是三亚市理想的旅游、休闲、度假胜地。

HIQ014 林旺温泉

位置： 海南省三亚市海棠湾镇草厂村西北侧，环岛高速公路从西北侧经过，距三亚市约22km。

概况： 温泉出露于近东西向九所-陵水深大断裂南侧的滨海堆积平原区，海拔16.0m，但是基底岩性为三叠纪花岗岩。九所-陵水断裂带是海南岛区域性深大断裂，也是区域性控热构造带。据1981年海南岛1：20万区域水文地质普查资料，泉水流量为240.19m^3/d，水温为63℃。1993年曾进行过地热勘察工作，施工了两个热水自流孔，但没有提交成果资料。2013年9月4日野外调查时，由于热水孔的自流，泉水已不自流了，井口处已修建军事防护措施，测得自流井的水温为70℃，流量无法测量。据2006年10月调查结果，热水孔自流量为1054m^3/d。

水化学成分： 2013年10月10日和2014年2月26日分别对自流井进行了取样测试（表3.20、表3.21）。

表3.20 林旺温泉化学成分（2013-10-10） （单位：mg/L）

T_s/℃	pH	TDS	Na⁺	K⁺	Ca²⁺	Mg²⁺
69	8.85	425	127	4.17	5.8	0.3
Li	Rb	Sr	NH₄⁺	CO₃²⁻	HCO₃⁻	SO₄²⁻
0.13	na.	0.36	<0.02	15	69.7	47.6
Cl⁻	F⁻	CO₂	SiO₂	HBO₂	HAsO₃	化学类型
100	12	0	77	0.14	0.015	Cl-Na

表3.21 林旺温泉化学成分（2014-02-26） （单位：mg/L）

T_s/℃	pH	TDS	Na⁺	K⁺	Ca²⁺	Mg²⁺
67	8.87	448	139	4.8	6	0.11
Li	Rb	Sr	NH₄⁺	CO₃²⁻	HCO₃⁻	SO₄²⁻
0.12	na.	0.39	<0.02	14	68.3	61.7
Cl⁻	F⁻	CO₂	SiO₂	HBO₂	HAsO₃	化学类型
99.7	15	0	72.1	0.2	<0.005	Cl-Na

开发利用：热水现主要通过管道输送至海棠湾开发区的解放军总医院海南分院使用。

HIQ015 半岭温泉

位置：海南省三亚市南新农场23队，南距三亚市约12km。

概况：温泉出露于近东西向九所-陵水深大断裂中段南侧，海拔60.0m，泉口处岩性为三叠纪花岗岩。温泉的出露受近东西向的压扭性控热断裂和北西向的张扭性导水（导热）断裂控制，大气降雨在北部丘陵区沿断裂带向深部运移，经深循环获取地壳深部的热能而形成热水，在水头压力的作用下，在断裂交接复合部位有多处温泉或温泉群出露于山涧河谷地带。据1981年海南岛1：20万区域水文地质普查资料，泉水流量为401.76m³/d，水温为78℃。据2002年调查结果，共有三处泉眼，流量分别为86.4m³/d、75.08m³/d、401.76m³/d，水温依次为60℃、66℃、78℃。2013年9月5日野外调查时，主要泉眼有两处，一处出露于河谷中，水温51℃（由于地表水混入，水温偏低），流量19.1m³/d，另一处出露于小河旁，泉眼处已修有水泥防护圈，底部见有水泡冒出，水温77℃（图3.13）。

水化学成分：2013年12月5日进行了取样测试（表3.22）。

表3.22 半岭温泉化学成分 （单位：mg/L）

T_s/℃	pH	TDS	Na⁺	K⁺	Ca²⁺	Mg²⁺
72	8.47	363	94.9	3.7	8	0.4
Li	Rb	Sr	NH₄⁺	CO₃²⁻	HCO₃⁻	SO₄²⁻
0.13	na.	0.2	<0.02	14	137	50
Cl⁻	F⁻	CO₂	SiO₂	HBO₂	HAsO₃	化学类型
17	12	0	93	0.16	<0.005	HCO₃-Na

开发利用：该处温泉未被商业性开发利用，附近村民用温泉水洗浴。

图 3.13　半岭温泉

HIQ016 凤凰山庄温泉

位置：海南省三亚市西北郊，凤凰镇北侧约3.5km，距三亚市区约10km。

概况：区域上位于东西向九所-陵水深大断裂南侧，据1981年海南岛1∶20万区域水文地质普查资料，当时普查时并没有该处温泉资料的记载。据1992～1995年对地热田勘探成果，凤凰山庄温泉受区域性的东西向九所-陵水深大断裂的控制和影响，出露于北西向断裂与北东向断裂交汇部位的三叠纪花岗岩构造破碎带中，温泉水主要储存于北西向断裂中，泉水流量小于0.1L/s，水温为40℃。地热田B+C级允许开采量4640m³/d。2013年9月6日野外调查时原泉眼已不自流了，测得热水孔自流量为603.36m³/d，水温为56℃。

水化学成分：2013年10月9日和2014年2月26日分别对自流井进行了取样测试（表3.23、表3.24）。

表3.23　凤凰山庄温泉化学成分（2013-10-09）　（单位：mg/L）

T_S/℃	pH	TDS	Na⁺	K⁺	Ca²⁺	Mg²⁺
55	8.69	554	164	5.55	8.6	0.4
Li	Rb	Sr	NH₄⁺	CO₃²⁻	HCO₃⁻	SO₄²⁻
0.092	na.	0.26	<0.02	12	67.3	81.3
Cl⁻	F⁻	CO₂	SiO₂	HBO₂	HAsO₃	化学类型
147	13	0	87.4	0.28	0.015	Cl-Na

表3.24 凤凰山庄温泉化学成分（2014-02-26） （单位：mg/L）

T_S/℃	pH	TDS	Na$^+$	K$^+$	Ca^{2+}	Mg^{2+}
49	8.33	567	170	6.3	11	0.65
Li	Rb	Sr	NH$_4^+$	CO$_3^{2-}$	HCO$_3^-$	SO$_4^{2-}$
0.085	na.	0.26	<0.02	4.8	87.9	102
Cl$^-$	F$^-$	CO$_2$	SiO$_2$	HBO$_2$	HAsO$_3$	化学类型
132	17	0	78	0.32	<0.005	Cl·SO$_4$–Na

开发利用：现已利用温泉资源开发建成凤凰山庄温泉旅游度假酒店，主要用于温泉洗浴和温泉疗养、康复。

HIQ017 崖城温泉

位置：海南省三亚市崖城镇良种场村，南距崖城镇约2km、距环岛高速公路崖城路口5km，东南距三亚市区约41km。

概况：温泉出露于近东西向九所-陵水深大断裂南侧的冲洪积平原区，海拔15.0m，泉区北侧为剥蚀堆积平原区，基底岩性主要为白垩纪花岗岩。据1981年海南岛1∶20万区域水文地质普查资料，泉流量为25.92m³/d，水温为45℃。2013年9月6日野外调查时，测得热水孔自流量和泉流量为157.92m³/d，水温为59℃。

水化学成分：2013年12月5日进行了取样测试（表3.25）。

表3.25 崖城温泉化学成分 （单位：mg/L）

T_S/℃	pH	TDS	Na$^+$	K$^+$	Ca^{2+}	Mg^{2+}
58	8.58	452	136	3.6	6.4	0.24
Li	Rb	Sr	NH$_4^+$	CO$_3^{2-}$	HCO$_3^-$	SO$_4^{2-}$
0.21	na.	0.22	<0.02	14	127	120
Cl$^-$	F$^-$	CO$_2$	SiO$_2$	HBO$_2$	HAsO$_3$	化学类型
26.7	13	0	67.1	0.31	<0.005	HCO$_3$·SO$_4$–Na

开发利用：本区温泉资源主要用于附近村民的洗涤和洗浴，修建了多个水泥池拦温泉水使用（图3.14）。

图 3.14　崖城温泉

HIQ018 千家温泉

位置： 乐东县千家镇朝阳村西南，东北距千家镇约6km，西南距环岛高速公路九所路口约14km。

概况： 海南省地质综合勘察院在2006～2011年进行千家镇后万岭矿区地质详查时通过钻孔揭露。区域上位于东西向九所-陵水深大断裂北侧，出露岩性主要为白垩纪花岗岩。据矿区详查地质资料，温泉水主要储存于北北西向-近南北向扭张性断裂带中，当钻孔揭露该断裂时部分有涌水现象。孔口自流量一般8.64～293.76m³/d，水温一般33～40℃。2013年9月7日野外调查时，仍有两个自流钻孔，测得孔口流量分别为39.74m³/d、386.21m³/d，水温分别为40℃、48℃。

水化学成分： 2013年12月5日进行对自流井了取样测试（表3.26）。

表3.26　千家温泉化学成分　　　　　（单位：mg/L）

T_S/℃	pH	TDS	Na⁺	K⁺	Ca²⁺	Mg²⁺
48	7.17	344	25.1	3.2	76.1	3.8
Li	Rb	Sr	NH₄⁺	CO₃²⁻	HCO₃⁻	SO₄²⁻
0.023	na.	0.21	<0.02	0	293	<4
Cl⁻	F⁻	CO₂	SiO₂	HBO₂	HAsO₃	化学类型
12	0.59	17.6	76.5	0.043	<0.005	HCO₃-Ca

开发利用： 未被开发利用。

HIQ019 石门山温泉

位置：海南省乐东县九所镇盗公村东北侧，西南距环岛高速公路九所路口约7.5km。

概况：区域上位于东西向九所-陵水深大断裂北侧，出露岩性主要为白垩纪花岗岩。石门山温泉是海南地质大队在20世纪70～80年代进行石门山钼矿区普查时通过钻孔揭露的。据矿区地质资料，温泉水主要储存于北北西向扭张性断裂带中，1976年10月完工的钻孔，孔深580m，自流量为1382m³/d，水温为36℃。2013年9月7日野外调查时，由于矿山的地下井巷开采，矿坑排水疏干，自流孔已断流。

水化学成分：2013年12月5日对矿坑排水进行了取样测试（表3.27）。

表3.27 石门山温泉化学成分　　　　（单位：mg/L）

T_S/℃	pH	TDS	Na$^+$	K$^+$	Ca^{2+}	Mg^{2+}
34	8.32	331	41.7	1.7	52.5	3.8
Li	Rb	Sr	NH$_4^+$	CO$_3^{2-}$	HCO$_3^-$	SO$_4^{2-}$
0.064	na.	0.6	<0.02	2	232	20.4
Cl$^-$	F$^-$	CO$_2$	SiO$_2$	HBO$_2$	HAsO$_3$	化学类型
16.3	2	0	72.9	0.02	<0.005	HCO$_3$–Ca·Na

开发利用：未被开发利用。

HIQ020 中沙温泉

位置：海南省东方市中沙乡加力村，距乡政府驻地约4km，距板桥镇约13km，西距环岛高速公路板桥路口5km。

概况：温泉出露于东西向尖峰-吊罗深大断裂西段北侧的剥蚀堆积平原区，海拔42.5m。地形平坦，四周主要为农田，地表出露岩性为灰褐色黏土质砂，现泉眼处现已被填埋，地表已没有温泉出露迹象。据1981年海南岛1∶20万区域水文地质普查资料，泉流量为25.92m³/d，水温为38℃。

水化学成分：收集20世纪80年代区域水文地质普查水样测试资料（表3.28）。

表3.28 中沙温泉化学成分　　　　（单位：mg/L）

T_S/℃	pH	TDS	Na$^+$	K$^+$	Ca^{2+}	Mg^{2+}
38	9.2	260	na.	na.	3.41	0.61
Li	Rb	Sr	NH$_4^+$	CO$_3^{2-}$	HCO$_3^-$	SO$_4^{2-}$
na.	na.	na.	na.	na.	121.43	19.69
Cl$^-$	F$^-$	CO$_2$	SiO$_2$	HBO$_2$	HAsO$_3$	化学类型
11.82	na.	na.	80	na.	na.	HCO$_3$–Na

开发利用：未被开发利用。

HIQ021 陀烈温泉

位置：海南省东方市中沙乡下村东南侧约4km，西距环岛高速公路板桥路口20km，自下村至温泉区仅有简易公路相通，交通十分不便。

概况：温泉出露于东西向尖峰-吊罗深大断裂西段北侧剥蚀丘陵区山脚的小溪旁，形成一个约0.8m宽的小泉池，泉水自底部涌出，泉口处岩性为三叠纪花岗岩。2014年2月26日野外调查时，泉水流量为75.12m³/d，水温为47℃。据1981年海南岛1：20万区域水文地质普查资料，泉流量为67.39m³/d，水温49℃（图3.15）。

水化学成分：2014年2月26日进行了取样测试（表3.29）。

表3.29　陀烈温泉化学成分　　　　　（单位：mg/L）

$T_s/℃$	pH	TDS	Na^+	K^+	Ca^{2+}	Mg^{2+}
47	8.89	291	72.6	1.8	3.7	0.08
Li	Rb	Sr	NH_4^+	CO_3^{2-}	HCO_3^-	SO_4^{2-}
na.	na.	na.	na.	na.	92.8	11.9
Cl^-	F^-	CO_2	SiO_2	HBO_2	$HAsO_3$	化学类型
12	20	na.	86	0.13	<0.005	HCO_3-Na

开发利用：未被开发利用。

图 3.15　陀烈温泉

HIQ022 高坡岭温泉

位置：海南省东方市八所镇上红兴村西侧300m处，西距环岛西线高速公路约3.0km，西北距八所镇约9.0km。

概况：温泉出露于东西向昌江-琼海与尖峰-吊罗深大断裂之间的滨海堆积平原区，海拔20.0m，地表出露岩性主要为第四纪黏土质砂，基底岩性为二叠纪花岗岩。泉群直接出露地表，泉群周边为坡耕地和水田。2013年9月10日野外调查时，泉口处已修建起水泥池，用水管引温泉水到附近的农家乐使用，无法测量泉流量，测得水温为70℃。据1981年海南岛1：20万区域水文地质普查资料，泉流量为667.9m³/d，水温为78℃。

水化学成分：2013年10月17日和2014年2月27日分别进行了取样测试（表3.30、表3.31）。

表3.30　高坡岭温泉化学成分（2013-10-17）　　（单位：mg/L）

T_S/℃	pH	TDS	Na⁺	K⁺	Ca²⁺	Mg²⁺
64	8.36	1080	296	12.9	41.7	0.49
Li	Rb	Sr	NH_4^+	CO_3^{2-}	HCO_3^-	SO_4^{2-}
0.3	na.	0.79	<0.02	4.9	94.7	268
Cl⁻	F⁻	CO_2	SiO_2	HBO_2	$HAsO_3$	化学类型
278	9.7	0	117	0.48	<0.005	$SO_4 \cdot Cl-Na$

表3.31　高坡岭温泉化学成分（2014-02-27）　　（单位：mg/L）

T_S/℃	pH	TDS	Na⁺	K⁺	Ca²⁺	Mg²⁺
65	8.33	1174	327	13.8	44.9	0.42
Li	Rb	Sr	NH_4^+	CO_3^{2-}	HCO_3^-	SO_4^{2-}
0.32	na.	0.84	<0.02	4.8	103	333
Cl⁻	F⁻	CO_2	SiO_2	HBO_2	$HAsO_3$	化学类型
266	12	0	120	0.53	<0.005	$SO_4 \cdot Cl-Na$

开发利用：附近村民抽取温泉水用于洗浴和泡池康复（图3.16）。

图 3.16　高坡岭温泉

HIQ023 二甲温泉

位置： 海南省东方市大甲镇二甲村西南侧300m处，距大田镇约15km，距海榆西线公路约13km。

概况： 泉区位于近东西向昌江-琼海深大断裂南侧，温泉出露于剥蚀丘陵区河床中，海拔65.0m。由于泉点附近已修建一座大坝，使得河水位抬升，完全淹没泉点出露的河床。大坝下游河床中出露岩性为灰黑色片麻状花岗闪长岩。据1981年海南岛1：20万区域水文地质普查资料，泉流量为129.6m³/d，水温为51.5℃。

水化学成分： 2014年2月27日进行了取样测试（表3.32）。

表3.32 二甲温泉化学成分 （单位：mg/L）

$T_s/℃$	pH	TDS	Na^+	K^+	Ca^{2+}	Mg^{2+}
39	8.35	261.4	65.3	3.8	8	1.4
Li	Rb	Sr	NH_4^+	CO_3^{2-}	HCO_3^-	SO_4^{2-}
0.089	na.	0.13	0.1	4.8	87.9	36.8
Cl^-	F^-	CO_2	SiO_2	HBO_2	$HAsO_3$	**化学类型**
17.1	13	0	63.8	0.19	0.015	HCO_3-Na

开发利用： 附近村民在大坝底部预埋有水管与上游温泉泉口处相连，接取温泉水冬天用于洗浴。

HIQ024 新街温泉

位置： 海南省东方市大田镇麻疯站北侧200m处，海榆西线公路从南侧经过，距八所镇约20km。

概况： 泉区位于近东西向昌江-琼海深大断裂南侧，温泉出露于长城纪花岗片麻岩和二叠纪花岗岩的接触带，海拔55.0m。温泉在花岗岩中出露，泉眼在剥蚀堆积平原区的低洼处形成一个小池塘，四周均为甘蔗地，池塘底部有气泡冒出。2013年9月11日野外调查时，测得泉流量为220.32m³/d，水温为48℃。据1981年海南岛1：20万区域水文地质普查资料，泉流量为174.53m³/d，水温51℃（图3.17）。

水化学成分： 2013年12月4日进行了取样测试（表3.33）。

表3.33 新街温泉化学成分 （单位：mg/L）

$T_s/℃$	pH	TDS	Na^+	K^+	Ca^{2+}	Mg^{2+}
47	8.72	484	144	5.8	6.7	0.67
Li	Rb	Sr	NH_4^+	CO_3^{2-}	HCO_3^-	SO_4^{2-}
0.2	na.	0.22	<0.02	22	173	62
Cl^-	F^-	CO_2	SiO_2	HBO_2	$HAsO_3$	**化学类型**
40	17	0	97.9	0.32	<0.005	HCO_3-Na

开发利用：未被开发利用。

图 3.17　新街温泉

HIQ025 七叉温泉

位置：海南省昌江县七叉镇北侧约400m处，距石碌镇约30km，交通条件较差。

概况：泉区位于近东西向昌江-琼海深大断裂南侧，温泉出露于剥蚀丘陵区的凹地中，海拔97.4m，四周均为水稻田，地形相对较为平缓，上部岩性为第四纪冲洪积的粉质黏土，下部为二叠纪花岗岩。据1981年海南岛1：20万区域水文地质普查资料，泉流量为157.25m³/d，水温47℃。2013年9月11日野外调查时，测得泉流量为68.64m³/d，水温为40℃。

水化学成分：2013年10月17日和2014年2月27日分别进行了取样测试（表3.34、表3.35）。

表3.34　七叉温泉化学成分（2013-10-17）　　　（单位：mg/L）

$T_S/℃$	pH	TDS	Na^+	K^+	Ca^{2+}	Mg^{2+}
42	8.98	296	82.1	2.6	4.1	0.19
Li	Rb	Sr	NH_4^+	CO_3^{2-}	HCO_3^-	SO_4^{2-}
0.14	na.	0.14	<0.02	27	57.3	51.4
Cl^-	F^-	CO_2	SiO_2	HBO_2	$HAsO_3$	化学类型
12	16	0	71.4	0.13	0.0074	SO_4-Na

表3.35 七叉温泉化学成分（2014-02-27） （单位：mg/L）

T_s/℃	pH	TDS	Na$^+$	K$^+$	Ca^{2+}	Mg^{2+}
41	9.11	308.4	90	3	2.8	0.08
Li	Rb	Sr	NH$_4^+$	CO$_3^{2-}$	HCO$_3^-$	SO$_4^{2-}$
0.16	na.	0.12	<0.02	9.6	65.9	64
Cl$^-$	F$^-$	CO$_2$	SiO$_2$	HBO$_2$	HAsO$_3$	化学类型
13.1	20	0	72.5	0.21	<0.005	HCO$_3$·SO$_4$-Na

开发利用：当地村民在泉口处修建有水池，用温泉水洗浴（图3.18）。

图3.18 七叉温泉（泉池）

HIQ026 邦溪温泉

位置：海南省白沙县邦溪镇南斑村西南侧，海榆西线公路从西北侧约1.5km处经过，距邦溪镇约4km，交通较为便利。

概况：区域上处于近东西向昌江-琼海深大断裂北侧，出露岩性主要为二叠纪花岗岩。温泉出露于剥蚀丘陵区小河旁，海拔100.0m。据1981年海南岛1∶20万区域水文地质普查资料，泉流量为63.94m³/d，水温38℃。2013年9月12日进行了野外调查，出露泉眼主要有两处，一处出露于铁路涵洞桥下，水温和流量难于测量；另一泉眼处现已修建了平房，流量相对较大，测得流量为256.56m³/d，水温为40℃。

水化学成分：2013年10月18日和2014年2月27日分别进行了取样测试（表3.36、表3.37）。

表3.36　邦溪温泉化学成分（2013-10-18）　　　　（单位：mg/L）

T_s/℃	pH	TDS	Na⁺	K⁺	Ca²⁺	Mg²⁺
40	8.39	307	74.8	1.6	13.7	0.76
Li	Rb	Sr	NH_4^+	CO_3^{2-}	HCO_3^-	SO_4^{2-}
0.1	na.	0.2	<0.02	9.8	134	33.6
Cl⁻	F⁻	CO_2	SiO_2	HBO_2	$HAsO_3$	化学类型
13	11	0	81.3	0.079	0.016	HCO_3-Na

表3.37　邦溪温泉化学成分（2014-02-27）　　　　（单位：mg/L）

T_s/℃	pH	TDS	Na⁺	K⁺	Ca²⁺	Mg²⁺
39	8.37	326	82.6	2	14.3	0.66
Li	Rb	Sr	NH_4^+	CO_3^{2-}	HCO_3^-	SO_4^{2-}
0.1	na.	0.2	<0.02	4.8	146	41.8
Cl⁻	F⁻	CO_2	SiO_2	HBO_2	$HAsO_3$	化学类型
10	14	0	82.1	0.1	<0.005	HCO_3-Na

开发利用：2013年9月12日野外调查时，经访问，温泉水正准备通过管道输送至住宅小区作为居民洗浴用水（图3.19）。

图 3.19　邦溪温泉

HIQ027 木棉温泉

位置：海南省白沙县邦溪镇木棉村东北约1.6km处的部队营区内，西北距海榆西线公路约9km。

概况：区域上处于近东西向昌江-琼海深大断裂北侧，出露岩性主要为二叠纪花岗岩。温泉出露于剥蚀丘陵区坡脚处，海拔98.0m，泉口处修建有水泥池，泉水自花岗岩裂隙中流出，泉点附近施工有地热井。2013年9月12日野外调查时测得泉水流量为28.08m³/d，水温为35℃，由于有地表常温水的渗入，水温略有偏低。据1981年海南岛1∶20万区域水文地质普查资料，泉水流量为38.88m³/d，水温为41℃。

水化学成分：2013年12月4日对地热井进行了取样测试（表3.38）。

表3.38　木棉温泉化学成分　　　　　　（单位：mg/L）

$T_s/℃$	pH	TDS	Na^+	K^+	Ca^{2+}	Mg^{2+}
48	8.48	343	93.4	2.9	7.1	0.31
Li	Rb	Sr	NH_4^+	CO_3^{2-}	HCO_3^-	SO_4^{2-}
0.19	na.	0.16	<0.02	14	120	62
Cl^-	F^-	CO_2	SiO_2	HBO_2	$HAsO_3$	化学类型
12	11	0	79.8	0.18	<0.005	$HCO_3·SO_4-Na$

开发利用：温泉水现主要通过地热井开采供应部队营区的御泉招待所洗浴和游泳池用水，孔口水温为48℃（图3.20）。

图3.20　木棉温泉

HIQ028 光雅温泉

位置： 海南省白沙县光雅镇阜许村东北侧200m处，西北距邦溪镇约30km，东南距白沙县城约25km，交通条件较差。

概况： 泉区位于近东西向昌江-琼海深大断裂北侧附近，温泉出露于剥蚀丘陵区小河旁，海拔170.0m。泉水自志留纪残留体（变质石英砂岩）裂隙中流出，裂隙走向15°，宽6～8cm，泉水西南侧路边见有二叠纪花岗岩分布。据1981年海南岛1：20万区域水文地质普查资料，泉流量为298.94m³/d，水温40℃。2013年9月12日野外调查时，测得泉流量为227.52m³/d，水温为38℃（图3.21）。

水化学成分： 2013年10月18日和2014年2月27日分别进行了取样测试（表3.39、表3.40）。

表3.39　光雅温泉化学成分（2013-10-18）　　　（单位：mg/L）

T_s/℃	pH	TDS	Na⁺	K⁺	Ca²⁺	Mg²⁺
38	7.23	337	53.6	3.3	43.2	3.5
Li	Rb	Sr	NH₄⁺	CO₃²⁻	HCO₃⁻	SO₄²⁻
0.088	na.	0.37	<0.02	0	149	70.9
Cl⁻	F⁻	CO₂	SiO₂	HBO₂	HAsO₃	化学类型
16.7	5.2	5.3	65.2	0.092	0.0053	HCO₃·SO₄–Na·Ca

表3.40　光雅温泉化学成分（2014-02-27）　　　（单位：mg/L）

T_s/℃	pH	TDS	Na⁺	K⁺	Ca²⁺	Mg²⁺
38	8.47	375	63.8	3.4	39.6	3.1
Li	Rb	Sr	NH₄⁺	CO₃²⁻	HCO₃⁻	SO₄²⁻
0.11	na.	0.3	<0.02	0	146	96.4
Cl⁻	F⁻	CO₂	SiO₂	HBO₂	HAsO₃	化学类型
17.1	6.5	1.8	71.7	0.13	<0.005	HCO₃·SO₄–Na·Ca

开发利用： 附近村民在泉口处围起泉池用于洗涤和洗浴。

图 3.21　光雅温泉

HIQ029 蓝洋温泉

位置：海南省儋州市兰洋镇兰洋农场温泉公园内，西北距那大镇约13km，交通便利。

概况：区域上处于近东西向王五-文教断裂带和昌江-琼海断裂带之间的潭爷断裂带内。据1981年海南岛1：20万区域水文地质普查资料，泉流量为338.69m³/d，水温83℃。据1992～1996年对地热田的勘探成果，蓝洋地热田处于北西向儋州-万宁断裂带的西北段，北西向断裂为地热田的主要控热构造，地热田分布于该断裂的西南侧，面积约1.7km²。热储层为北西向断裂破碎带及其影响带，岩性为二叠纪花岗岩、早石炭世沉积-变质岩和石英斑岩脉，揭露厚度70～320m。盖层为第四系残坡积松散层，厚度0.8～40m。沿北西向断裂破碎带地温梯度明显异常，一般为5.34℃/100m。蓝洋温泉点沿北西向断裂带分布。温泉有三个相对高温中心，分别为加答、公园和沙田。温泉为远距离大气降水补给，沿北北东向的新开田断裂运移，随径流循环深度加深受大地热流加温，使水温增高，沿北西向断裂与北北东向的新开田断裂交汇带上涌，与浅部常温水混合，形成了沿北西向断裂分布的温度各异的热矿水区段。蓝洋地热田（含沙田、加答）B+C级允许开采量7000m³/d。地热田勘探时，测得蓝洋温泉（共有八个泉眼）总流量为485.57m³/d，水温为42～85℃。2013年9月13日野外调查时，泉区已建成了温泉公园观赏景区，温泉流量和水温难于测量，测得自流孔水温为85℃。

水化学成分：2013年10月23日和2014年2月28日分别对自流井进行了取样测试（表3.41、表3.42）。

表3.41　蓝洋温泉化学成分（2013-10-23）　　（单位：mg/L）

$T_s/℃$	pH	TDS	Na^+	K^+	Ca^{2+}	Mg^{2+}
77	8.3	364	79.4	5.71	18	1.7
Li	Rb	Sr	NH_4^+	CO_3^{2-}	HCO_3^-	SO_4^{2-}
0.19	na.	0.19	<0.02	2	147	45.7
Cl^-	F^-	CO_2	SiO_2	HBO_2	$HAsO_3$	化学类型
21.7	11	0	105	0.26	<0.005	HCO_3-Na

表3.42　蓝洋温泉化学成分（2014-02-28）　　（单位：mg/L）

$T_s/℃$	pH	TDS	Na^+	K^+	Ca^{2+}	Mg^{2+}
77	8.32	400	84.4	5.7	19.2	1.8
Li	Rb	Sr	NH_4^+	CO_3^{2-}	HCO_3^-	SO_4^{2-}
0.19	na.	0.18	<0.02	2	134	66.1
Cl^-	F^-	CO_2	SiO_2	HBO_2	$HAsO_3$	化学类型
23.6	14	0	116	0.27	<0.005	$HCO_3·SO_4-Na$

开发利用：本区温泉开发较好，现已建成了蓝洋温泉旅游度假区，利用温泉水作为洗浴、康复和游泳池用水（图3.22）。

图 3.22　蓝洋温泉

HIQ030 沙田温泉

位置：海南省儋州市兰洋镇沙田村北侧200m处，西北距兰洋镇约2.5km。

概况：区域上处于近东西向王五-文教断裂带和昌江-琼海断裂带之间的潭爷断裂带内。温泉出露于北西向断裂上，海拔160.0m。据1981年海南岛1∶20万区域水文地质普查资料，泉流量为345.6m³/d，水温55℃。2013年9月12日进行了野外调查，泉水自剥蚀丘陵区坡脚的石炭纪石英岩裂隙中涌出，略具有硫黄味，主要泉眼有两处，泉水总流量为541.44m³/d，水温为57℃。

水化学成分：2013年12月3日进行了取样测试（表3.43）。

表3.43　沙田温泉化学成分　　　　　　　　（单位：mg/L）

T_S/℃	pH	TDS	Na+	K+	Ca^{2+}	Mg^{2+}
54	8.32	315	51.4	5.5	27.2	3.3
Li	Rb	Sr	NH_4^+	CO_3^{2-}	HCO_3^-	SO_4^{2-}
0.11	na.	0.22	<0.02	4.8	117	60.7
Cl^-	F^-	CO_2	SiO_2	HBO_2	$HAsO_3$	**化学类型**
13	6.7	0	84.4	0.17	<0.005	$HCO_3 \cdot SO_4 - Na \cdot Ca$

开发利用：温泉下游修建了水泥池，附近村民在此洗浴（图3.23）。

图 3.23 沙田温泉

HIQ031 加答温泉

位置： 海南省儋州市兰洋镇加答村南侧200m处，东南距兰洋镇约1.0km，西北距那大镇约12km，交通较便利。

概况： 区域上处于近东西向王五-文教断裂带和昌江-琼海断裂带之间的潭爷断裂带内，温泉出露于北西向断裂上，据1981年海南岛1∶20万区域水文地质普查资料，泉流量为34.56m³/d，水温59℃。据1992~1996年对蓝洋地热田进行的地热勘探成果，热储层岩性为二叠纪花岗岩，泉眼共有两个，总流量为70.85m³/d，水温为54℃。由于地热井的长期开采，2013年9月13日野外调查时泉水已不自流。

水化学成分： 2013年12月3日对地热井进行了取样测试（表3.44）。

表3.44　加答温泉化学成分　　　　　　　（单位：mg/L）

T_S/℃	pH	TDS	Na⁺	K⁺	Ca²⁺	Mg²⁺
52	8.36	385	70.6	4.3	30.6	1.1
Li	Rb	Sr	NH₄⁺	CO₃²⁻	HCO₃⁻	SO₄²⁻
0.14	na.	0.23	<0.02	4.8	166	61.9
Cl⁻	F⁻	CO₂	SiO₂	HBO₂	HAsO₃	化学类型
16.3	6.7	0	105	0.15	<0.005	SO₄-Na·Ca

开发利用： 现主要通过地热井开采供应蓝洋温泉旅游度假区和附近村民用于洗浴和游泳池用水。

HIQ032 九乐宫温泉

位置： 海南省澄迈县西达农场九乐宫温泉度假山庄，东北距金江镇约35km，交通条件稍差。

概况： 区域上处于近东西向王五-文教断裂带和昌江-琼海断裂带之间。据1999～2001年对地热田进行的勘探成果，王五-文教断裂带和昌江-琼海断裂带是区域控热构造带，北东向断裂为地热田的主要控热构造，北西向断裂与北东向断裂交汇复合部位形成具有一定深度和宽度的破碎带，既是良好的导热、导水通道，又是地热流体富集的场所；热储呈条带状，受断裂控制，沿断裂有温泉水出露，热储岩性为二叠纪花岗岩，裂隙发育，岩石破碎，见有构造角砾岩，摩擦痕迹及黄铁矿化等热蚀变的现象明显。大气降水和浅层基岩裂隙水渗入补给是温泉的主要补给来源。温泉来自基岩深部，沿断裂带的两侧自高处向低处径流，沿裂隙以上升泉形式排泄于沟谷中及低洼处。温泉出露于剥蚀丘陵区小溪边的坡脚下，有多处泉眼出露，海拔70.0m，主要泉眼处现已用水泥围起，见有水泡从底部冒出，具有硫黄味。西达地热田（含九乐宫）B+C级允许开采量1200m³/d，井口水温为47℃。据1981年海南岛1:20万区域水文地质普查资料，泉流量为385.34m³/d，水温57℃。2013年9月16日野外调查时，测得泉水和自流井总流量为256.56m³/d，水温为55℃。

水化学成分： 2013年12月3日进行了取样测试（表3.45）。

表3.45　九乐宫温泉化学成分　　　　（单位：mg/L）

T_s/℃	pH	TDS	Na⁺	K⁺	Ca²⁺	Mg²⁺
54	8.33	347	101	3.3	5.1	0.6
Li	Rb	Sr	NH₄⁺	CO₃²⁻	HCO₃⁻	SO₄²⁻
0.18	na.	0.3	<0.02	2	134	48
Cl⁻	F⁻	CO₂	SiO₂	HBO₂	HAsO₃	化学类型
22.2	15	0	73.4	0.47	<0.005	HCO₃-Na

开发利用： 现已开发建成西达农场九乐宫温泉度假山庄，但开采量很小，泉水仍自流（图3.24）。

图 3.24　九乐宫温泉

HIQ033 西达温泉

位置： 海南省澄迈县西达农场美厚队东北约1km处，东北距金江镇约34km，交通条件较差。

概况： 区域上处于近东西向王五-文教断裂带和昌江-琼海断裂带之间，温泉出露于北东向断裂上，地形为剥蚀丘陵区的小河旁，处于二叠纪花岗岩和志留纪千枚岩的接触带，泉口处现已修建了平房，周围岩性为千枚岩，西北侧约50m处有花岗岩出露。据1981年海南岛1：20万区域水文地质普查资料，泉流量为38.88m³/d，水温70℃。2013年9月15日野外调查时测得泉水流量为136.32m³/d，水温为47℃。

水化学成分： 2013年12月3日进行了取样测试（表3.46）。

表3.46　西达温泉化学成分　　　　（单位：mg/L）

T_s/℃	pH	TDS	Na^+	K^+	Ca^{2+}	Mg^{2+}
46	8.35	415	125	4.3	10.7	0.7
Li	Rb	Sr	NH_4^+	CO_3^{2-}	HCO_3^-	SO_4^{2-}
0.27	na.	0.63	<0.02	4.8	142	73
Cl^-	F^-	CO_2	SiO_2	HBO_2	$HAsO_3$	化学类型
48.9	14	0	60.9	0.49	<0.005	HCO_3-Na

开发利用： 经访问，该温泉正准备通过管道输送至31km外的金江镇四季春城温泉住宅区供居民用于洗浴（图3.25）。

图 3.25　西达温泉

HIQ034 红岗温泉

位置：海南省澄迈县红岗农场场部东北部3km处，西距文儒镇约6km，西北距金江镇约30km，交通条件较差。

概况：区域上处于近东西向王五-文教断裂带和昌江-琼海断裂带之间，温泉出露于北东向断裂上，处于二叠纪花岗岩和石炭纪大理岩的接触带，泉水自大理岩采矿坑陡壁底部涌出，有多处泉眼，大部分已被填埋或被水体淹没。据1981年海南岛1：20万区域水文地质普查资料，泉流量为219.46m³/d，水温39.5℃。2013年9月15日野外调查时测得其中一股泉水流量为603.36m³/d，水温为37℃（图3.26）。

水化学成分：收集2003年12月30日大理岩矿区勘查时水样分析结果（表3.47）。

表3.47　红岗温泉化学成分　（单位：mg/L）

T_s/℃	pH	TDS	Na^+	K^+	Ca^{2+}	Mg^{2+}
37	7.31	456	61.4	4.9	40.3	2.5
Li	Rb	Sr	NH_4^+	CO_3^{2-}	HCO_3^-	SO_4^{2-}
na.	na.	na.	na.	na.	194	50
Cl^-	F^-	CO_2	SiO_2	HBO_2	$HAsO_3$	化学类型
28.6	5.5	0	1.2	na.	<0.005	HCO_3-Na·Ca

开发利用：未被开发利用。

图 3.26　红岗温泉

HIQ035 乌坡温泉

位置：海南省屯昌县乌坡镇美华牛班坡村西南1km处，北距乌坡镇约6km，距屯昌县城约30km，交通条件较差。

概况：区域上处于近东西向昌江-琼海断裂带南侧，出露岩性主要为白垩纪和三叠纪花岗岩。东西向深大断裂带是区域控热构造带，北西向断裂为地热田的主要控热构造，北西向断裂与北东向断裂交汇复合部位形成具有一定深度和宽度的破碎带，既是良好的导热、导水通道，又是地热流体富集的场所。泉水出露于剥蚀丘陵区的坡脚低洼处，海拔62.5m，上部岩性为灰黑色泥炭土，坡脚见有花岗岩出露地表，2010年施工有地热井，由于热水井自流，泉水现已断流。据1981年海南岛1：20万区域水文地质普查资料，当时普查时并没有该处温泉资料的记载。2013年9月14日野外调查时测得两个自流孔流量分别为82.56m³/d、411.84m³/d，水温分别为45℃、46℃。

水化学成分：2013年10月24日和2014年2月28日分别对自流井进行了取样测试（表3.48、表3.49）。

表3.48 乌坡温泉化学成分（2013-10-24）　　　（单位：mg/L）

T_s/℃	pH	TDS	Na^+	K^+	Ca^{2+}	Mg^{2+}
43	8.93	361	102	3.2	4.7	0.27
Li	Rb	Sr	NH_4^+	CO_3^{2-}	HCO_3^-	SO_4^{2-}
0.16	na.	0.16	<0.02	24	69.7	66.1
Cl^-	F^-	CO_2	SiO_2	HBO_2	$HAsO_3$	化学类型
23.3	16	0	86.1	0.18	<0.005	SO_4-Na

表3.49 乌坡温泉化学成分（2014-02-28）　　　（单位：mg/L）

T_s/℃	pH	TDS	Na^+	K^+	Ca^{2+}	Mg^{2+}
41	9.16	390	110	3.2	4.2	0.15
Li	Rb	Sr	NH_4^+	CO_3^{2-}	HCO_3^-	SO_4^{2-}
0.15	na.	0.15	<0.02	14	58.6	95.9
Cl^-	F^-	CO_2	SiO_2	HBO_2	$HAsO_3$	化学类型
15.1	22	0	94.7	0.17	<0.005	SO_4-Na

开发利用：未被开发利用。

HIQ036 上安温泉

位置： 海南省琼中县上安乡南流村西南侧约400m处，东距上安乡约5km，东北距琼中县城约25km，交通条件较差。

概况： 地质构造上处于尖峰-吊罗深大断裂北侧，地貌上处于五指山中低山区东南侧的剥蚀丘陵区，周边岩性主要为白垩纪花岗岩，是海南岛目前发现出露标高最高的温泉，标高为248.3m。据2010年5月调查资料，温泉出露于河谷中，流量为5.0m³/d，水温为44℃；施工的热水孔自流量为241.68m³/d，水位降深12.58m，涌水量为463.68m³/d。2014年2月28日野外调查时，由于热水井自流，泉水已断流，测得钻孔自流量为12.1m³/d，水温为51℃（图3.27）。

水化学成分： 2014年2月28日对自流井进行了取样测试（表3.50）。

表3.50　上安温泉化学成分　　　　　　　（单位：mg/L）

T_s/℃	pH	TDS	Na^+	K^+	Ca^{2+}	Mg^{2+}
51	9.38	276	64.2	1.9	2.4	0.08
Li	Rb	Sr	NH_4^+	CO_3^{2-}	HCO_3^-	SO_4^{2-}
na.	na.	na.	na.	na.	43.9	26
Cl^-	F^-	CO_2	SiO_2	HBO_2	$HAsO_3$	化学类型
15.1	7.8	na.	111	0.066	na.	HCO_3-Na

开发利用： 未被开发利用。

图 3.27　上安温泉

第三节　代表性地热井

HIJ001 烟草公司地热井

位置： 海南省海口市琼山区红城湖路22号中国烟草总公司海南公司。

井深： 750.2m。

孔径： 0.15～0.28m。

井口温度： 47℃。

热储层特征： 热储层为新近系中新统下洋组，岩性为含砾黏土质粗砂和含砾中粗砂。热储顶埋深552.0m，热储底埋深723.0m，热储厚度为58.36m。据2003年12月成井时资料，水位埋深21.5m，水位降深40.16m，涌水量为780.27m³/d。

水化学成分： 2013年12月12日进行了取样测试（表3.51）。

表3.51　烟草公司地热井化学成分　　　　　　（单位：mg/L）

T_s/℃	pH	TDS	Na⁺	K⁺	Ca²⁺	Mg²⁺
40	8.48	1600	630	6.2	3.4	2.2
Li	Rb	Sr	NH₄⁺	CO₃²⁻	HCO₃⁻	SO₄²⁻
0.042	na.	0.077	0.5	57.6	1050	49.8
Cl⁻	F⁻	CO₂	SiO₂	HBO₂	HAsO₃	化学类型
296	5	0	22.5	7.23	<0.005	HCO₃·Cl-Na

开发利用： 供应住宅小区作为洗浴用水。

HIJ002 铁路宾馆地热井

位置： 海南省海口市海府路165号铁道温泉宾馆内。

井深： 650m。

孔径： 0.15～0.28m。

井口温度： 45℃。

热储层特征： 热储层为新近系中新统下洋组，岩性为中粗砂和含砾黏土质粗砂。热储顶埋深531m，热储底埋深602m，热储厚度为59m。据2000年8月成井时资料，水位埋深10.1m，水位降深29.5m，涌水量为810.66m³/d。

水化学成分：2013年12月12日进行了取样测试（表3.52）。

表3.52 铁路宾馆地热井化学成分 （单位：mg/L）

T_s/℃	pH	TDS	Na^+	K^+	Ca^{2+}	Mg^{2+}
40	8.43	1730	665	6.3	3.8	2.3
Li	Rb	Sr	NH_4^+	CO_3^{2-}	HCO_3^-	SO_4^{2-}
0.046	na.	0.086	0.1	38	1040	55
Cl^-	F^-	CO_2	SiO_2	HBO_2	$HAsO_3$	化学类型
400	4.4	0	23.4	6.37	<0.005	$HCO_3 \cdot Cl-Na$

开发利用：供宾馆作为洗浴用水。

HIJ003 干部疗养院地热井

位置：海南省海口市琼山区府城镇高登街省干部疗养院。

井深：550.46m。

孔径：0.15～0.28m。

井口温度：43℃。

热储层特征：热储层为新近系中新统角尾组和下洋组，岩性主要为黏土质粗砂。热储顶埋深450.33m，热储底埋深488.37m，热储厚度为16.19m。据1992年11月成井时资料，水位埋深12.37m，水位降深33.73m，涌水量为1229.80m³/d。

水化学成分：2013年12月13日进行了取样测试（表3.53）。

表3.53 干部疗养院地热井化学成分 （单位：mg/L）

T_s/℃	pH	TDS	Na^+	K^+	Ca^{2+}	Mg^{2+}
37	8.38	1570	615	6.3	3.6	2.3
Li	Rb	Sr	NH_4^+	CO_3^{2-}	HCO_3^-	SO_4^{2-}
0.041	na.	0.076	0.2	34	1070	53
Cl^-	F^-	CO_2	SiO_2	HBO_2	$HAsO_3$	化学类型
284	5	0	23.1	7.13	<0.005	$HCO_3 \cdot Cl-Na$

开发利用：供应小区住户作为洗浴以及游泳池用水。

HIJ004 美群路地热井

位置：海南省海口市美群路九号国土资源厅宿舍区。

井深：760m。

孔径：0.17～0.27m。

井口温度：48℃。

热储层特征：热储层为新近系中新统下洋组，岩性主要为黏土质砾砂，灰白色，主要由石英粗砾粒和少量粉黏粒组成。热储顶埋深630.3m，热储底埋深728.35m，热储厚度为69.11m。据2013年12月成井时资料，水位埋深为14m，水位降深0.75m，涌水量为155.52m³/d。

水化学成分：2013年12月16日进行了取样测试（表3.54）。

表3.54 美群路地热井化学成分 （单位：mg/L）

T_s/℃	pH	TDS	Na⁺	K⁺	Ca²⁺	Mg²⁺
48	8.38	2240	860	8.9	6.9	4.1
Li	Rb	Sr	NH₄⁺	CO₃²⁻	HCO₃⁻	SO₄²⁻
0.06	na.	0.16	1.6	38	1100	103
Cl⁻	F⁻	CO₂	SiO₂	HBO₂	HAsO₃	化学类型
637	3.9	na.	23.3	7.62	<0.005	HCO₃·Cl–Na

开发利用：调查期间地热井尚未开采利用。

HIJ005 假日海滩地热井

位置：海南省海口市滨海西路假日海滩。

井深：754m。

孔径：0.15～0.27m。

井口温度：45℃。

热储层特征：热储层为新近系中新统角尾组和下洋组，岩性主要为中粗砂，灰白色，石英质，以中粗粒为主，松散状。热储顶埋深569.4m，热储底埋深704.87m，热储厚度为70.59m。据2001年5月成井时资料，水位埋深为11.6m，水位降深16.4m，涌水量为1049.93m³/d。

水化学成分：2013年12月16日进行了取样测试（表3.55）。

表3.55 假日海滩地热井化学成分 （单位：mg/L）

T_s/℃	pH	TDS	Na⁺	K⁺	Ca²⁺	Mg²⁺
43	8.45	408	139	3.8	5.6	2.1
Li	Rb	Sr	NH₄⁺	CO₃²⁻	HCO₃⁻	SO₄²⁻
0.02	na.	0.14	0.2	9.6	259	17.8
Cl⁻	F⁻	CO₂	SiO₂	HBO₂	HAsO₃	化学类型
60	0.33	0	33.9	0.26	<0.005	HCO₃·Cl–Na

开发利用：供应假日海滩洗浴以及游泳池用水。

HIJ006 黄金海岸花园地热井

位置：海南省海口市秀英区滨海西路201号（黄金海岸花园）。

井深：750.15m。

孔径：0.15～0.27m。

井口温度：45℃。

热储层特征：热储层为新近系中新统角尾组和下洋组，岩性主要为中粗砂，灰白色，石英质，主要由中、粗粒组成，含砾，局部夹少量黏土。热储顶埋深603.82m，热储底埋深697.25m，热储厚度为48.09m。据2001年6月成井时资料，水位埋深为10.05m，水位降深26m，涌水量为1190.54m³/d。

水化学成分：2013年12月16日进行了取样测试（表3.56）。

表3.56　黄金海岸地热井化学成分　　　　（单位：mg/L）

T_s/℃	pH	TDS	Na^+	K^+	Ca^{2+}	Mg^{2+}
36	8.39	351	119	4	4.2	1.7
Li	Rb	Sr	NH_4^+	CO_3^{2-}	HCO_3^-	SO_4^{2-}
0.02	na.	0.11	0.4	9.6	210	21.5
Cl^-	F^-	CO_2	SiO_2	HBO_2	$HAsO_3$	**化学类型**
54.1	0.18	0	28.6	0.19	<0.005	$HCO_3 \cdot Cl-Na$

开发利用：供住宅区洗浴及游泳池用水。

HIJ007 锦绣京江地热井

位置：海口市龙华区金濂路一号（锦绣京江）。

井深：802.56m。

孔径：0.15～0.273m。

井口温度：44℃。

热储层特征：热储层为新近系中新统下洋组，岩性主要为黏土质粗砂，灰白色，主要由中粗粒石英砂和少量粉黏粒组成。热储顶埋深608.39m，热储底埋深795.53m，热储厚度为60.36m。据2001年3月成井时资料，水位埋深为22m，水位降深36m，涌水量为718.56m³/d。

水化学成分：2013年12月16日进行了取样测试（表3.57）。

表3.57　锦绣京江地热井化学成分　　　　（单位：mg/L）

T_s/℃	pH	TDS	Na^+	K^+	Ca^{2+}	Mg^{2+}
37	8.46	1570	621	5.6	3.8	2.4
Li	Rb	Sr	NH_4^+	CO_3^{2-}	HCO_3^-	SO_4^{2-}
0.033	na.	0.076	1	43	1120	52.7
Cl^-	F^-	CO_2	SiO_2	HBO_2	$HAsO_3$	**化学类型**
240	4.6	0	23.8	8.37	<0.005	HCO_3-Na

开发利用：供住宅区洗浴以及游泳池用水。

HIJ008 九曲江地热井

位置：海南省琼海市博鳌镇北岸电站，距加积镇约18km，距博鳌港约9km，向西约5km与海榆东线公路和环岛东线高速公路连接，交通便利。

井深：250.4m。

孔径：0.17～0.22m。

井口温度：70℃。

热储层特征：热储岩性为志留系绢云母千枚岩，灰色，裂隙发育，岩心破碎。热储顶埋深17.5m，热储底埋深250.4m，热储厚度为232.9m，热储温度125.4℃（钾镁温标）。据1997年12月成井时资料，水位埋深为4.37m，水位降深13m，涌水量为951.78m³/d。

水化学成分：2013年12月8日进行了取样测试（表3.58）。

表3.58 九曲江地热井化学成分 （单位：mg/L）

T_s/℃	pH	TDS	Na^+	K^+	Ca^{2+}	Mg^{2+}
68	7.47	6170	1590	58.7	664	4.5
Li	Rb	Sr	NH_4^+	CO_3^{2-}	HCO_3^-	SO_4^{2-}
1.68	na.	16.91	<0.02	0	73.2	292
Cl^-	F⁻	CO_2	SiO_2	HBO_2	$HAsO_3$	化学类型
3410	2.4	4.4	97.2	1.96	<0.005	Cl-Na·Ca

开发利用：九曲江地热田热矿水现主要通过两口地热井进行开采，开采总量约600m³/d，通过管道输送至10km外的博鳌水城供酒店作为洗浴、康复和游泳池用水。

HIJ009 官塘地热井

位置：海南省琼海市加积镇西南郊万泉河畔的官塘温泉旅游开发区，距加积镇约10km，海榆东线公路和环岛东线高速公路从该区东侧穿过，交通便利。

井深：252.88m。

孔径：0.17～0.22m。

井口温度：70℃。

热储层特征：燕山早期侵入岩构造破碎带构成本区热储，热储岩性为构造碎裂岩，深灰色，裂隙节理发育，岩体碎裂，局部为角砾结构，方解石脉和小晶洞发育。热储顶埋深87.03m，热储底埋深252.88m，热储厚度为165.85m，热储温度104.2℃（钾镁温标）。据1993年7月成井时资料，水位埋深为1.5m，水位降深2.54m，涌水量为1650.84m³/d。

水化学成分：2013年10月16日和2014年2月25日分别进行了取样测试（表3.59、表3.60）。

表3.59 官塘地热井化学成分（2013-10-16） （单位：mg/L）

T_s/℃	pH	TDS	Na⁺	K⁺	Ca²⁺	Mg²⁺
68	8.38	577	180	7.7	8	0.52
Li	Rb	Sr	NH₄⁺	CO₃²⁻	HCO₃⁻	SO₄²⁻
0.38	na.	0.66	<0.02	15	147	61.6
Cl⁻	F⁻	CO₂	SiO₂	HBO₂	HAsO₃	化学类型
123	19	0	87.8	0.82	<0.005	HCO₃·Cl-Na

表3.60 官塘地热井化学成分（2014-02-25） （单位：mg/L）

T_s/℃	pH	TDS	Na⁺	K⁺	Ca²⁺	Mg²⁺
67	8.39	596	185	7.9	8.8	0.34
Li	Rb	Sr	NH₄⁺	CO₃²⁻	HCO₃⁻	SO₄²⁻
0.37	na.	0.67	<0.02	12	164	73.8
Cl⁻	F⁻	CO₂	SiO₂	HBO₂	HAsO₃	化学类型
115	24	0	87.1	0.83	<0.005	HCO₃·Cl-Na

开发利用：地热开采井主要有两口，开采总量约550m³/d，旅游旺季开采量增加，主要供官塘温泉旅游度假区作为宾馆洗浴和游泳池用水。

HIJ010 兴隆地热井

位置：海南省万宁市兴隆镇华侨农场，东北距万城镇25km，南至环岛高速公路7km，海榆东线公路从区内穿过，交通便利。

井深：302.29m。

孔径：0.15～0.17m。

井口温度：50℃。

热储层特征：白垩纪花岗岩为原岩的构造破碎带构成本区热储，热储顶埋深88.13m，热储底埋深302.29m，热储厚度为214.16m，热储温度81.6℃（钾镁温标）。据1994年4月成井时资料，水位埋深为1.98m，水位降深9.78m，涌水量为2108.16m³/d。

水化学成分：2013年10月11日和2014年2月25日分别进行了取样测试（表3.61、表3.62）。

表3.61 兴隆地热井化学成分（2013-10-11） （单位：mg/L）

T_s/℃	pH	TDS	Na⁺	K⁺	Ca²⁺	Mg²⁺
66	8.45	366	92.3	3	11.8	1
Li	Rb	Sr	NH₄⁺	CO₃²⁻	HCO₃⁻	SO₄²⁻
0.1	na.	0.36	<0.02	9.8	120	38.1
Cl⁻	F⁻	CO₂	SiO₂	HBO₂	HAsO₃	化学类型
51.7	7.2	0	89.1	0.056	0.0058	HCO₃·Cl-Na

表3.62　兴隆地热井化学成分（2014-02-25）　　（单位：mg/L）

T_s/℃	pH	TDS	Na$^+$	K$^+$	Ca^{2+}	Mg^{2+}
64	8.63	364	101	3.2	6.7	0.31
Li	Rb	Sr	NH$_4^+$	CO$_3^{2-}$	HCO$_3^-$	SO$_4^{2-}$
0.1	na.	0.25	<0.02	9.6	112	38.4
Cl$^-$	F$^-$	CO$_2$	SiO$_2$	HBO$_2$	HAsO$_3$	化学类型
56.4	9.3	0	81.7	0.091	<0.005	HCO$_3$·Cl-Na

开发利用：地热开采井主要有四口，开采总量约2200m³/d，主要供应兴隆温泉旅游区和开发区洗浴、游泳池用水。

HIJ011 石硐地热井

位置：海南省保亭县什岭镇石硐村西侧，东北距什岭镇约6km，西距保城镇约5km，保亭-陵水省级公路从北侧经过，交通便利。

井深：82.8m。

孔径：0.17～0.219m。

井口温度：41℃。

热储层特征：白垩纪花岗岩裂隙破碎带构成本区热储，热储顶埋深18.40m，热储底埋深82.8m，热储厚度为64.4m，热储温度108.7℃（石英温标）。据2006年11月成井时资料，水位埋深为4.41m，水位降深8.12m，涌水量为981.50m³/d。

水化学成分：2013年12月7日进行了取样测试（表3.63）。

表3.63　石硐地热井化学成分　　（单位：mg/L）

T_s/℃	pH	TDS	Na$^+$	K$^+$	Ca^{2+}	Mg^{2+}
37	7.3	291	65	1.7	18.6	1.2
Li	Rb	Sr	NH$_4^+$	CO$_3^{2-}$	HCO$_3^-$	SO$_4^{2-}$
0.098	na.	0.42	<0.02	0	137	54.3
Cl$^-$	F$^-$	CO$_2$	SiO$_2$	HBO$_2$	HAsO$_3$	化学类型
12	6.7	6.2	60.8	0.15	<0.005	HCO$_3$·SO$_4$-Na

开发利用：开采井主要有三口，开采总量约100m³/d，主要通过管道供应保城庄园豪都住宅区作为洗浴和游泳池用水。

HIJ012 七仙岭地热井

位置：海南省保亭县城西北部约8km七仙岭脚下的温泉旅游度假区，交通便利。

井深：489.39m。

孔径：0.11～0.13m。

井口温度：89℃。

热储层特征：白垩纪花岗岩裂隙破碎带构成本区热储，岩性主要为构造砾岩、碎裂岩、糜棱岩等，热储顶埋深16.40m，热储底埋深489.39m，热储厚度为473.24m，热储温度97.4℃（钾镁温标）。据20世纪70～80年代成井时资料，钻孔自流量为1451m³/d。

水化学成分：2013年10月9日和2014年2月25日分别进行了取样测试（表3.64、表3.65）。

表3.64　七仙岭地热井化学成分（2013-10-09）　（单位：mg/L）

T_S/℃	pH	TDS	Na^+	K^+	Ca^{2+}	Mg^{2+}
87	9.33	290	62	22	2.8	0.2
Li	Rb	Sr	NH_4^+	CO_3^{2-}	HCO_3^-	SO_4^{2-}
0.068	na.	0.085	<0.02	20	110	20.2
Cl^-	F^-	CO_2	SiO_2	HBO_2	$HAsO_3$	化学类型
13	8.9	0	105	0.043	0.0099	HCO_3-Na

表3.65　七仙岭地热井化学成分（2014-02-25）　（单位：mg/L）

T_S/℃	pH	TDS	Na^+	K^+	Ca^{2+}	Mg^{2+}
84	8.98	270	67.2	2.8	2.8	0.07
Li	Rb	Sr	NH_4^+	CO_3^{2-}	HCO_3^-	SO_4^{2-}
0.078	na.	0.092	<0.02	19	58.6	25.9
Cl^-	F^-	CO_2	SiO_2	HBO_2	$HAsO_3$	化学类型
12	12	0	98.2	0.039	<0.005	HCO_3-Na

开发利用：七仙岭地热田现主要开采四个自流孔的自流量，开采总量约600m³/d，主要作为七仙岭温泉旅游度假区各酒店洗浴、康复和游泳池用水。

HIJ013 南田地热井

位置：海南省三亚市藤桥镇南田农场，环岛高速公路藤桥路口，距三亚市约30km，交通便利。

井深：56.1m。

孔径：0.17m。

井口温度：56℃。

热储层特征：三叠纪花岗岩为原岩的构造破碎带构成本区热储，热储顶埋深15.00m，热储底埋深56.1m，热储厚度为41.1m，热储温度95.7℃（钾镁温标）。据1992年12月成井时资料，钻孔自流量达3726m³/d，水位高出地面7.71m。

水化学成分：2013年12月6日进行了取样测试（表3.66）。

表3.66　南田地热井化学成分　　　　（单位：mg/L）

$T_s/℃$	pH	TDS	Na^+	K^+	Ca^{2+}	Mg^{2+}
50	7.89	1706	393	16	190	2.6
Li	Rb	Sr	NH_4^+	CO_3^{2-}	HCO_3^-	SO_4^{2-}
0.43	na.	6.4	<0.02	0	48.8	255
Cl^-	F^-	CO_2	SiO_2	HBO_2	$HAsO_3$	化学类型
741	4.8	4.4	77.3	0.19	<0.005	Cl-Na·Ca

开发利用：本井主要作为温泉度假区的观赏井。地热开采井主要有两口，开采总量约900m³/d，主要作为旅游度假区各酒店游泳池、浴池、洗浴用水。

HIJ014 凤凰山庄地热井

位置：海南省三亚市西北郊，凤凰镇北侧约3.5km，距三亚市区约10km，交通便利。

井深：114.92m。

孔径：0.13～0.17m。

井口温度：56℃。

热储层特征：三叠纪花岗岩为原岩的构造破碎带构成本区热储，热储顶埋深42.1m，热储底埋深114.92m，热储厚度为72.82m，热储温度89.4℃（钾镁温标）。据1993年3月成井时资料，水位埋深为5.62m，水位降深5.82m，涌水量为1439.33m³/d。2013年9月6日野外调查时，测得自流量为603.36m³/d。

水化学成分：2013年10月9日和2014年2月26日分别进行了取样测试（表3.67、表3.68）。

表3.67　凤凰山庄地热井化学成分（2013-10-09）　　（单位：mg/L）

$T_s/℃$	pH	TDS	Na^+	K^+	Ca^{2+}	Mg^{2+}
55	8.69	554	164	5.55	8.6	0.4
Li	Rb	Sr	NH_4^+	CO_3^{2-}	HCO_3^-	SO_4^{2-}
0.092	na.	0.26	<0.02	12	67.3	81.3
Cl^-	F^-	CO_2	SiO_2	HBO_2	$HAsO_3$	化学类型
147	13	0	87.4	0.28	0.015	Cl-Na

表3.68　凤凰山庄地热井化学成分（2014-02-26）　　（单位：mg/L）

$T_s/℃$	pH	TDS	Na^+	K^+	Ca^{2+}	Mg^{2+}
49	8.33	567	170	6.3	11	0.65
Li	Rb	Sr	NH_4^+	CO_3^{2-}	HCO_3^-	SO_4^{2-}
0.085	na.	0.26	<0.02	4.8	87.9	102
Cl^-	F^-	CO_2	SiO_2	HBO_2	$HAsO_3$	化学类型
132	17	0	78	0.32	<0.005	Cl·SO₄-Na

开发利用：开采井主要有一口，开采量约80m³/d，主要供应凤凰山庄温泉旅游度假酒店洗浴和游泳池用水。

HIJ015 阳光海岸地热井

位置：海南省三亚市三亚湾路196号阳光海岸度假酒店。

井深：200m。

孔径：0.13～0.273m。

井口温度：41℃。

热储层特征：上部热储层岩性为新近系中粗砂，下部热储层岩性为三叠纪花岗岩裂隙带。热水的形成主要是由于盆地基底经深循环加热后的基岩裂隙水沿构造破碎带补给上部的新近系孔隙承压水而成，热储顶埋深101m，揭露深度为200m，中粗砂厚1m，揭露的花岗岩厚度为98m，裂隙中等发育，赋存热水，下部热储温度79.1℃（钾镁温标）。据2003年12月成井时资料，水位埋深为6.1m，水位降深28.3m，涌水量为256.61m³/d。

水化学成分：2013年12月6日进行了取样测试（表3.69）。

表3.69　阳光海岸地热井化学成分　　　　　　　（单位：mg/L）

T_s/℃	pH	TDS	Na⁺	K⁺	Ca²⁺	Mg²⁺
41	8.33	911	294	5.2	24.2	1
Li	Rb	Sr	NH₄⁺	CO₃²⁻	HCO₃⁻	SO₄²⁻
0.13	na.	0.7	<0.02	2	75.7	185
Cl⁻	F⁻	CO₂	SiO₂	HBO₂	HAsO₃	化学类型
326	10	0	25.3	0.58	<0.005	SO₄·Cl–Na

开发利用：地热井主要供应度假酒店作为洗浴与游泳池用水。

HIJ016 天福源酒店地热井

位置：海南省三亚市三亚湾旅游开发区天福源酒店。

井深：井深230m。

孔径：0.17～0.26m。

井口温度：42℃。

热储层特征：上部热储层岩性为新近系中粗砂，下部热储层岩性为三叠纪花岗岩裂隙带。热水的形成主要是由于盆地基底经深循环加热后的基岩裂隙水沿构造破碎带补给上部的新近系孔隙承压水而成，热储顶埋深95m，揭露深度为230m，中粗砂厚4.0m；揭露的花岗岩厚度为131m，裂隙中等发育，赋存热水，下部热储温度91.0℃（钾镁温标）。据2004年2月成井时资料，水位埋深为3.8m，水位降深4.9m，涌水量为299.81m³/d。

水化学成分：2013年12月6日进行了取样测试（表3.70）。

表3.70　天福源酒店地热井化学成分　　　　（单位：mg/L）

T_s/℃	pH	TDS	Na⁺	K⁺	Ca²⁺	Mg²⁺
39	8.53	926	303	6	18.3	0.52
Li	Rb	Sr	NH₄⁺	CO₃²⁻	HCO₃⁻	SO₄²⁻
0.13	na.	0.58	<0.02	9.6	68.3	184
Cl⁻	F⁻	CO₂	SiO₂	HBO₂	HAsO₃	化学类型
326	10	0	32.3	0.56	<0.005	Cl–Na

开发利用：地热井主要供应度假酒店作为洗浴与游泳池用水。

HIJ017 龙沐湾地热井

位置：位于海南省乐东县佛罗镇龙沐湾开发区，环岛高速公路从东侧约6km经过，东南距三亚市约100km，交通便利。

井深：226.6m。

孔径：0.2~0.26m。

井口温度：40℃。

热储层特征：热水的形成主要是由于盆地基底经深循环加热后的基岩裂隙水沿构造破碎带补给上部的新近系孔隙承压水而成，热储岩性为新近系中粗砂，热储顶埋深185m，热储底埋深217.5m，热储厚度为20.9m，热储温度49.7℃（钾镁温标）。据2008年11月成井时资料，水位1.6m，水位降深44.6m，涌水量为576.28m³/d。

水化学成分：2013年12月4日进行了取样测试（表3.71）。

表3.71　龙沐湾地热井化学成分　　　　（单位：mg/L）

T_s/℃	pH	TDS	Na⁺	K⁺	Ca²⁺	Mg²⁺
39	8.35	466	116	4.2	34.7	9
Li	Rb	Sr	NH₄⁺	CO₃²⁻	HCO₃⁻	SO₄²⁻
0.1	na.	0.52	<0.02	2	217	20.2
Cl⁻	F⁻	CO₂	SiO₂	HBO₂	HAsO₃	化学类型
133	0.54	0	36.3	0.065	<0.005	HCO₃·Cl–Na

开发利用：地热井主要供应开发区作为洗浴与游泳池用水。

HIJ018 七叉地热井

位置：海南省昌江县七叉镇北侧约400m处，距石碌镇约30km，交通条件较差。

井深：183.6m。

孔径：0.13～0.17m。

井口温度：44.5℃。

热储层特征：热储岩性为二叠纪花岗岩构造破碎带，热储顶埋深61.85m，热储底埋深183.6m，热储厚度为67.45m，热储温度97.5℃（钾镁温标）。据2011年6月成井时资料，水位1.3m，水位降深33.45m，涌水量为668.16m³/d。

水化学成分：2013年10月17日和2014年2月27日分别进行了取样测试（表3.72、表3.73）。

表3.72　七叉地热井化学成分（2013-10-17）　　　（单位：mg/L）

T_s/℃	pH	TDS	Na⁺	K⁺	Ca²⁺	Mg²⁺
42	8.98	296	82.1	2.6	4.1	0.19
Li	Rb	Sr	NH₄⁺	CO₃²⁻	HCO₃⁻	SO₄²⁻
0.14	na.	0.14	<0.02	27	57.3	51.4
Cl⁻	F⁻	CO₂	SiO₂	HBO₂	HAsO₃	化学类型
12	16	0	71.4	0.13	0.0074	SO₄–Na

表3.73　七叉地热井化学成分（2014-02-27）　　　（单位：mg/L）

T_s/℃	pH	TDS	Na⁺	K⁺	Ca²⁺	Mg²⁺
41	9.11	308.4	90	3	2.8	0.08
Li	Rb	Sr	NH₄⁺	CO₃²⁻	HCO₃⁻	SO₄²⁻
0.16	na.	0.12	<0.02	9.6	65.9	64
Cl⁻	F⁻	CO₂	SiO₂	HBO₂	HAsO₃	化学类型
13.1	20	0	72.5	0.21	<0.005	HCO₃·SO₄–Na

开发利用：尚未开发利用。

HIJ019 蓝洋地热井

位置：海南省儋州市兰洋镇兰洋农场温泉公园内，西北距那大镇约13km，交通便利。

井深：200.4m。

孔径：0.15～0.17m。

井口温度：86℃。

热储层特征：热储岩性为早石炭系透辉石角岩和石英斑岩：块状构造，岩心破碎。热储顶埋深13.75m，热储底埋深200.4m，热储厚度为186.65m，热储温度130.53℃（石英温标）。据1994年11月成井时资料，水位1.17m，水位降深27.5m，涌水量为1054.1m³/d。

水化学成分：2013年10月23日和2014年2月28日分别进行了取样测试（表3.74、表3.75）。

表3.74　蓝洋地热井化学成分（2013-10-23）　　（单位：mg/L）

T_s/℃	pH	TDS	Na$^+$	K$^+$	Ca^{2+}	Mg^{2+}
77	8.3	364	79.4	5.71	18	1.7
Li	Rb	Sr	NH$_4^+$	CO$_3^{2-}$	HCO$_3^-$	SO$_4^{2-}$
0.19	na.	0.19	<0.02	2	147	45.7
Cl$^-$	F$^-$	CO$_2$	SiO$_2$	HBO$_2$	HAsO$_3$	化学类型
21.7	11	0	105	0.26	<0.005	HCO$_3$-Na

表3.75　蓝洋地热井化学成分（2014-02-28）　　（单位：mg/L）

T_s/℃	pH	TDS	Na$^+$	K$^+$	Ca^{2+}	Mg^{2+}
77	8.32	400	84.4	5.7	19.2	1.8
Li	Rb	Sr	NH$_4^+$	CO$_3^{2-}$	HCO$_3^-$	SO$_4^{2-}$
0.19	na.	0.18	<0.02	2	134	66.1
Cl	F$^-$	CO$_2$	SiO$_2$	HBO$_2$	HAsO$_3$	化学类型
23.6	14	0	116	0.27	<0.005	HCO$_3$·SO$_4$-Na

开发利用：本区地热开采井主要为加答一口地热井，开采量约400m³/d，主要作为蓝洋温泉旅游度假区各酒店洗浴和游泳池用水。

HIJ020 九乐宫地热井

位置：海南省澄迈县西达农场九乐宫温泉度假山庄，东北距金江镇约35km，交通条件较差。

井深：250.55m。

孔径：0.13~0.22m。

井口温度：56.8℃。

热储层特征：热储岩性为二叠纪花岗岩，裂隙发育，岩石破碎，见有构造角砾岩，摩擦痕迹及黄铁矿化等热蚀变的现象明显。热储顶埋深3.03m，热储底埋深250.06m，热储厚度为247.03m，热储温度74.3℃（钾镁温标）。据1993年3月成井时资料，水位埋深1.95m，水位降深15.15m，涌水量为1117.6m³/d。

水化学成分：2013年12月3日进行了取样测试（表3.76）。

表3.76　九乐宫地热井化学成分　　（单位：mg/L）

T_s/℃	pH	TDS	Na$^+$	K$^+$	Ca^{2+}	Mg^{2+}
54	8.33	347	101	3.3	5.1	0.6
Li	Rb	Sr	NH$_4^+$	CO$_3^{2-}$	HCO$_3^-$	SO$_4^{2-}$
0.18	na.	0.3	<0.02	2	134	48
Cl$^-$	F$^-$	CO$_2$	SiO$_2$	HBO$_2$	HAsO$_3$	化学类型
22.2	15	0	73.4	0.47	<0.005	HCO$_3$-Na

开发利用：本井为九乐宫温泉度假山庄的主要开采井，开采量约100m³/d，主要供应温泉度假山庄作为游泳池和洗浴用水。

HIJ021 永发地热井

位置：海南省澄迈县永发镇南村西南侧。

井深：1000.61m。

孔径：0.091～0.3m。

井口温度：40℃。

热储层特征：热储岩性为白垩纪砂岩，属裂隙型层状热储，是本次调查新发现的热储类型。热储顶埋深232m，热储底埋深1000.61m。据2013年11月成井时资料，水位埋深为46m，水位降深24m，涌水量为696.38m³/d。

水化学成分：2013年12月12日进行了取样测试（表3.77）。

表3.77　永发地热井化学成分　　　　（单位：mg/L）

T_S/℃	pH	TDS	Na⁺	K⁺	Ca²⁺	Mg²⁺
37	8.36	2426	822	8.1	25	7.8
Li	Rb	Sr	NH₄⁺	CO₃²⁻	HCO₃⁻	SO₄²⁻
0.44	na.	1.38	0.4	9.6	386	604
Cl⁻	F⁻	CO₂	SiO₂	HBO₂	HAsO₃	化学类型
726	1.5	0	20.4	1.06	0.005	SO₄Cl–Na

开发利用：2013年12月12日调查期间尚未正式投入使用，该地热井仅供应工人的洗浴用水。

HIJ022 乌坡地热井

位置：海南省屯昌县乌坡镇美华牛班坡村西南1km处，北距乌坡镇约6km，距屯昌县城约30km，交通条件较差。

井深：200.3m。

孔径：0.091～0.17m。

井口温度：46℃。

热储层特征：储岩性为白垩纪花岗岩，裂隙发育，岩石破碎，见有构造角砾岩、摩擦痕迹及水热蚀变的现象，热储顶埋深4.3m，热储底埋深200.3m，热储厚度为196m，热储温度90.8℃（钾镁温标）。据2010年8月成井时资料，水位埋深为0.8m，水位降深8.93m，涌水量为672.19m³/d。

水化学成分：2013年10月24日和2014年2月28日分别进行了取样测试（表3.78、表3.79）。

表3.78　乌坡地热井化学成分（2013-10-24）　　（单位：mg/L）

T_s/℃	pH	TDS	Na$^+$	K$^+$	Ca^{2+}	Mg^{2+}
43	8.93	361	102	3.2	4.7	0.27
Li	Rb	Sr	NH$_4^+$	CO$_3^{2-}$	HCO$_3^-$	SO$_4^{2-}$
0.16	na.	0.16	<0.02	24	69.7	66.1
Cl$^-$	F$^-$	CO$_2$	SiO$_2$	HBO$_2$	HAsO$_3$	化学类型
23.3	16	0	86.1	0.18	<0.005	SO$_4$-Na

表3.79　乌坡地热井化学成分（2014-02-28）　　（单位：mg/L）

T_s/℃	pH	TDS	Na$^+$	K$^+$	Ca^{2+}	Mg^{2+}
41	9.16	390	110	3.2	4.2	0.15
Li	Rb	Sr	NH$_4^+$	CO$_3^{2-}$	HCO$_3^-$	SO$_4^{2-}$
0.15	na.	0.15	<0.02	14	58.6	95.9
Cl$^-$	F$^-$	CO$_2$	SiO$_2$	HBO$_2$	HAsO$_3$	化学类型
15.1	22	0	94.7	0.17	<0.005	SO$_4$-Na

开发利用：未被开发利用。

HIJ023 上安地热井

位置：海南省琼中县上安乡南流村，东距上安乡约5km，东北距琼中县城约25km，交通条件较差。

井深：200m。

孔径：0.15～0.18m。

井口温度：56℃。

热储层特征：本井孔口高程为248m，是海南岛目前标高最高的地热井。热储岩性为白垩纪黑云母二长花岗岩，裂隙发育，岩石破碎，局部有方解石充填，部分地段花岗岩溶蚀孔洞发育，水热蚀变质作用明显。热储顶埋深3.75m，热储底埋深200m，热储厚度为196.25m，热储温度85.5℃（钾镁温标）。据2010年4月成井时资料，自流量为241.68m³/d，水位降深12.58m，涌水量为463.68m³/d。

水化学成分：2014年2月28日进行了取样测试（表3.80）。

表3.80　上安地热井化学成分　　（单位：mg/L）

T_s/℃	pH	TDS	Na$^+$	K$^+$	Ca^{2+}	Mg^{2+}
51	9.38	276	64.2	1.9	2.4	0.08
Li	Rb	Sr	NH$_4^+$	CO$_3^{2-}$	HCO$_3^-$	SO$_4^{2-}$
na.	na.	na.	na.	na.	43.9	26
Cl$^-$	F$^-$	CO$_2$	SiO$_2$	HBO$_2$	HAsO$_3$	化学类型
15.1	7.8	na.	111	0.066	na.	HCO$_3$-Na

开发利用：未被开发利用。

第/四/章

广西壮族自治区

广西壮族自治区地处中国南疆华南沿海，位于东经104°26′～112°04′，北纬20°54′～26°24′，北回归线横贯全区中部。东连广东省，南临北部湾并与海南省隔海相望，西与云南毗邻，东北接湖南省，西北靠贵州省，西南与越南接壤。广西位于全国地势第二台阶中的云贵高原东南边缘，地处两广丘陵西部，南临北部湾海面，地形复杂。整个地势自西北向东南倾斜，山岭连绵，岭谷相间，四周多被山地、高原环绕，呈西北高、东南低，周边高、中间低盆地状，有"广西盆地"之称。广西为全国水资源丰富的省区，水资源主要来源于河川径流和入境河流。

广西壮族自治区处于太平洋板块和印度洋板块的交接地带，也是大陆性地壳向大洋性地壳过渡的变异地带，地震频繁，地壳厚度较内陆地区薄，其莫氏面、康氏面和结晶基底面埋深相对浅，十分利于地壳深部热流向地表传导传递，大地热流值较高，具有良好的热源条件，区内热源主要是上地幔热及地壳深部结晶基底放射性蜕变产热共同形成的大地热流。良好的地热地质条件使广西地热资源具有存储丰富，分布面积广泛的特点。

区内地层发育齐全，漫长地史时期中历经多次构造运动，地壳几度升降，反复更替，地层自古元古界至第四系均有出露，以泥盆系—中三叠统分布最广，尤以泥盆系得天独厚。地层出露面积21万余km²，约占广西陆地面积90%。在隆起山地对流型地热资源中碎屑岩、具有良好覆盖层的碳酸盐岩及燕山期以来侵入的花岗岩等地层为较好的热储层。在沉积盆地传导型的地热资源中，以砂岩、砾岩及碳酸盐岩等为主要的较好热储层。

广西壮族自治区地热热储可划分为孔隙裂隙型层状热储、上部裂隙下部岩溶复合型层状热储、岩溶型层状热储、裂隙型带状兼层状热储、裂隙型带状热储五大类，孔隙裂隙型层状热储主要分布在沉积盆地性传导型地热区域的南宁盆地、百色盆地、合浦盆地、上思盆地、宁明盆地内，属于中、新生代断陷盆地的一部分，主要热储层为新近系砂岩类；上部裂隙下部岩溶复合型层状热储主要分布在桥圩盆地内；岩溶型层状热储主要分布于区内深大断裂发育的碳酸盐岩分布区，如桂林永福温泉；裂隙型带状兼层状热储是区内隆起山地对流型地热资源的主要热储，主要分布于北北东向、北东东向、南北向、北东向、东西向等断裂带上，该区主要热储层为沉积岩的裂隙及断裂发育储水带，如桂林龙胜温泉、北海森海豪庭地热井等；裂隙型带状热储主要分布于中生代燕山期岩浆岩区，频繁的岩浆活动沟通了地壳深部的热源。在构造交汇部位及其接触带附近，深层构造裂隙发育，为深层热水循环提供了良好的通道和储存空间，地下深处的热水易沿断裂通道上升，形成地热异常。该区地热系统为深循环对流型，温泉呈点状及带状出露于断裂交会处或不同岩体接触带，自然出露地热流体温度均较高，如峒中温泉、贺州温泉、贺州南乡汤水寨及里松培才温泉等。

第一节 地热资源及分布特征

一、地热资源形成特点及分布规律

广西地区地热资源类型按其成因和热水赋存运移条件可分为两种类型，即隆起山地对流型、沉积盆地传导型；其中桂北、桂东南构造隆起区分布的带（脉）状热储隆起山地对流型地热资源以泉的形式出露；桂西、桂南中新生代断陷盆地则以隐伏沉积盆地传导型地热田形式分布。

隆起山地区热储温度场明显受断裂构造控制，平面等温线沿控热断裂走向呈带状展布，温度等值线长轴方向与断裂走向一致，呈现断层上盘一侧等温线稀疏，下盘一侧等温线密集特征，等值线密集区为地热异常中心，地温梯度一般大于3℃/100m。平面等温线所反映出的高温部位往往就是两组或者多组断裂交汇处，即地热流体上涌通道，由主通道向四周温度减小。在垂直方向上，在恒温层以下，地温随深度的增加呈递增的趋势，进一步表明热流来自地壳深部。

据统计我区共有52处温热泉，温热泉出露主要集中分布于广西11个地级市22个县中。从地理位置分布规律看，绝大部分温泉分布于桂东、桂东北和桂东南地区，占统计量的88.24%，少量零星分布于桂西北和桂西南，占统计量的11.76%。温热泉出露分布分区、分带性与区内深大断裂、活动性断裂、岩浆侵入体密切相关。

广西的沉积盆地传导型地热资源主要蕴藏于南宁、合浦、桥圩、百色、宁明、上思等中、新生代构造断陷向斜盆地中。

1.隆起山地对流型地热资源分布特征

隆起山地对流型其分布显示如下规律：

1）温热泉主要沿区域性深、大、活动性断裂分布

区域性深、大断裂、活动性断裂多属基底断裂，是沟通地下深部热源的通道，是温热泉出露的重要条件。因而在区域性深大断裂、活动性断裂的交汇复合部分、断裂转折端、锁固端、断裂近侧的次级构造密集发育块段及其断裂之间的断块中，常是温热泉出露的最佳位置。构成深大、活动性断裂控制温热泉的分布，次级构造断裂控制其出露形式的分布规律。区内52处温热泉中，分布于东北向断裂构造带的共有27处，占统计量的52.94%，分布于北西向构造带和南北向构造带各为五处，两者之和占统计量的19.61%，东西向断裂构造带内目前未发现温热泉出露。

2）温热泉出露分布与岩浆岩体关系密切

全区52处温热泉中，有16处分布于岩浆岩体中。一般在多期复式岩体、岩体与岩体接触带、岩体与围岩接触带及岩体中发育的断裂破碎带或后期发育的硅化带、各种岩脉、岩墙等地段出露。按其出

露所在的岩体形式时代又可分为：燕山期（γ_5）岩体中有九处温热泉分布，占统计量的56.3%；出露于加里东期（γ_3）岩体中计六处，火山凝灰熔岩（$\pi T_3 b$）出露一处，两者占统计量的43.7%。而后两者出露的温热泉附近亦多有燕山期侵入体的岩株、岩墙或岩脉分布，可见分布于加里东期（γ_3）岩体和火山凝灰熔岩中的温热泉仍主要与燕山期的热活动有关。

3）分布于沉积岩中的温热泉主要出露于碎屑岩地区

全区52处温热泉中有21处分布于沉积岩地层中。按其出露的地层时代分：泥盆系出露12处，占统计量的57.1%，震旦系、寒武系、志留系、二叠系、侏罗系及白垩系、新近系均有出露，占统计量的42.9%；按岩类分：碎屑岩地区共出露15处，占统计量的71.4%，碳酸盐岩夹碎屑岩或碳酸盐岩地区出露六处，为统计量的28.6%。而分布于碳酸盐岩类地区的温热泉，其隔热保温层亦多为碎屑岩夹层或附近出露的碎屑岩地层。此外，分布于沉积岩地层的温热泉中，有十处温热泉附近出露有侵入岩体，显示了温热泉的形成正如前述的与岩浆活动有密切的关系。

2.盆地型地热资源分布特征

盆地型地热资源的分布主要遵循如下规律：

（1）与区域构造密切相关。这些中新生代断陷向斜盆地均受区域性深大断裂的控制，盆地的长轴方向一般为北东或北西向，顺区域性深大断裂展布（图4.1）。断裂规模大，切割深，构成深部热源向地表传递的良好通道。

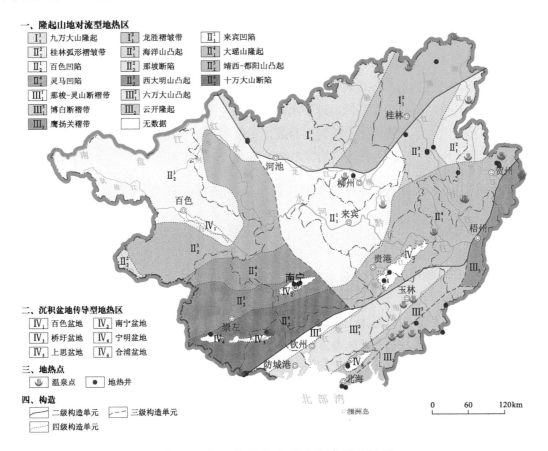

图 4.1 广西壮族自治区地热资源分区图

（2）构成地热地质体的为中、新生代泥质岩和砂岩等碎屑岩及隐伏碳酸盐岩，厚度在1000～2000m以上，泥质岩类构成盆地地热田良好的隔热保温盖层，多呈夹层状交替出现，其间夹的砂岩、砾岩等构成热储层，为层状的孔隙裂隙型热储，砂岩孔隙度一般较大，具良好的渗透性。一般古生代老地层构成盆地的基底，受构造运动的影响，基底多呈中部凹陷，四周上跷的"簸箕"形，断裂构造发育，形成沟通深部热源的通道。

（3）盆地型地热资源埋藏较浅，一般1000～2000m，最深在4000m以内，地热储存资源丰富，地表一般没有温泉露头，易于钻探开发利用，属经济型地热资源。

（4）从地域分布上看，隐伏盆地型地热资源主要分布于桂南和桂西地区，为广西经济相对发达的首府、沿海、沿边及红色旅游之地，具有良好的开发利用前景。

二、地热资源量

广西壮族自治区地热资源按成因分为两种类型，即隆起山地对流型与沉积盆地传导型。隆起山地对流型主要为受断裂控制呈带状分布的地热泉（田），广西绝大部分地区地热资源都属于该类型；其次为沉积盆地传导型。分布于桂西、桂南的百色盆地、南宁盆地等六个盆地中。因此，地热能资源量评价按两种类型分别进行评价、统计与估算；从实用价值考虑，开采资源只计算水温大于或等于25℃的井、孔涌水量、温泉流量和它们的流体散热量；对研究程度较高的地热田计算参数选取主要依据已有的原始数据、地热田模型、计算方法、计算参数及计算结果取值。

1.隆起山地型地热资源评价

隆起山地对流型，包括沿控热断裂和岩浆岩与围岩接触带分布的条带状热储，热水储集无固定层位，一般无盖层，热储规模、温度高低、地下水循环深度受控于断裂规模、性质和断裂带岩石中构造裂隙发育程度及水文地质条件等因素。断裂自身或构造裂隙既是水热对流通道，又是热水储存空间，温度多沿断裂及影响带分布，广西壮族自治区内绝大多数都属于该类型。

对于区内以构造隆起区分布的带（脉）状隆起山地对流型地热资源以泉的形式出露的地热区，采用隆起山地对流型地热资源评价方法。

1）评价范围

将温度大于25℃的山区温泉或地热井作为地热资源评价的水温下限；断裂带开放型热储的热水以泉（群）或热水井的形式出露，其地热田一般由断裂带构成，或由几组断裂交叉所包围的范围构成地热田；断裂带半圈闭型热储，一般以上覆第四系孔隙水水温大于25℃的范围作为地热田或地热异常区的范围。本次计算主要针对九万大山隆起、龙胜褶皱带等13个具有地热资源蕴藏的构造分区分别计算，参数选取于这些构造区的46个地热点。

2）评价结果

根据以上计算统计，隆起山地型地热资源热资源总量为$9.32×10^{15}$kt，折合标准煤$3.18×10^8$t。地热流体可开采量为$1.22×10^7$m³，地热流体可开采热量为$1.07×10^{12}$kJ，折合标准煤$3.65×10^4$t。在广西壮族自治区内，温泉广泛分布，所以区内的山区对流型地热资源量绝大部分是以温泉的方式出露，对区内的旅游事业的发展具有重大的帮助，情况见表4.1。

表 4.1　隆起山地型地热资源评价计算结果一览表

项目\结果	地热资源量（Q）/kJ	地热流体可开采量（Q_{wk}）/m³	地热流体可开采热量（Q_p）/kJ
计算结果	$9.32×10^{15}$	$1.22×10^7$	$1.07×10^{12}$
折算标准煤 /t	$3.18×10^8$	—	$3.65×10^4$

2.沉积盆地型地热资源评价

1）评价范围

沉积盆地传导型地热资源评价范围须同时满足下列两个条件：埋深在4000m以内，井口水温25℃以上；单井出水量大于20m³/h。目前南宁盆地已施工成井地热井七眼，其中六眼进行了规范的抽水试验工作；合浦盆地已经成井两眼，并进行了抽水试验工作，其抽水试验成果可直接用于成果报告资源量计算；桥圩盆地在普查工作阶段共进行了四眼地热井的施工和抽水试验工作，成果满足资源量计算需要。以上三个盆地综合研究程度较高，资源量计算结果较贴近实际。而百色、宁明、上思三个盆地尚未开展专项的地热热水地质、水文地质调查或普查等工作，其储积资源量及地温场、地下热水的水化学特征等尚不明了，但是它们同属于新近系沉积盆地，地层岩性与南宁、合浦等地等相近，资源量评价主要通过与其他盆地比拟估算。

2）评价结果

根据以上得出沉积盆地传导型地热资源评价结果：地热资源量为$2.38×10^{17}$kJ，折算成标准煤为$8.44×10^9$t，地热资源可开采量为$4.47×10^{16}$kJ，折算成标准煤为$1.52×10^9$t，地热流体储存量为$3.31×10^{11}$m³，地热流体可开采量$1.65×10^8$m³/a，地热流体可开采热量为$9.15×10^{15}$kJ/a，折算成标准煤$3.12×10^8$t，考虑回灌条件下地热流体可开采量计算为$1.92×10^9$m³/a，考虑回灌条件下，地热流体可开采热量$3.65×10^{14}$kJ/a，折算成标准煤$1.25×10^7$t/a，如表4.2所示。

表 4.2　沉积盆地传导型地热资源评价计算结果一览表

项目\结果	地热资源量（Q）/kJ	地热资源可采量（Q_{wh}）/kJ	地热流体储存量（$Q_{储}$）/m³	地热流体可开采量（Q_{wk}）/m³	地热流体可开采热量（Q_p）/kJ	考虑回灌条件下地热流体可开采量（Q_{wk}）/（m³/a）	考虑回灌条件下，地热流体可开采热量（Q_p）/（kJ/a）
计算结果	$2.47×10^{17}$	$4.46×10^{16}$	$5.36×10^{11}$	$1.65×10^8$	$9.15×10^{15}$	$1.92×10^9$	$3.65×10^{14}$
折合标准煤 /t	$8.44×10^9$	$1.52×10^9$			$3.12×10^8$		$1.25×10^7$

三、地热流体地球化学特征

地下水具有溶滤功能，地热流体的水化学类型与所处围岩岩性及其矿物成分具有直接相关的关系，因此，根据区内现有的两种地热资源类型，即隆起山地对流型地热资源、沉积盆地传导型地热资源，并依据地热热储岩性可划分为孔隙裂隙型层状热储（岩性以碎屑岩为主）、上部裂隙下部岩溶复合型层状热储（上部岩性为碎屑岩，下部岩性以碳酸盐岩为主）、岩溶型层状热储（岩性为碳酸盐岩）、裂隙型带状兼层状热储（岩性以碎屑岩为主）、裂隙型带状热储（岩性以岩浆岩为主）五大类，以此为依据对各类热储层采集到的地热流体样品进行分类分析，以确定不同热储层的水文地球化学特征。

对广西区内现有条件下能够采集到地热流体的主要温热泉点均进行了采样测试，存在温泉天然露头的地热田，于热泉出水口进行样品采集。不存在天然露头的地热田，已经开展地热井商业钻探的，于地热井内通过抽水方式采集水样，共采取了44组地下热水样，并对其进行了pH、温度、主要离子和微量元素等化学指标的检验，发现所采样的地下热水均为矿化度较低的淡水，各水样溶解性总固体含量除位于北海市天隆地热井水样外，均小于1g/L。采集水样的最高温度83.4℃，最低温度为26.7℃，属于中-低温地热资源，各水样平均温度为44℃，属于温热水，全区地下热水资源可用在理疗、洗浴、采暖、温室、养殖等方面具有开发利用价值，地下热水具有较大的开发价值和利用潜力。

根据水样中阴阳离子的piper三线图特征，根据舒卡列夫分类的方法以及水样所处热储层的特性来对工作区的水样进行分类。热水的水化学组分可将研究区地热水分划分为五种主要类型：HCO_3-Na、HCO_3-Ca、HCO_3-Ca·Mg、SO_4-Na和Cl-Na型。

1.微量元素组分特征

在高温环境下，热水在水热作用下加强或者加快了与含水介质间的水岩相互作用速度和能力，从而使热水中的微量元素的含量高于冷水中的含量。区内的地下热水中F、Li、B、SiO_2的含量分别介于0.01～9.096mg/L、0.9～169.3μg/L、4.4～85.1μg/L、20.19～115.18mg/L，平均值分别为3.40mg/L、62.5μg/L、32.5μg/L、56.77mg/L。

1）工作区内F分布特征

氟在自然界中广泛分布，是人类饮食中的必需元素，人们很早以前就已经将氟缺乏与龋齿的患病率联系起来，为了减轻口腔健康问题，含氟牙膏也被广泛提倡使用，尽管氟对人类是必需的，但最佳的摄入量只是在一个很窄的范围之内，过量氟摄入的有害作用已被证实长期摄入大量的氟会导致牙齿氟中毒，在特别严重的情况下还会导致骨骼的氟中毒，因此弄清工作区内氟离子的分布特征意义重大。

区内地热水中氟质量浓度最高可达17.1mg/L，远高于世界卫生组织（WHO）规定的饮用水氟质量浓度限值1.5mg/L，这对于此地区地热水的合理开发利用具有限制作用，因此，绘出地下热水中F的分布等值线图，并对其成因、富集因素及分布特征进行分析，有利于指导地热资源开发利用方向（图4.2）。

受特定地质条件、地球化学条件及水文地质条件等环境条件的影响，工作区地热水高氟区主要分布于桂东北桂林地区，桂东贺州地区、桂东南玉林地区及桂西南防城港峒中地区以及南宁盆地。从工作区内F⁻质量浓度分布等值线图中可以看出，桂东北区域的F⁻质量浓度由西南向北东逐渐变大的趋势，在广西贺州市黄山镇贺州温泉达到最大值，为9.10mg/L，查看高氟水样点所在岩性特征，发现花岗岩地区的地下热水中的F⁻含量明显高于其他砂岩、灰岩地区；在桂东南区域F⁻质量浓度具有同样的分布规律，从西南到东北呈现出逐渐增大的趋势，在玉林市容县黎村达到最大值17.1mg/L，且在花岗岩地区含量较高。工作区内F⁻含量较高的水样主要分布在热储类型为裂隙带状热储层，主要分布区域为桂东及桂东南区域，能够代表工作区内高氟地热的异常区。

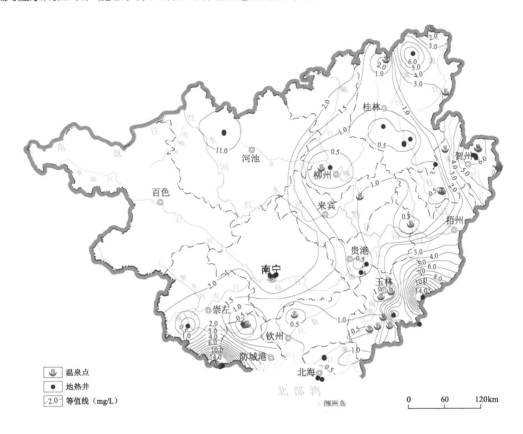

图 4.2　工作区 F⁻ 分布等值线图

高氟地热水以HCO_3-Ca型或HCO_3-Na型偏碱性水为主，水温为26.7～83.4℃，平均值为46.0℃，TDS普遍低于1g/L，属于低矿化度低温地热水。研究区地热水中氟主要来源于花岗岩中萤石、铝硅酸盐等含氟矿物的溶解，水温较高时，含氟矿物溶解释放F⁻进入水相中，同时，溶解进入地热水中的Ca^{2+}与围岩表面吸附的Na^+发生了离子交换作用，使地热水中Na^+大量富集，同时降低水相中Ca^{2+}含量，从而促使萤石（CaF_2）矿物的溶解，从而增加地热水中F⁻质量浓度，形成高氟地热水。

2）SiO_2分布特征

硅是地壳中分布最广的元素之一，它在地壳上的分布量仅次于氧，占地壳质量的25.74%。同时，地壳中硅元素通常以硅的化合物-硅酸盐类富集，而且常与氧化合而形成SiO_2，据相关资料，地壳质量的55.3%都是由二氧化硅以自己的各种化合物来组成的。而地壳中的水无处不在，与其周围的环境紧密联系，并且地下水具有良好的溶滤性能，可以在一定程度上反映其围岩特性，因此，天然地下水中都会含有硅离子及硅的化合物。

根据工作区内二氧化硅的等值线分布，可以发现，工作区内高浓度的含二氧化硅水样主要分布在桂东地区，桂西南地区。在来宾市、河池市及桂林市形成一个低浓度的二氧化硅圈闭区，其二氧化硅离子的含量都小于40mg/L。贺州、玉林以及位于桂西南较的凭祥市地区的二氧化硅含量都较高，基本上都超过了50mg/L的含量，其分布特征都是向海岸方向二氧化硅离子浓度呈递增趋势，其中贺州地区所处热储层主要为裂隙型带状热储层，主要分布为岩浆岩，玉林、贵港及二氧化硅浓度最高值水样点所处热储均为裂隙型带状兼层状热储层，该热储层主要以碎屑岩为主。水样中可溶性二氧化硅的含量与其所处的地质环境具有一定的相关关系，水样中二氧化硅含量在岩浆岩中最高，这与二氧化硅分布等值线图中其在桂东地区分布密集的趋势是一致的。水样中SiO_2与pH，温度、K、Na离子的分布具有相对良好的相关性，因此，通过水样测试结果及地质条件来确定水中SiO_2的分布影响因素（图4.3）。

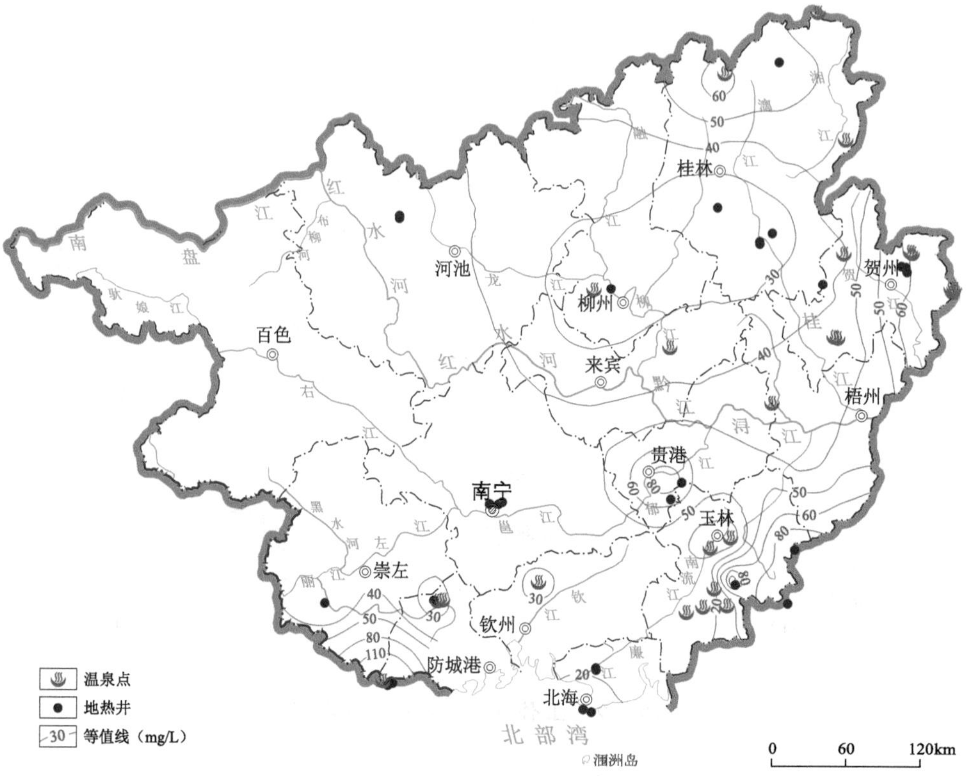

图 4.3　工作区 SiO_2 分布等值线图

区内高二氧化硅地下热水的成因机制为：首先，在水循环强烈交替循环的过程中不断溶解气体及土壤中的CO_2气体，然后溶解有CO_2气体的地表水、浅层地下水从断裂破碎带、影响带中渗入地下，在入渗过程中不断溶蚀富含硅酸盐矿物和SiO_2的花岗岩以及碎屑岩，同时，在较高的温度条件下，通过断裂带深部的岩浆迁移出可溶的SiO_2，并且发生较为强烈的水岩相互作用，岩浆及断裂深部的围岩中的铝硅酸盐矿物在高温下水解产生可溶性二氧化硅，地下热水再经深部循环，加热后沿断裂交汇部位上升溢出地表，形成高二氧化硅浓度的地下热水和热泉。

2.地下热水的同位素特征

1）氢氧同位素特征

氢氧同位素数据表明研究区内不同地域的热水中的$\delta^{18}O$和δD值均有所不同。桂东地区地热水样中的$\delta^{18}O$和δD的值分别介于-7.71‰～-5.81‰和-50.90‰～-36.51‰，平均值分别为-6.62‰和-41.87‰。桂南地区热水样中的$\delta^{18}O$和δD值分别介于-9.10‰～-4.04‰和-61.53‰～-28.97‰，平

均值分别为-5.94‰和-38.26‰。广西中部地区地热水样中的$\delta^{18}O$和δD值分别介于-6.80‰～-5.57‰和-42.90‰～-37.63‰，平均值分别为-6.26‰和-40.71‰。桂北地区热水样中的$\delta^{18}O$和δD值分别介于-8.14‰～-8.00‰和-54.63‰～-53.27‰，平均值分别为-8.07‰和-53.95‰。

绘制广西地区地下热水的δD和$\delta^{18}O$数值散点图（4.4）。从图中可以得出，广西各地区地下热水点均位于全球大气降水线附近，说明该区域地下热水主要以接受大气降水补给为主，是大气降水成因的热水；同一地区的碳酸盐岩地层热水相对其他地层热水有较高的δD和$\delta^{18}O$值，说明岩溶型热水受到富集作用的影响较大或水岩相互作用时间较长；部分地区热水点的δD和$\delta^{18}O$值落在大气降水线的右下方，反映该地区蒸发作用较强烈；图中，有一桂南岩溶热水的δD和$\delta^{18}O$值相对其他水点都异常高，经分析，此温泉位于河流附近，可能受到δD、$\delta^{18}O$更为富集的河流或地下水补给影响。

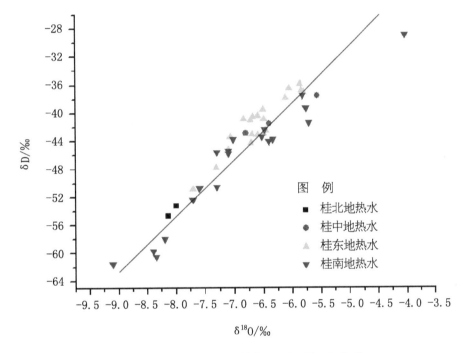

图4.4 广西各地区水样中δD和$\delta^{18}O$关系图

以桂南地区北海市地热水为例，其$\delta^{18}O$和δD值分别-47.1‰和-7.28‰，另在周边分别采取海水样和雨水样各一件，海水样的$\delta^{18}O$和δD值分别-60.5‰和-9.06‰，雨水样的$\delta^{18}O$和δD值分别-5.4‰和-1.01‰。可以看出，该地区地下热水的$\delta^{18}O$和δD值均小于雨水而大于海水，说明此地区的地下热水主要来源于大气降水，属循环型地下热水类型，与邻近海水关系不大。

接受大气降水补给的地下水中的氢氧同位素具有高度效应。δD的值将会随着补给高程的增加而减小。可利用下述公式来计算研究区的补给高程：

$$H = (D_{降水} - D_{热水}) / (K + h)$$

式中，H为地下热水的补给高程，m；$D_{降水}$为地热水附近的大气降水的δD值；$D_{热水}$为地热水的δD值；K为δD值的高程梯度，$-\delta D/100m$，研究区大气降水的K值为6.19‰/100m；h为采样点的高程。

根据上式计算结果，桂东地区的补给高程在98～954m，桂南地区的补给高程在5～315m，桂中地区的补给高程在92～243m，与当地的地形地貌相符。

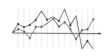

2）锶同位素特征

锶具有特殊的地球化学性质，在不同的岩石中锶含量有明显的差异，地下水中锶浓度的变化可以反映不同的环境特征，且锶元素化学性质稳定，锶同位素不受质量分馏的影响，因此锶同位素是研究水岩相互作用时普遍使用的示踪剂之一。锶主要有四个同位素：^{88}Sr、^{87}Sr、^{86}Sr和^{84}Sr，其中^{87}Sr为放射性同位素，由^{87}Rb经过β衰变而来。由于地下水中的$^{87}Sr/^{86}Sr$值主要与地下水系统中水岩相互作用及地下水在地层中的滞留时间和混合作用有关，所以常使用$^{87}Sr/^{86}Sr$值分析地下水的成因及水岩相互作用。

桂东地区的裂隙型地下热水中$^{87}Sr/^{86}Sr$的值介于0.709~0.758，平均值为0.724，岩溶型地下热水中$^{87}Sr/^{86}Sr$的值介于0.709~0.711，平均值为0.710，对比其平均值，可以看出该地区裂隙型地下热水中的$^{87}Sr/^{86}S$值高于岩溶型地下热水，说明桂东地区裂隙型地下热水受到水岩相互作用的影响较强。从图4.5中可以看出，$^{87}Sr/^{86}Sr$的值变化可以将广西分为四个区域，桂东北、桂东南、桂西南、桂西北四个方向边界上的$^{87}Sr/^{86}Sr$值均达到各区域的最大值，桂东北以资源县为中心，桂东南以玉林市为中心，桂西南以防城港峒中镇为中心，桂西北以南丹为中心，$^{87}Sr/^{86}Sr$值从这四个方向向广西中部以不同程度逐渐减小。

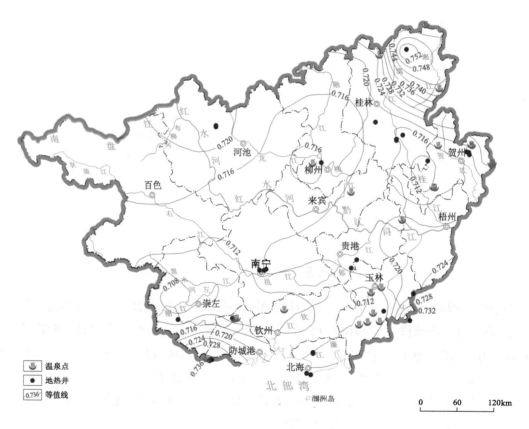

图4.5　广西地下热水$^{87}Sr/^{86}Sr$值等值线图

地下热水中的Sr^{2+}和Ca^{2+}的浓度受流经岩石的影响，且Sr^{2+}和Ca^{2+}有相似的水文地球化学性质，地下水中Sr^{2+}主要来源于含Ca^{2+}的硫酸盐、碳酸盐和长石等矿物的溶解。可以推断硫酸盐、碳酸盐和斜长石等矿物对地下热水中的Sr^{2+}浓度有一定的影响。地热水来源主要是流经热储层周围围岩地下水的侧向补给。

3）碳同位素特征

运用DZ/T0184.9-1997 ^{14}C年龄测定方法，对区内温度较高的地热水样进行了^{14}C测年。根据其碳十四测年的原理，地下水^{14}C测年是应用地下水中的溶解无机碳（DIC）作为示踪剂，以^{14}C测定地下水中溶解无机碳的年龄。自然界中^{14}C的产生与其在自然界的交换处于平衡状态。一旦含碳物质停止与外界进行交换，那么该物质中的^{14}C得不到补充，原来的放射性^{14}C就要按指数规律减少，因此，根据试样中^{14}C减少的程度，可以计算样品"死亡"的年代。该方法计算^{14}C年龄的公式如下：

$$T = t \ln (A_0/A_t)$$

式中，T为样品的^{14}C年龄；t为^{14}C的平均寿命8267a；A_0为现代^{14}C放射性比度；A_t为样品^{14}C放射性比度。

从地热水年龄测试结果可以看出，除西溪寨GX13006点为现代碳外，各类型热储层中地下热水都为较古老的水，年龄最小的热泉位于广西贺州昭平县富罗镇合坪黄花山甘甜泉，属于裂隙型带状兼层状热储层，热水年龄为3920a，年龄最大的热泉位于广西南宁市山渐青地热井，属于孔隙裂隙型层状热储层，热水年龄为26980a。全区平均热水年龄为11895a，可知，工作区内的热水的更新及循环速率、再生性都是极为缓慢的。

3.地热流体质量评价

工作区的地下热水的温度较高，且水中含有丰富的微量元素，因此对水样进行各种水质标准的评价，明确其使用途径，更好的开发地下热水的潜能和多层次利用的价值。

1）理疗热矿水评价

工作区内温泉分布广泛，泡温泉可以排除体内多余的水分、脂肪，通过毛孔吸收温泉里的矿物质元素，有益于皮肤的健康营养，同时身体内的毒素也可以通过毛孔随着汗液排出体外，有助于提高体质和免疫力。

故首先对各热水样进行理疗热矿水的评价（表4.3）。理疗热矿水主要对皮肤病和风湿性病症有疗效，其疗效来源于热、水和溶解组分三者的综合作用，根据热水中各个组分的不同，可以命名为不同名称的医疗热矿水。

根据上述指标对工作区内的各水样进行水质评价。工作区内含量丰富的具有理疗价值的元素为氟与偏硅酸，发现具有医疗价值氟浓度的水样共有21组，其F含量皆大于1mg/L，其中达到命名氟水的水样有18组，占了总体水样的41%，主要分布在桂东和桂南区域。

此外，南丹五一矿井的两个水样点的锂离子含量都达到了1mg/L，含量分别为4.894mg/L和4.52mg/L，但未达到命名矿水的5mg/L的标准，因此具有医疗价值但并不能命名为锂水；矿井的两个水样点的钡离子含量分别为9.65mg/L和6.53mg/L，超过了命名矿水的浓度，故可命名为钡水。

工作区内水样中二氧化硅含量较高，偏硅酸的含量以水中二氧化硅的浓度为基础计算得到，呈正相关性。水样中几乎所有的水样中偏硅酸的含量都超过了50mg/L，具有医疗价值并达到了命名硅水的浓度。经医学研究，偏硅酸有软化血管，增强管壁弹性的功能，对心脏病、高血压、动脉硬化等疾病均有医疗作用，常年饮用可健胃强身，延年益寿，许多村庄以长寿村闻名，其饮用的偏硅酸型水功不可没。

表4.3　理疗热矿水水质标准　　　　　（单位：mg/L）

成分	有医疗价值浓度	矿水浓度	命名矿水浓度	矿水名称
二氧化碳	250	250	1000	碳酸水
总硫化氢	1	1	2	硫化氢水
氟	1	2	2	氟水
溴	5	5	25	溴水
碘	1	1	5	碘水
锶	10	10	10	锶水
铁	10	10	10	铁水
锂	1	1	5	锂水
钡	5	5	5	钡水
偏硼酸	1.2	5	50	硼水
偏硅酸	25	25	50	硅水
氡/（Bq/L）	37	47.14	129.5	氡水
温度/℃	≥34			温水
矿化度	<1000			淡水

注：本表依据 GB/T13727-92 天然矿泉水地质勘探规范（附录 B 医疗矿泉水水质标准），略作修改，主要是取消了锰、偏砷酸、偏磷酸、镭四个意义不明或对人体有害的矿水类型。

2）地热流体腐蚀性评价

地热水中由于含有较多的化学组分，在使用过程中其温度和pH等因素能够与所接触材料相互作用从而具有一定的腐蚀性。对地热水的腐蚀性划分，根据地热资源勘查规范，当地热水中氯离子含量超过25%毫克当量百分数时，采用拉申腐蚀指数评价；当地热水中氯离子·毫克当量百分含量均低于25%时，一般不能采用拉申指数进行评价，可参照工业上用腐蚀系数Kk来衡量地热流体（水）用于锅炉的腐蚀性。

拉申指数（LI）按下式计算：

$$LI = \frac{Cl+SO_4}{ALK}$$

式中，Cl为氯化物或卤化物浓度；SO_4为硫酸盐浓度；ALK为总碱度。

三项均以等量的$CaCO_3$（mg/L）表示。当 LI>0.5，表示水样不结垢，有腐蚀性；LI< 0.5，可能结垢，没有腐蚀性；0.5<LI>3.0 有轻腐蚀性；3.0<LI>10.0 有强腐蚀性。

腐蚀性系数的计算：

对酸性水　　　　Kk=1.008（rH^++rAl^{3+}+rFe^{2+}+rMg^{2+}−$rHCO_3$−rCO_3^{2-}）

对碱性水　　　　Kk=1.008（rMg^{2+}− $rHCO_3^-$）

式中，r是表示离子含量的每升毫克当量（毫摩尔）数。若腐蚀系数Kk>0，称为腐蚀性水；腐蚀系数

Kk<0，并且Kk+0.0503 Ca²⁺>0，称为半腐蚀性水；腐蚀系数Kk<0，并且Kk+0.0503Ca²⁺<0，称为非腐蚀性水。

　　根据上述腐蚀性系数计算公式，对工作区的水样进行腐蚀性评价。发现在水样中存在三组水样，其阴离子中Cl的毫克当量百分数超过了25%，因此需要对其进行拉伸指数的计算，通过计算得出三组水样的拉伸指数分别为16.16、0.42、1.45，分别属于强腐蚀性的水、可能结垢，没有腐蚀性水和轻腐蚀性水。水样具体特征见表4.4。

表4.4　拉申系数计算

水样编号	采样点	热储类型	Cl 毫克当量 /%	拉伸指数（LI）	腐蚀性
GX13012	广西北海市天隆温泉	裂隙型带状兼层状热储	90.06	16.16182	强腐蚀性水
GX13042	南丹五一矿井一号点	岩溶型层状热储	39.78	0.425327	无腐蚀水
GX13043	南丹五一矿井 818		69.86	1.456887	轻微腐蚀水

　　除此三个水样点外，其余热水样的腐蚀性均通过采取计算水样的腐蚀性系数（Kk）进行评价。首先对水样的pH进行划分，认为pH小于7的水样为酸性水，则水样中的酸性水有七组，进行腐蚀性系数计算时采取酸性水的计算公式，剩余的31组水样采取碱性水的计算公式求取腐蚀性系数（Kk）。

　　通过计算发现，不论是酸性水还是碱性水，其腐蚀性系数（Kk）都小于零，故除了上述三组水样外，剩余水样中并无腐蚀性水，通过与水样中Ca²⁺离子的比较，进一步对水样的腐蚀性进行判定。在水样中Kk+0.0503Ca²⁺<0，即属于非腐蚀性水的水样有25组，其余的12组水样都为半腐蚀性水。工作区内腐蚀性水样点见表4.5。

表4.5　工作区内半腐蚀性性水样

热储分类	样品编号	名称	Ca	腐蚀系数（Kk）	水化学类型
裂隙型带状兼层状热储层	GX13030	汶水泉	4.462	0.003965	$HCO_3-Ca\cdot Mg\cdot Na$
	GX13018	暖水麓	56.23	0.274797	$HCO_3-Ca\cdot Mg$
	GX13019	龙胜温泉	19.39	0.135443	$HCO_3-Ca\cdot Mg$
	GX13026	鱼堰温泉	132.6	5.105429	SO_4-Ca
	GX13014	那逢温泉	142.6	0.216862	HCO_5-Ca
	GX13032	湘汉塘温泉	82.62	0.950367	$HCO_3-Ca\cdot Mg$
岩溶型层状热储层	GX13054	永福温泉	25.97	1.077561	$HCO_3-Ca\cdot Mg$
	GX13001	象州温泉	131	4.649708	$SO_4\cdot HCO_3-Ca$
	GX13023	福利温泉	70.14	0.260838	$HCO_3-Ca\cdot Mg$
裂隙型带状热储层	GX13034	陆川温泉	190.6	8.960931	$HCO_3\cdot SO_4-Ca\cdot Mg$
	GX13031	硫磺泉	46.29	0.170405	$HCO_3-Ca\cdot Mg$
	GX13016	花山温泉	169.1	3.689815	$HCO_3\cdot SO_4-Ca$

腐蚀性水样主要分布在裂隙型带状兼层状热储层中，在19组裂隙型带状兼层状热储层中，有六组水样的腐蚀性系数Kk大于零，属于半腐蚀性水，水样类型以HCO₃-Ca型为主，其中一组水样Kk值较大超过1，水化学类型为SO_4-Ca型，SO_4-Ca型水样的中的SO_4^{2-}离子含量超过了HCO_3^-离子，属于酸性腐蚀；在六组岩溶型层状热储层水样中，有三组半腐蚀性水样，其中两组为HCO₃-Ca型，一组为SO_4·HCO3-Ca型，水样中SO_4^{2-}离子含量为350.58mg/L。在其他三种热储类型中一共有三组半腐蚀性水样，水花学类型分别为HCO₃-Ca·Mg型，HCO₃·SO_4-Ca·Mg型，HCO₃·SO_4-Ca型。通过图4.6可以看出，腐蚀性系数的大小与钙离子具有一定的正比关系。

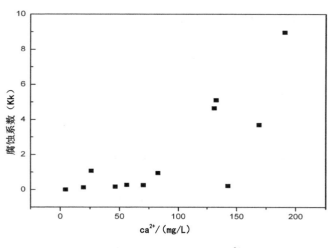

图 4.6 腐蚀性性系数 Kk-Ca²⁺ 关系

3）地热流体结垢性评价

工作区内的水样温度较高，富含各种矿物成分，因此可以用在地热供暖、温泉洗浴和工业生产等方面，但在使用过程中会形成一定的水渣，进而垢结在一起对锅炉或机器管道造成危害，减少机器的使用寿命。因此，针对热水的结垢性进行评价，能够判断热水的结垢程度，以便找到更好的除垢方法。

参照工业上锅垢总量的计算方法对热水的锅垢量进行计算：

$$H_0 = S + C + 36\,r\,Fe^{2+} + 17\,r\,Al^{3+} + 20\,r\,Mg^{2+} + 59\,r\,Ca^{2+}$$

式中，S为地热流体中的悬浮物含量，mg/L；C为胶体含量$C = SiO_2 + Fe_2O_3 + Al_2O_3$，mg/L；$r$是表示离子含量的每升毫克当量数。

若锅垢总量$H_0 < 125$，称为锅垢很少的地热流体；H_0在125~250mg/L，称为锅垢少的地热流体；H_0在250~500mg/L，称为锅垢多的地热流体；若$H_0 \geq 500$，称为锅垢很多的地热流体。

对各水样进行锅垢总量H_0计算，并绘制各点在工作区内的锅垢总量H_0的等值线分布图（图4.7）。从各类型热储H_0计算值可以发现，各热水样的H_0值主要在250mg/L以下，占总水样的79.5%，主要为锅垢少和锅垢很少的地热流体，这两类类型的地热流体在各类型热储层中均有分布，此外，锅垢量多和锅垢量很多类型的地热流体水样中，钙离子含量均较高，因此，锅垢量的多寡与水样中钙离子呈正相关关系。

从锅垢量分布等值线图4.7可以看出，工作区内最主要的地热类型为锅垢量少的地热流体。工作区内锅垢很少的流体主要分布在桂北区域以及南宁盆地和梧州市附近的两个小型圈闭地区。锅垢量量多和锅垢量很多的地热流体呈封闭状的圆圈分布，四个锅垢总量较多的地带总体沿东部及南部海岸线分布，分别位于崇左市、贵港市、玉林市和贺州市附近。

4）水质综合分析

工作区的热水样的水化学类型以HCO₃-Ca和HCO₃-Na为主，地下热水的矿化度都不高，均小于1g/L，都属于淡水。通过上述的各种质量评价，可以发现，工作区的地下热水不仅温度较高，而且水中富含有丰富的微量元素，其中的氟和偏硅酸的含量特别高，对比理疗矿用水中氟和偏硅酸的含量要求，发现工作区内地下热水比较适用于作为理疗矿水和温泉旅游来进行开发。此外，南丹矿井的两个水样点的锂和钡离子含量都达到了具有医疗价值的浓度，因此也可以开发相关的理疗温泉。

工作区的裂隙带状热储层所在的岩性地区为变质岩和花岗岩地区，水岩作用过程中，地下热水溶解了大量的含氟矿物，因而水样中的氟离子含量远远高于其他类型的地下水，因此在进行各种水质评价时，其水样中的氟离子含量都会超过标准，如渔业用水和农业用水的氟含量标准要求低于1mg/L和2mg/L，只有裂隙带状兼层状热储层的大部分地下热水满足要求。

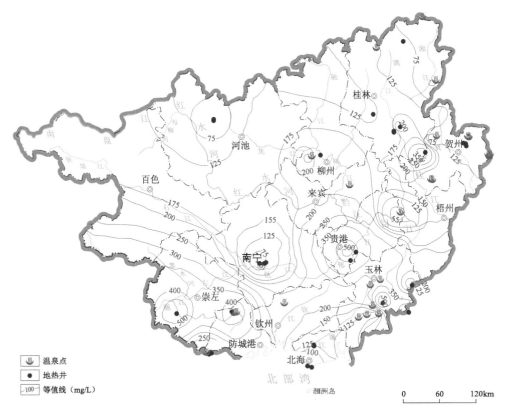

图 4.7　工作区锅垢总量分布等值线图

对工作区热水的腐蚀性和结垢性的评价，发现工作区内水样总体呈半腐蚀性-非腐蚀性，进行锅垢量的计算后发现工作区地下热水整体上为锅垢少和锅垢很少的地热流体。腐蚀性的评价中，高腐蚀性水样中的Cl^-、SO_4^{2-}含量一般较高，此外，腐蚀系数的大小和水样的pH也表现出一定的正比关系。在各类型地热资源中，地热流体的腐蚀性跟水样所处的地层岩性有关，如在腐蚀性相对较强的岩溶型层状热储层中，其腐蚀性来源于溶解碳酸盐岩中的HCO_3^-和Ca、Fe、Mg等离子形成的相关胶体和化合物，其水力的冲刷性也是原因之一。从工作区内结垢性评价可以发现，水样的结垢性主要来源于水中的Ca^{2+}离子和二氧化硅，当这两种组分中某一种异常时，锅垢总量的计算就会远高于其他水样。水样中Ca^{2+}和二氧化硅的结垢主要形成不溶性碳酸盐而沉积或因过饱和而形成不溶解的胶体硅或硅胶沉淀。

四、地热资源开发利用历史及现状

1.开发利用历史

广西壮族自治区处于太平洋板块和印度洋板块的交接地带，也是大陆性地壳向大洋性地壳过渡的变异地带，地震、岩浆活动频繁，水文地质条件各异，一些地区地壳深部的热能，从不同部位顺着断层裂隙向上运移，与地下水相遇，形成不同温度，不同水质类型的温泉。区内地热资源丰富，开发利用历史悠久。而地热勘查则始于20世纪初。根据人们对地热资源勘探、开发利用的认知程度来划分，我区地热开发利用可以分为三个阶段：

1）早期的简单的利用温泉天然露头

陆川温泉是中国八大温泉之一，位于广西陆川县城南一里的九洲江边。陆川温泉在唐朝的武德，天宝时期就有记载，曾有"温泉县"、"温水郡"之称，与因为杨贵妃"温泉水滑洗凝脂"而名扬天下的西安临潼华清池温泉几乎处于同一时期。明朝大旅行家徐霞客游至陆川并题诗："一了相思愿，千呼水多情。腾腾临浴日，蒸蒸热气生。浑身爽如酥，祛病妙如神。不慕天堂鸟，甘做温泉人。"可见陆川的温泉，自古有名。陆川温泉在宽广的河滩之上，烟笼雾绕，热气腾腾，泉水就从水边沙际冒出。只要用手扒开细沙，那晶莹烫手的泉水便潺溪涌出，很快便涌满一坑。投入热水盈盈的沙坑，躺在温热的泉水中，用热沙将身体掩盖起来，叫沙浴。热水、热沙加速人体的血液循环，据《中国旅游报》记载：陆川温泉是世界上最好的温泉之一，又位于城市中心，直接恩泽大部分居民，实属世界罕见。

这一时期地热的开发利用主要是利用地热水天然露头-温泉，不进行地热资源的勘探、开采；利用方式也仅局限于洗浴，部分水质好的温泉也作为饮用水源。

2）20世纪90年代之前尝试性勘查、开发利用地热资源

多年来，我区在热、矿水调查方面做过了不少工作，并在象州温泉进行地热发电相关的勘查研究。在七十年代开展了象州温泉勘探和开发，并尝试性的进行了地热发电站建设，后来因为地热流体温度偏低及发电技术不成熟而搁浅，转而进行地热矿泉水及理疗洗浴等商业开发利用。在20世纪70～80年代开展的1:20万水文地质普查工作中发现了不少热、矿水点。80年代末—90年代初广西地矿局第一、第二水文地质队又进行了比较全面系统的调查研究工作，共查明热水点34个。其中十个点又做了重点详勘工作，并通过国家级鉴定。陆川、龙胜矮岭、上思四方山、象州花池、平乐仙家、北流清湾、陆川谢鲁山庄等热、矿水点已被开发利用。按水温分类标准，26～33℃的微温矿水五处，34～37℃的低温热矿水七处，38～42℃的热矿水六处，大于42℃的高温矿水16处。按医疗矿泉水和饮用天然矿泉水标准分类和热、矿水的命名。在当时的条件下，查明的热水点中已开发利用的不到四分之一。

这一时期广西地区温泉的勘查、开发利用主要是围绕已发现露头的天然温泉开展进行的；在地热资源的开发利用上作的一些尝试，为我区的地热资源开发利用奠定了基础。

3）20世纪90年代后科学、规模勘查、开发利用地热资源

在90年代以前，我区地热的开发利用集中在天然露头的温热泉调查。随着社会经济发展迅速，能源日趋紧张，环境问题日益严重，地热逐渐受到人们的重视，地热井（孔）不断增加，地热水开采量也急剧增大，掀起了一轮地热开发高潮。2001年由广西地质矿产勘查开发局出资广西第四地质队组织实施，开展了"南宁市地热资源勘查研究"，并在南宁市三塘镇九曲湾农场施工第一口隐伏盆地型地热井，以验证地热地质普查成果，地热井成功出热水，水温53.5℃，涌水量31m³/h。

2002～2003年广西北海水文工程矿产地质勘察研究院在合浦盆地开展了地热资源预可行性勘查研究工作，编制了"广西北海市合浦盆地地热资源预可行性勘查研究报告"及相关图件。2010年也成功打出一口热井，井口水温65℃，水量50m³/h。

广西地质勘查总院在完成南宁盆地地热资源勘查研究之后，又先后在百色、桥圩等中新生代沉积盆地中曾开展了地热普查、预可行性勘查工作；并在柳州、桂林、北海市某些地区开展了隆起山地对流型地热资源论证和研究工作，对几个城市的地热生成条件和相关地热参数进行了研究分析，也先后

成功打出了三口广西断裂带状热储地热井，提交有关论证研究报告，为本次调查工作积累了经验。

通过多年地质、水文地质及地热地质调查研究等工作，对广西活动性的深大断裂的空间展布、活动性及温泉分布和地热生成关系等进行了深入研究，地热资源勘查研究达到了一定的高度。

2.开发利用现状

地热资源勘查与开发利用现状：

广西是全国地热资源较丰富和地热资源开发利用较早的省份之一。大致经历了热矿泉普查、重点地热区勘察、隐伏地热田勘查、商业地热勘查四个阶段。广西温泉的开发，在民间作为洗浴、饮用，史籍早有记载，但纳入国家开发却是在新中国成立以后。改革开放以来，在市场需求的推动下，地热资源得到了更进一步的开发，以温泉开发为龙头并带动旅游、度假、休闲、保健、娱乐和房地产业等产业蓬勃发展的"温泉经济"已逐渐成为广西新经济增长的一大亮点，广西各地级市地热资源开发利用现状见图4.8。

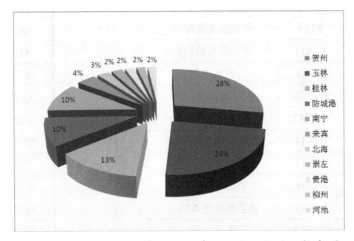

图 4.8　广西地区地热资源量开采现状地级行政区构成图

在广西现有的52处地热点中，有24处已经开发为温泉旅游度假区（表4.6），已经建成了露天浴池及室内休闲区域，可满足休闲娱乐、洗浴疗养等方面的需求。除了发展温泉旅游及休闲疗养外，唐代以来就有记载的陆川温泉还要满足陆川县城部分居民生活使用热水的需求，地热水通过保温管直接输送至居民家中。

黄花山温泉及那逢温泉矿物离子成分含量较高，目前正作为矿泉水水源地生产并销售矿泉水；博白县禾堂坪温泉温度较高，被当地村民建成恒温养殖场，专门养殖罗非鱼。其他24处地热点，由于交通不便，或者温度偏低等方面原因，多处于闲置状态，地热流体仅仅满足当地村民洗衣、洗浴等生活需求，绝大部分温热矿泉水白白流失，浪费现象十分严重。

广西地热资源丰富，开发利用程度低，开发模式粗放。也存在着严重不足。与广东等温泉旅游开发较早的地区相比，广西的温泉开发还远远不能满足本地客源市场的需求，如何利用好这些宝贵的温泉资源，开发出符合大众品味、体现消费档次的温泉产品，占领本地的休闲旅游市场，进而依托本地的特色旅游资源吸引外地游客，是温泉地旅游能否取得长足发展的重要课题。同时，在国家大力推进新能源开发利用的良好环境下，地热能作为新型环保可再生的清洁能源大有可为，可在保障国家能源安全的高度上，增加对中-高温地热资源的勘查投入，积极探索地热发电方面的研究工作。

表 4.6　广西地热资源开发利用现状表

编号	名称	开发利用现状	编号	名称	开发利用现状
QGX1	炎井温泉	休闲娱乐、洗浴疗养	QGX12	黄花山温泉	矿泉水生产
JGX1	车田湾地热井		QGX18	那逢温泉	

续表

编号	名称	开发利用现状	编号	名称	开发利用现状
QGX2	龙胜温泉		JGX2	河池五一矿井818号孔	
JGX4	永福温泉地热井		JGX3	河池五一矿井1号孔	
JGX5	福利温泉		QGX3	牛角岭温泉	
JGX6	月亮山DZK1地热井		QGX4	古洞泉	
JGX7	月亮山DZK2地热井		QGX5	龙口温泉	
JGX8	凤凰河温泉地热井		QGX6	汤水温泉	
JGX9	鱼堰温泉地热井		QGX7	梁其冲温泉	
JGX11	贺州温泉地热井		JGX10	杨梅冲钻孔	
QGX8	西溪热泉		JGX12	白面山地热井	
QGX10	大汤泉		QGX9	水楼泉	
QGX13	象州温泉	休闲娱乐、洗浴疗养	QGX11	高田温泉	基本处于闲置浪费状态，少数温泉被当地村民用于洗衣、淋浴等简单用途
JGX14	山渐青温泉地热井		QGX14	汶水泉	
JGX15	嘉和城温泉地热井		JGX13	地震监测地热井	
JGX16	九曲湾温泉地热井		JGX17	蒙垌地热井	
JGX18	容县热水堡地热井		QGX15	湘汉塘温泉	
QGX17	布透温泉		QGX16	硫磺泉	
JGX19	狮子山温泉地热井		QGX19	暖水麓	
JGX20	布透泉地热井		QGX21	甲塘温泉	
JGX22	温汤泉地热井		QGX22	热水塘	
QGX24	峒中温泉		QGX23	谢鲁天堂温泉	
JGX27	峒中地热DRK1井		JGX23	石湾DRK₁地热井	
JGX28	峒中地热DRK2井		JGX24	石湾DRK₂地热井	
JGX21	陆川温泉地热井	城市供热水，休闲疗养	JGX25	天隆温泉地热井	
QGX20	禾堂圩温泉	养殖	JGX26	森海豪庭温泉地热井	

3.开发利用潜力

区内温热泉流量总和319.84L/s，最大流量为贵港市平南县小汾温泉，流量达36.11L/s，次为上思布透温泉流量为35.01L/s。据52处温热泉统计，流量小于1.0L/s的有八处，占统计量的15.38%，1～5L/s的有12处，占统计量为23.08%，大于5L/s的有32处，占统计量的61.54%。温泉水与地热井直接开采利用地热水进行温泉疗养、洗浴等是主要地热地热能利用方式，开发利用程度极低。全区开发用于饮用天然矿泉水的温热泉现仅两处；可直接用于理疗的温热仅利用24处，且基本处于简易、原治的露天浴池为主，正规的浴疗、理疗开发较少；挖塘、围堰利用热泉水养殖的只有一处。地热资源的总体开发与综合利用率很低，出露地表的热泉开发流量远远小于天然流量，绝大部分温热矿泉水白白流失。可以说，广西对地热资源的开发利用仍处于初级阶段，其开发利用潜力非常巨大。

经计算广西区内深部热储温度高于150℃的地热资源发电潜力E为5.55×10^{15}J，30年发电功率P为5.86MW。

第二节　温　　泉

GXQ001 盐井、热水塘、炎井温泉

位置：属桂林市全州县大西江镇所辖，位于炎井村炎井温泉旅游风景区内。距全州县城55km，离桂林市150km。越城岭山脉北端，四周山峰林立，植被茂盛。北端为湖南新宁县舜皇山风景区，从全州县城修建有沥青路直通温泉景区，交通便利。泉口高程690m（图4.9）。

概况：炎井温泉泉域面积20m²，水深1.06m。泉自池底沙中涌出，形如沸汤，水温42℃，泉流量6.46L/s，流量稳定。据调查了解，炎井温泉景区建

图 4.9　炎井温泉

设前泉流量比较大，水温高达49℃，十几年前温泉景区规划建设时期通过爆破加宽泉口，导致泉水断流两日，泉水恢复涌出后流量变小，水温降至42℃。

炎井温泉出露于湘黔边境新华夏系第三隆起带的南段与祁阳山字形构造之南翼反射弧交接部位，白石断裂的次级断裂带上，受大气降雨补给为主，雨水渗透表层风化带溶蚀一定量的矿物质，然后沿断裂带内深大裂隙，向深部循环、加温并溶解了围岩中的二氧化硅、氟、氡等物质成分，最后在静水压力作用下，沿北东向铺里-界碑压扭性断裂与北西向张性断裂的交叉通道，上升、降温、降压，在地形低洼处，涌出地表成泉，并释放出水中溶解的氮气、氧气等。热储层岩性为加里东期花岗岩，盖层为上部全风化带土层。

水化学成分：2013年11月21日采样测试，温泉水部分离子含量达到国家饮用天然矿泉水命名标准，属含氟、偏硅酸矿泉水。样品分析结果见表4.7。

表4.7　炎井温泉水化学成分　　　　　　　（单位：mg/L）

T_S/℃	pH	TDS	Na$^+$	K$^+$	Ca^{2+}	Mg^{2+}
42	8.06	61.4	6.568	0.533	9.43	0.1311
Li	Rb	Cs	NH$_4^+$	CO$_3^{2-}$	HCO$_3^-$	SO$_4^{2-}$
0.0132	0.0041	0.00307	na.	na.	35.252	5.368
Cl$^-$	F$^-$	CO$_2$	SiO$_2$	HBO$_2$	As	化学类型
4.124	1.616	nd.	46.88	60.94	0.0248	HCO$_3$-Na·Ca

开发利用：目前主要进行温泉疗养、洗浴等方面的商业开发，建有宾馆一栋，可同时安排约100人入住。温泉大泡池两处，其中遮阳棚内泡池建设有各种水疗设施。开发利用现状见图4.9。

GXQ002 龙胜温泉、矮岭温泉

位置：属桂林市龙胜各族自治县江底乡所辖。坐落在龙胜县城东北方向33km的龙胜温泉国家森林公园内，距离桂林市137km。321国道直达龙胜县城，县城有水泥硬化道路直通温泉景区，交通便利。泉口高程356m。

概况：泉群出露于龙胜-永福断裂带上，断裂带自白崖岭至天鹅界长达数十千米，南北向、北东向深断裂导水导热形成温泉的主要通道。热储为寒武系水口群砂岩，盖层为碳质页岩。主泉口位于冲沟左侧，主泉口所处位置地势陡峭，山顶与山底高差约100m。水温55.3℃，流量2.08L/s。据调查了解该风景区内地下热水呈泉群排泄，可见到16个泉眼，泉群大体分成三处，一处呈悬挂式出露于南北向断裂带上；另一处出露于北东向断裂带上，前两处泉群高差30余m；主泉口往山上约200m处，有一季节性温泉，水温46℃，春、夏丰水季节水量大，深秋枯水季节水量开始变小，冬季断流。

水化学成分：2013年11月20日采集的泉水样品分析结果见表4.8。

表4.8　龙胜温泉水化学成分　　　　　　　（单位：mg/L）

T_S/℃	pH	TDS	Na$^+$	K$^+$	Ca^{2+}	Mg^{2+}
55.2	7.37	123.16	0.863	2.58	19.39	4.817
Li	Rb	Cs	NH$_4^+$	CO$_3^{2-}$	HCO$_3^-$	SO$_4^{2-}$
0.00055	0.00745	0.00149	na.	na.	75.312	16.301
Cl$^-$	F$^-$	CO$_2$	SiO$_2$	HBO$_2$	As	化学类型
3.902	0.17	19.04	0.177	81.9	< 0.0001	HCO$_3$-Ca·Mg

开发利用：根据旧县志的记载："盖温泉含有硫黄素，可治皮肤疮毒，水质洁白，无臭味。泉虽在森林菁莽之间，而远近游者仍不绝于道。"在阔达5km^{2}森林覆盖下，龙胜温泉已经开发为养生旅游风景区，景区设施齐全，风景优美，已为旅游胜地。目前主要进行温泉疗养、洗浴等方面的商业开发，开发利用现状见图4.10。

图 4.10　龙胜温泉

GXQ003 牛角岭温泉

位置： 属桂林市灌阳县新街乡所辖，泉点位于上甫村牛角岭屯。通行道路为山区便道土路，交通情况较差。泉口高程457m。

概况： 观音阁断裂及其次级断裂带为其主要控热断裂，热储岩性主要为燕山期的粗粒斑状花岗岩，具压碎（碎裂）结构。泉点位于一冲沟上，处于山谷低洼处，四周均为田地，植被茂盛，地势相对较缓，为低山丘陵地貌，泉口无沉积物，泉水清澈见底。在水底长有青苔。水温29.3℃。用三角堰测得流量为0.79L/s。

水化学成分： 2013年11月21日采集的泉水样品分析结果见表4.9。

表4.9　牛角岭温泉水化学成分　　　　　　（单位：mg/L）

T_s/℃	pH	TDS	Na^+	K^+	Ca^{2+}	Mg^{2+}
29.3	7.55	69.81	8.999	0.534	8.31	0.2783
Li	Rb	Cs	NH_4^+	CO_3^{2-}	HCO_3^-	SO_4^{2-}
0.0115	0.00402	0.00151	na.	na.	41.662	5.694
Cl^-	F^-	CO_2	SiO_2	HBO_2	As	**化学类型**
4.332	3.003	2.4737	0.244	61.6	0.0052	HCO_3-Na

开发利用： 泉口已被村民用水泥围砌成小圆池，供村民洗衣、洗浴及生活饮用。圆池留有出水口，泉水沿冲沟顺流而下，引入农田进行灌溉，泉点附近风景优美，植被茂盛，因交通条件太差，不利于商业开发，开发利用程度较低（图4.11）。

图 4.11　牛角岭温泉

GXQ004 古洞温泉

位置：属柳州市柳江县洛满镇所辖，泉点位于古州村古洞屯。从洛满镇有屯级水泥硬化路至泉口附近，交通条件一般。泉口高程154m。

概况：泉点所处地貌为低山丘陵区。植被以乔木及灌木为主，缓坡上开挖成梯田，种植水稻、玉米、黄豆等。泉口被泥沙掩埋而无法观察，泉点的东面约300m发育一条南北向正断层，泉点附近冲沟中，见一处近直立厚约10cm的砂岩块，走向与冲沟发育方向一致，推测为该压性断裂发育带，温泉即因断裂切割沟通深部热源形成。地热流体系钻探揭露断层涌水成泉。从冲沟岸边观察到，第四系残坡积层为灰黑色黏土，松散，厚0.5~3m，出露的基岩为泥岩夹砂岩、页岩，冲沟中堆积砂岩碎块。水清无色无味，水温27.8℃，流量1.13L/s。池中冒泡，水从池的底部渗出后流入冲沟中，泉流量受降雨量影响较大，而水温则变化不大。

水化学成分：2013年10月15日采集的泉水样品分析结果见表4.10。

表4.10　古洞泉化学成分　　　　　　　　（单位：mg/L）

T_s/℃	pH	TDS	Na$^+$	K$^+$	Ca^{2+}	Mg^{2+}
27.8	5.95	351.52	1.218	0.802	70.5	7.052
Li	Rb	Cs	NH$_4^+$	CO$_3^{2-}$	HCO$_3^-$	SO$_4^{2-}$
0.00101	0.00064	0.00004	na.	na.	251.11	15.592
Cl$^-$	F$^-$	CO$_2$	SiO$_2$	HBO$_2$	As	化学类型
5.248	0.116	nd.	0.098	34.05	< 0.0001	HCO$_3$–Ca

开发利用：泉口经过人工开挖形成一椭圆形水池，其长轴3.7m，短轴2m，水深0.1～0.2m，池中底部为泥砂及砂岩石块，目前仅供附近村民洗衣、洗浴及稻田灌溉水源，开发利用程度较低（图4.12）。

图 4.12 古洞温泉

GXQ005 龙口温泉

位置：属贺州市钟山县红花镇所辖，泉点位于龙口村，有水泥硬化道路直达村内，交通条件一般，泉口高程314m。

概况：该区域为丘陵地貌，地势平坦，坡度较缓，泉口附近植被发育。栗木-马江断裂的次级断裂带为其主要控热断裂。岩体中北东、北西向断裂发育，相交成网格状，其中刘家-燕子寨断裂经过热泉、汤水、秧地冲、大庄至燕子寨，全长约7km，张裂隙发育，每米2～3条，宽度1～5cm。热水出露于断裂北东侧与硅化岩脉交汇处，以上升泉的形式排泄。热水主要从三处裂隙中涌出，排列方向与冲沟方向一致，长约20m。中生代燕山期粗粒斑状黑云母花岗岩为其热储。

该泉点共有五处泉口，一泉口被人工围成直径1.6m的近圆形小池子，水清见底，无沉积物，水底可见青苔。水温34.3℃，流量0.91L/s，与小池子相对的冲沟另一侧分布两泉口，冲沟上游处泉口温度34.7℃，下游处泉口34℃，两泉口总流量0.09L/s。另有两处泉水出口，流量一大一小，大流量泉口温度34.3℃，流量3.90L/s，小流量泉口温度34.2℃，流量0.02L/s。

水化学成分：2013年11月23日考察时采集的泉水样品分析结果见表4.11。

表4.11 龙口温泉化学成分 （单位：mg/L）

T_s/℃	pH	TDS	Na⁺	K⁺	Ca²⁺	Mg²⁺
34.3	6.96	97.51	10.56	1.004	9.57	0.14
Li	Rb	Cs	NH₄⁺	CO₃²⁻	HCO₃⁻	SO₄²⁻
0.0108	0.00189	0.00004	na.	na.	67.3	16.301
Cl⁻	F⁻	CO₂	SiO₂	HBO₂	As	化学类型
4.444	2.096	58.3804	0.158	45.55	0.0213	HCO₃-Na·Ca

开发利用：一泉口现已被人工用石头围砌，呈不规则形状小水池供附近村民洗衣、洗浴及稻田灌溉水源。有矿泉水公司以大泉口热泉为矿泉水开发利用水源，开发利用程度较低（图4.13）。

图 4.13 龙口温泉

GXQ006 汤水温泉

位置：属贺州市里松镇所辖，泉点位于培才村汤水寨。距离贺州市38km，由里松镇有水泥硬化道路直达泉点，交通条件一般。泉口高程250m。

概况：泉点的北西面约3km处发育一条大断裂，该断裂倾角较陡，发育深，长约100km，汤水寨断裂为其次级张性断裂，为地下热水形成提供了深循环通道。从出露的岩性看，主要为燕山期侵入花岗岩，花岗岩体的余热和岩体中放射性元素衰变所产生的热量，加上断裂构造活动沟通深部热源为水热对流创造了良好的通道条件。上部未风化和未破裂的巨厚花岗岩体为绝佳的储热盖层，断裂破碎带形成带状（或脉状）热储。

该区地势高差大，东侧分水岭标高达1100～378m，而泉水出露地面标高250m左右，最大高差达850m，这为地下水的上升提供了足够的水头压力。区内丰富的降雨提供了充足的补给来源。泉沿着大型石英脉发育，泉口处有两组断裂，泉有两处泉口位于谷地中央冲沟左岸出露。左岸泉点未建水池封盖之前，泉呈东西向从裂隙中呈线状涌水，长约8m，流量较大。另外一处泉点位于冲沟的右岸，与左岸泉点相距50m，泉口呈圆形，直径约30cm，可见水深0.5m，水清无色，其流量稍小于右岸泉眼，约有2.13L/s。

水化学成分：2013年08月04日采集的泉水样品分析结果见表4.12。

表4.12　汤水温泉水化学成分　　　　　　　　（单位：mg/L）

T_S/℃	pH	TDS	Na^+	K^+	Ca^{2+}	Mg^{2+}
54.5	8.4	106.83	24.53	1.085	6.45	0.0631
Li	Rb	Cs	NH_4^+	CO_3^{2-}	HCO_3^-	SO_4^{2-}
0.0524	0.00438	0.00087	na.	na.	57.993	10.81
Cl^-	F^-	CO_2	SiO_2	HBO_2	As	化学类型
5.898	5.91	nd.	0.281	91.12	0.0096	HCO_3-Na

开发利用：目前附近村民将热水引入家中建成家庭旅馆，单次泡浴收费10元/人，住宿过夜则收取住宿费为30～200元/间房屋，免费提供热泉水泡澡。泉口自流热泉仅供附近村民洗衣、洗浴，开发利用程度较低（图4.14）。

图4.14　汤水温泉

GXQ007 梁其冲温泉

位置：属贺州市里松镇所辖，泉点位于梁其冲溪沟中。距离贺州市35km，通行道路为村级水泥路，交通条件一般，泉口高程235m。

概况：泉点地貌为低山区，附近山顶高程450～500m，与谷地高差150～200m，山体坡度较缓，谷地东西走向，长约2km，谷地中央发育一条冲沟，宽2～8m，深2～3m，沟底堆积泥沙和砾石。据前人1986年9月7日调查资料，泉口为一裂缝，泉沿石英脉中发育，石英脉较破碎，偶见条带状浅灰色岩脉，岩矿具片状结构，硬度较大。该泉与汤水寨温泉南北相距不足1km，出露的地质构造条件一样，但水温和水量相差较大，除与断层构造充填及其导水条件有关外，上部覆盖层亦有一定影响。上覆第四系灰黑色黏土层，厚0.5～3m，下部为粗粒斑状花岗岩，泉口见石英脉。

水化学成分：据调查了解，该泉常年流水，流量稳定，泉水清澈，无色无味，水温32.2℃，流量1.24L/s，由于该泉温度较低，未进行采样测试。

开发利用：泉位于溪边，其外围形成一集水坑，坑里水略高于沟中溪水，坑底为灰黑色淤泥，水面漂浮一层绿色藻类，泉口被淤泥填埋，未进行开发利用。泉水出露状态见图4.15。

图 4.15　梁其冲温泉

GXQ008 西溪温泉

位置：属贺州市南乡镇所辖，泉点位于谅怀村西溪寨东50m。距离贺州市68km。于2014年连接G323国道硬化为四级双车道水泥道路至泉点，G55二广高速在福堂镇有出口，至温泉点仅18km，交通便利。泉口高程360m。

概况：属低山地貌区，周围山顶高程550～650m，与谷地高差150～200m，山体坡度20°～60°，植被以乔木及灌木为主，覆盖率达60%以上。谷地呈长条形，走向南西-北东，宽500～800m，长大于4km，地势由南西向北东倾斜，谷地中发育一条冲沟，宽2～10m，切割深1.5～2m，沟中长年流水，沟底堆积砾石，以石英砂岩为主，其磨圆度以棱角及似椭圆形为主，分选性差，直径10～50cm居多，大者达1m。泉点处于博白-梧州断裂上盘，岩性主要为石英闪长岩分布区，风化层较厚，呈砂状，基岩露头不良。泉位于西溪屯60°方向约50m冲沟边，热水从50°方向流出后一部分流入溪沟，一部分流入旁边男泡池及女泡池，两泡池呈长方形（5m×3m），水深0.5m，泉口处乱石块堆积，大小不等，以花岗岩为主，泉口见白色沉淀及附着物，流量为5.62L/s。泉口水温为83.4℃，温度较高，可以直接在泉口煮鸡蛋（图4.16）。

此泉35°方向打有两个钻孔，钻孔口径130mm，钻孔深度80m左右，热水均从井口自动涌出，于泉口形成积水坑，一井口流量1.16L/s，温度76℃；另一井口流量1.30L/s，温度68℃。两个钻孔及泉均有硫黄味。

水化学成分：2013年8月6日采集的泉水样品分析结果见表4.13。

表4.13　西溪温泉水化学成分　　　（单位：mg/L）

T_s/℃	pH	TDS	Na$^+$	K$^+$	Ca^{2+}	Mg^{2+}
83.4	8.77	135.04	47.52	1.966	2.53	0.0125
Li	Rb	Cs	NH$_4^+$	CO$_3^{2-}$	HCO$_3^-$	SO$_4^{2-}$
0.169	0.0234	0.042	na.	na.	53.161	21.825
Cl$^-$	F$^-$	CO$_2$	SiO$_2$	HBO$_2$	As	化学类型
8.023	6.647	nd.	0.215	132.5	0.0002	HCO$_3$·SO$_4$–Na

开发利用：一部分流入旁边男泡池及女泡池，两泡池呈长方形（5m×3m），水深0.5m，一部分泉水通过水泵提升至270°方向山丘上正在建设的温泉旅游度假酒店区内，进行温泉疗养及洗浴方面开发利用（图4.16）。

图 4.16　西溪温泉

GXQ009 水楼温泉

位置：属贺州市八步区南乡镇所辖，泉点位于良怀村水楼寨290°方向约150m的小溪边，有屯级水泥路面通至水楼寨，车辆无法直接到达泉点附近，交通条件差。泉口高程344m。

概况：该区域为低山丘陵地貌，地势开阔平坦，周边为农田、耕地。该泉点出露于一相对平缓的谷地中，谷底呈东西长120m，南北宽60m。泉点位于博白-梧州断裂上盘南北向大寨-代罗压性断裂与东西向张性次级断裂交汇处，。区内基岩为大宁岩体南部边缘相中粒花岗闪长岩，主泉南部50m可见花岗闪长岩露头，裂隙发育，大面积被第四系残积层覆盖，厚度1~5m，热储岩性为加里东期大宁岩体南部边缘相中粒花岗闪长岩，

该处泉点出露有四处泉口，泉口一温度最高，为67.3℃，流量3.65L/s，出露于小溪边，泉口已用水泥围砌起来，无法看到泉口。在水池边上安装有一条水管引水排出。泉口二处于小溪上游19.4m处，该出口是从稻田基坑中流出，洞口周围可见有青苔，洞口已被水泥围砌起来，外面有一方形水池1.3m×8.9m，池水主要用于洗涤，水温达59.2℃，流量5.40m³/h；泉口三位于男洗澡房内。泉口被水泥围砌成0.95m×0.95m池子，池深80cm，水深60cm。底部有青苔，可见有气泡往上涌，水温63℃，流量0.14L/s；泉口四被用水泥和石头围砌起来，方形0.40m×0.45m池子。池子及水深58cm，底部可见青苔，偶有气泡上涌，水温56.2℃，流量2.26L/s。

水化学成分：2013年12月03日采集的泉水样品分析结果见表4.14。

表4.14　水楼温泉水化学成分　　　　　　　（单位：mg/L）

T_s/℃	pH	TDS	Na⁺	K⁺	Ca²⁺	Mg²⁺
67	8.7	130.13	45.98	4.894	3.06	0.02
Li	Rb	Cs	NH₄⁺	CO₃²⁻	HCO₃⁻	SO₄²⁻
0.0462	0.0211	0.0332	na.	na.	50.315	17.531
Cl⁻	F⁻	CO₂	SiO₂	HBO₂	As	化学类型
8.331	6.607	nd.	0.312	147.82	< 0.0001	HCO₃·SO₄–Na

开发利用：村民已在泉三和泉四附近修建水池及排水措施，将一部分温泉水引入修建好的男、女泡池，方便使用温泉水作为生活用水及泡澡、洗浴。泉口情况见图4.17。

图 4.17　水楼温泉

GXQ010 大汤温泉

位置： 属贺州市八步区南乡镇所辖，泉点位于大汤村东侧50m山丘上，车辆无法直接到达泉口，交通条件差。泉口高程381m。

概况： 地貌为丘陵地貌，地势开阔平坦，附近山体坡度较缓。泉点附近植被茂盛，周边有村民种植水稻泉点。处于博白-梧州断裂上盘，南北向压性断裂带，断裂倾向西、倾角85°。断裂带可见石英岩脉宽0.8m，破碎带宽10～15m，影响带宽20～30m，热泉处于南北向和东西向的断裂交汇之处。上覆第四系冲洪积砂砾石层，热储岩性为中生代燕山期粗粒黑云母花岗岩。泉口位于大汤村东侧山前冲洪积扇上部，村民聚集区顶部稻田边，冲洪积层厚度1.15m，花岗岩风化带厚度68.7m。泉口被石头和水泥围砌成1.1m×1.4m的方形水池，池子周围贴上了瓷砖和加装了不锈钢围栏。，并在外围修建了一房子保护泉池。在池子底部可见气泡上涌，水体清澈见底。水温为69℃，流量6.32L/s。

水化学成分： 2013年12月03日采集的泉水样品分析结果见表4.15。

表4.15　大汤温泉化学成分　　　　　　（单位：mg/L）

T_s/℃	pH	TDS	Na$^+$	K$^+$	Ca^{2+}	Mg^{2+}
69	8.2	90.54	20.99	4.095	7.1	0.02
Li	Rb	Cs	NH$_4^+$	CO$_3^{2-}$	HCO$_3^-$	SO$_4^{2-}$
0.0781	0.00872	4.43	na.	na.	45.828	7.34
Cl$^-$	F$^-$	CO$_2$	SiO$_2$	HBO$_2$	As	化学类型
5.163	3.187	nd.	0.303	96.41	0.0006	HCO$_3$-Na

开发利用： 村民依山修建明渠将泉水引导至山丘下的街道旁，并修建了简易温泉浴室供付费使用，单次淋浴5元/人，泡澡10元/人。温泉浴室外修建有一简易水池供村民洗澡、日常饮用及宰杀牲畜。在泉口附近有施工有三口钻井。均成井于2008年，成井深度均在100m左右，导水管管径110mm，井内均无热水涌出，目前井已废弃。泉口情况见图4.18。

图 4.18　大汤温泉

GXQ011 高田温泉

位置：属贺州市昭平县北陀镇所辖，泉点位于高田村东南200m处。有屯级水泥硬化路面从泉旁通过，交通条件一般。泉口高程98m。

概况：地貌为低山丘陵地貌，植被茂盛，地势平坦开阔，周围山体坡度较缓。该泉点有多处泉口，桥底有三处泉口，已被河水淹没，主泉口位于小溪左侧河漫滩上。小溪中局部可见基岩出露，两岸多堆积卵石。热泉以上升泉的形式排泄，有翻砂、冒泡现象。栗木–马江断裂带为其主要控热断裂，泉水出露于断裂带上。断裂倾向20°，倾角80°。上覆第四系砂质黏土、砂卵石，热储岩性为下泥盆统石桥组紫红色泥质粉砂岩夹石英砂岩。主泉口被人工围成2.05m×3.6m长方形池子，池底见有水草，有较多气泡不停上涌。在池子出口为一规整的矩形堰，经计算流量为3.86L/s，水温28.5℃。距主泉口50°方向约200m处有另一处泉眼泉二，温度25.7℃，围成0.95m×4.10m的长方形池子，水底长有青苔，偶有气泡上涌，有小鱼游动。

水化学成分：泉水清澈，水质较好，2013年11月24日采集的泉水样品分析结果见表4.16。

表4.16 高田温泉化学成分 （单位：mg/L）

T_S/℃	pH	TDS	Na^+	K^+	Ca^{2+}	Mg^{2+}
28.5	7.44	333.61	4.01	2.312	47.91	13.54
Li	Rb	Cs	NH_4^+	CO_3^{2-}	HCO_3^-	SO_4^{2-}
0.00478	0.0113	0.00506	na.	na.	227.539	33.729
Cl^-	F^-	CO_2	SiO_2	HBO_2	As	化学类型
4.576	0.258	31.1692	0.098	34.05	<0.0001	$HCO_3–Ca·Mg$

开发利用：当地村民作为生活用水水源，温泉口特征见图4.19。

图 4.19 高田温泉

GXQ012 黄花山温泉

位置：属贺州市昭平县富罗镇所辖，泉点位于思乐村附近的黄花山温泉矿泉水厂内，G65包茂高速在富罗镇有出口，至泉口只有10km，交通便利。泉口高程90m。

概况：泉点周围植被茂盛，地势陡峭。热泉出露于栗木–马江断裂带与次级断裂带交汇部位的北侧，受产状250°∠85°的断裂控制，沿北东向溪沟右侧发育，分多股水流从裂隙中涌出。该泉点上覆第四系砂质黏土、砂卵石，热储岩性为下泥盆统石桥组紫红色厚层含砾石英砂岩。

共有五处泉口，两处位于山上，流量较小；两处位于山脚，可见泉水往外渗流，长有青苔，无沉淀；另一处位于小溪边上。据访，山脚两处泉眼最初是由附近村民用砖围砌起来，供洗澡之用，后来因为商业开发前四处的泉眼涌水汇流后引入生产车间生产矿泉水，四泉总流量约1.86L/s。小溪边的泉眼经再次钻探成井，成井406m，水温42℃，涌水量0.76L/s。

水化学成分：2013年11月25日采集的泉水样品分析结果见表4.17。

表4.17　黄花山温泉化学成分　　　　　（单位：mg/L）

$T_s/℃$	pH	TDS	Na^+	K^+	Ca^{2+}	Mg^{2+}
52	6.66	113.87	2.61	3.233	15.48	1.63
Li	Rb	Cs	NH_4^+	CO_3^{2-}	HCO_3^-	SO_4^{2-}
0.0089	20.9	0.00526	na.	na.	66.659	20.247
Cl^-	F^-	CO_2	SiO_2	HBO_2	As	化学类型
4.006	0.294	160.9914	0.295	70.87	2.1	$HCO_3·SO_4–Ca·Na$

开发利用：此处泉点最早开发于1990年，名为仙殿泉，供理疗洗浴开发利用。2001年开始由广西昭平县甘甜天然矿泉水有限公司接管，开采生产甘甜矿泉水，开采量44.5m³/d，余水引出厂外供村民泡浴，目前开发利用状况良好，温泉口特征见图4.20。

图 4.20　黄花山温泉

GXQ013 象州温泉

位置： 属象州县寺村镇所辖。泉点位于花池村内北西向小河右岸约30m处。有屯级水泥硬化路面从泉旁通过，交通条件一般。泉口高程115m。

概况： 泉点位于丘陵-开阔谷地中，北西向小河流纵贯其中，小河流宽3～10m，切割深1.5～2m，河中长年流水，河岸边出露D_2y_3，地层岩性为泥岩、砂岩夹石灰岩，灰岩青灰色细粒状，泉点位于河的右岸约30m处，位于断裂破碎带上。

据访问1973年曾在河右岸约100m稻田中施工两口钻孔取水，两孔于175°方向相距约100m，孔深不详，其中南端孔管口高出地面0.5m，管径130mm，流量1L/s左右；北端孔高出地面0.5m，孔口管径130mm，流量较小。两孔口自流水水温达70℃以上，水清无色，有硫黄味。当年施工钻孔主要用于进行地热发电站建设，地热发电站建设搁浅后转而进行饮用矿泉水生产及温泉疗养、洗浴等方面的开发利用。古象温泉度假村景区建设前，温泉常年有水外溢，水温达85℃，但度假村建成后抽水时该泉口水不再自流，且三个孔同时抽水的时候，水量较大，但是水温迅速下降，最低温度仅有38℃，停抽后热水才会恢复自流，水温61.5℃，流量4.17L/s。

水化学成分： 2013年8月1日考察时采集的泉水样品分析结果见表4.18。

表4.18　象州温泉化学成分　　　　　　（单位：mg/L）

T_s/℃	pH	TDS	Na$^+$	K$^+$	Ca^{2+}	Mg^{2+}
61.5	7.08	675.49	14.58	3.046	131	8.6
Li	Rb	Cs	NH$_4^+$	CO$_3^{2-}$	HCO$_3^-$	SO$_4^{2-}$
0.0117	0.00971	0.00167	na.	na.	161.093	350.586
Cl$^-$	F$^-$	CO$_2$	SiO$_2$	HBO$_2$	As	化学类型
6.582	0.271	nd.	75.19	132.5	3.26	SO$_4$·HCO$_3$-Ca

开发利用： 泉水目前主要用于源头宾馆泡澡之用，尾水直接排入附近溪沟中，温泉口特征见图4.21。

图 4.21　象州温泉

GXQ014 汶水泉

位置：属贵港市平南县东华乡所辖，泉点位于小汾村100°方向约500m处，在建的柳州—梧州高速平南出口附近，交通便利，泉口高程67m。

概况：该泉点所在区域为低山丘陵地貌，植被茂盛，地势平坦开阔，山体坡度较缓。泉点上覆第四系粉质砂土，盖层为新隆组上段泥质粉砂岩夹粉砂质泥岩，底部夹少量砂岩、砾岩，热储岩性为新隆组下段砂砾岩，处于凭祥-大黎断裂的次级断裂带上。泉口出露于一砂岩底部的洞穴中，洞穴呈弧形状，长3.9m、深2.3m、高2.53m、洞穴中水深1.05m。在洞里可见洞四壁用水泥砖头、石块围砌起来。池底有大量气泡涌出，泉水中水草生长茂盛，四周多为耕地，泉水水质良好，水清澈见底，无色无味，无论绵雨季节或者大干旱月份，该泉流量稳定，水温29.8℃，流量36.11L/s。

水化学成分：2013年11月26日考察时采集的泉水样品分析结果见表4.19。

表4.19　汶水泉化学成分　　　　　　（单位：mg/L）

T_S/℃	pH	TDS	Na$^+$	K$^+$	Ca^{2+}	Mg^{2+}
29.8	6.38	38.51	0.81	2.065	4.46	1.26
Li	Rb	Cs	NH$_4^+$	CO$_3^{2-}$	HCO$_3^-$	SO$_4^{2-}$
0.0034	0.00709	0.00041	na.	na.	19.87	6.009
Cl$^-$	F$^-$	CO$_2$	SiO$_2$	HBO$_2$	As	化学类型
4.04	0.025	151.0964	0.152	44.41	0.0027	HCO$_3$-Ca.Mg·Na

开发利用：目前该泉点未经商业开发，泉流量大，具有开发利用潜力。该泉现供村中600多人的日常生活用水，利用PVC管从此处引水至村中各家各户。温泉口特征见图4.22。

图 4.22　汶水泉

GXQ015 湘汉塘温泉

位置：属玉林市玉州区茂林镇所辖。泉点位于湘汉村北西250m处，泉点处于马路北侧稻田中，有小路可达，小路与村路相连，交通条件一般。泉口高程90m。

概况：泉点所处地为岩溶平原地貌，泉点出露于泥盆系四排组石灰岩、硅质灰岩中，上覆第四系亚黏土。位于博白-梧州断裂带的次级断裂带上，受北北东向和北西向断裂构造影响，接受多期强烈的构造运动，沟通深部热源而出露成温泉。泉口未见沉淀物，水温26.7℃，流量1.83L/s。该泉点东约5m处，有另一泉水口，已被挖宽加深围砌成一长3.4m，宽2.7m的长方形泉水蓄池。

水化学成分：2013年11月28日考察时采集的泉水样品分析结果见表4.20。

表4.20　湘汉塘温泉化学成分　　　　　（单位：mg/L）

T_s/℃	pH	TDS	Na$^+$	K$^+$	Ca^{2+}	Mg^{2+}
26.7	7.15	434.91	6.53	1.622	82.62	17.95
Li	Rb	Cs	NH$_4^+$	CO$_3^{2-}$	HCO$_3^-$	SO$_4^{2-}$
0.0003	0.0029	0.00015	na.	na.	285.225	20.262
Cl$^-$	F$^-$	CO$_2$	SiO$_2$	HBO$_2$	As	化学类型
20.708	0.008	77.1809	0.113	36.95	＜0.0001	HCO$_3$-Ca·Mg

开发利用：1982年在泉口围砌修建水塔，池中见有14根引水钢管，目前仅供村民生活用水及农田灌溉，开发利用程度较低，温泉口特征见图4.23。

图 4.23　湘汉塘温泉

GXQ016 硫磺泉

位置： 属玉林市福绵管理区福绵镇所辖，泉点位于船埠村东南南流江边，泉口高程54m，有屯级水泥硬化路面从泉旁通过，交通便利。

概况： 泉点所处地为岩溶平原地貌、地势平坦开阔，四周植被茂盛，泉点出露于泥盆系四排组石灰岩、硅质灰岩中，上覆第四系亚砂土、亚黏土，位于博白-梧州断裂的次级断裂破碎带上。泉的年流量变化较大，主要受大气降雨控制，是由于碳酸盐岩岩溶发育，导水性强，接受大气降雨补给迅速所致。泉水自270°方向渗流集中至北，泉水清澈见底，无沉淀物，有青苔生长于泉口四周。泉口水温为35.3℃，流量1.08L/s。

水化学成分： 2013年11月28日考察时采集的泉水样品分析结果见表4.21。

表4.21　硫磺泉化学成分　　　　　　　　（单位：mg/L）

T_S/℃	pH	TDS	Na^+	K^+	Ca^{2+}	Mg^{2+}
35.3	7.32	271.49	4.18	1.515	46.29	11.38
Li	Rb	Cs	NH_4^+	CO_3^{2-}	HCO_3^-	SO_4^{2-}
0.00239	0.00462	0.00177	na.	na.	188.44	13.722
Cl^-	F⁻	CO_2	SiO_2	HBO_2	As	化学类型
5.961	0.423	26.2217	0.145	43.08	0.0092	HCO_3–Ca·Mg

开发利用： 泉口被村民在唐山地震后用砖与水泥围砌，建成一小房子。后因涨水时常淹没泉口，故将房子加高形成水塔。目前泉水主要用于村民洗涤、饮用，开发利用程度较低。温泉口特征见图4.24。

图 4.24　硫磺泉

GXQ017 布透温泉

位置：属防城港市防城区上思县思阳镇所辖。泉点位于县城北面4～5km处布透村内，有机耕公路通往泉点，交通条件较差。泉口高程270m。

概况：地貌上属低山区，山体坡度10°～50°，植被以桉树为主，覆盖率达70%以上，地势北高南低，向南倾斜，点位于谷地中央，谷地向南展布，宽100～1500m，长大于4km，以种植水稻为主。从沿途切坡可见第四系松散层为灰黑、红色黏土层，厚0.5～2m，下部为灰色泥岩夹砂岩，上部风化，基本观察不出原岩结构特征。南屏-新棠断裂为其主要控热断裂。泉边出露灰白色粗砂岩，构造裂隙发育，岩石破碎，其产状难以分辨，为主要的断裂发育带。泉口位于陡岸下水沟旁，泉口高出沟底2.3m，水清澈无色，微有硫黄味。水温37.8℃，流量3.43L/s。

水化学成分：2013年9月26日考察时采集的泉水样品分析结果见表4.22。

表4.22　布透温泉化学成分　　　　　　（单位：mg/L）

T_s/℃	pH	TDS	Na^+	K^+	Ca^{2+}	Mg^{2+}
37.8	6.73	592	1.519	0.81	129.2	8.3270
Li	Rb	Cs	NH_4^+	CO_3^{2-}	HCO_3^-	SO_4^{2-}
0.00416	0.00216	0.00035	na.	na.	436.303	11.337
Cl^-	F^-	CO_2	SiO_2	HBO_2	As	化学类型
4.499	0.114	nd.	0.062	28.16	< 0.0001	HCO_3-Ca

开发利用：泉口外人工围成一小水池，水池呈长6m，宽4m的长方形，村民用钢管将热泉引入池中，水深0.3m，水池边见有白色沉淀物。目前泉水仅供附近村民洗浴，未进行开发利用，具有旅游疗养开发利用潜力，温泉口特征见图4.25。

图 4.25　布透温泉

GXQ018 那逢温泉

位置：属防城港市上思县思阳镇所辖，泉点位于那逢村矿泉水厂内，上思县至泉点有村级水泥硬化路面直达，但是路面较窄，交通条件一般，泉口高程235m。

概况：泉点上覆新近系邕宁群第二段泥岩，第一段细砂岩、粉砂岩、砾岩，热储岩性为侏罗系、白垩系砂岩、粉砂岩。南屏–新棠断裂为其主要控热断裂。泉口位于距山脚约4m处的岩石破碎带中，四周植被茂盛，泉水清澈无色，稍微有硫黄味，泉口有少量黄色沉淀物，水温34.8℃，流量0.54L/s。

水化学成分：2013年11月07日考察时采集的泉水样品分析结果见下表4.23。

表4.23　那逢温泉化学成分　　　　（单位：mg/L）

T_s/℃	pH	TDS	Na^+	K^+	Ca^{2+}	Mg^{2+}
34.8	6.71	640.78	1.499	1.04	142.6	9.834
Li	Rb	Cs	NH_4^+	CO_3^{2-}	HCO_3^-	SO_4^{2-}
0.00295	0.00362	0.00058	na.	na.	471.101	10.337
Cl^-	F^-	CO_2	SiO_2	HBO_2	As	化学类型
4.367	0.183	102.1162	0.136	51.71	< 0.0001	HCO_3–Ca

开发利用：泉点于1988年开始开发利用，沟底山体经人工开挖后用水泥围砌加固，泉口周围已经人工堆砌成直径3.6m的圆形泵房，泉水经过水泵直接引入泵房前方的不锈钢蓄水池，最终直接引入矿泉水生产车间。泉水主要用于生产矿泉水，开发利用状况良好，温泉特征见图4.26。

图 4.26　那逢温泉

GXQ019 暖水麓温泉

位置：属钦州市钦北区小董镇所辖，泉点位于板中村暖水麓西南250m处，村中有机耕公路可到达泉点，交通条件较差。泉口高程60m。

概况：该泉点所在区域为低山丘陵地貌，地势平坦开阔，植被茂盛，主要种植水稻、芭蕉、龙眼。泉点出露在侵入岩与硅质岩接触带上，泉点东部为硅质岩组成的高丘陵地带。据统计，该处主要有两组裂隙发育：①350°组发育密度为5条/m²，宽度1～5cm。②80°组发育密度为12条/m²，宽度5～30mm，这两组裂隙是地表水及大气降水渗入补给地下水的主要通道。泉点西部分布着花岗岩，起阻水作用。接触带上有一层厚度约5～15m的灰白色熔岩发育，呈土状，塑性大，是地下热水的良好盖层。峒中-小董断裂为其主要控热断裂，置手于断裂发育带沟渠西沙中，可有明显热感。谷地中发育有一条常年流水的沟渠，沟渠宽2～10m，切割1～2m，泉口位于沟渠右侧，被人工围成0.7m的方形小池子，在泉口附近观察发现，沟渠有许多断层角砾岩、角砾岩风化为菱形块状。泉口无沉淀物，时有大量气泡冒出。泉水清澈无色，有硫黄味。据访，村民反映该泉水温有所下降。20世纪70年代温泉调查统测资料显示该泉水温31℃，而通过实测，目前泉口水温29.6℃，相差1.4℃。泉水流量4.35L/s。

水化学成分：未进行采样测试。

开发利用：泉点东北方向有两水塔，大水塔直径3.0m、高1.5m，其旁小水塔直径0.8m，有两管径分别为40mm、25mm引水管从此处引水供村民日常生活使用以及农田灌溉，温泉特征见图4.27。

图 4.27　暖水麓温泉

GXQ020 禾堂圩温泉

位置：属玉林市博白县旺茂镇所辖，泉点位于石垌村禾塘圩屯，泉点位于村级道路旁，交通便利。泉口高程148m。

概况：周边为低山丘陵地貌，植被茂盛，地势平坦开阔。温泉西北部山势陡峻。岩层受断裂错动影响，巨厚的砾岩形成一个断层崖，陡崖上可见构造裂隙交错发育，断层角砾岩黏附在陡崖上。这些坚硬而破碎的岩层和张开的裂隙，是地下热水补给通道及赋存的空间。温泉东侧受断裂作用，将D_1y泥质岩类地层往上推移并覆盖砾岩之上，形成地下热水的盖层。泉水从两者接触带上溢出，无明显泉口，并伴有串珠状气泡逸出。水温27.4℃，流量3.10L/s。

泉点位于湖边，泉口被围砌，形成一直径4m的圆形池子，泉水从池子底部上涌而出，偶有气泡冒出。泉水从池子溢出，流到另外一个地势较低的鱼塘中。

水化学成分：2013年12月1日考察时采集的泉水样品分析结果如表4.24所示。

表4.24　禾堂圩温泉化学成分　　　　　（单位：mg/L）

T_s/℃	pH	TDS	Na⁺	K⁺	Ca²⁺	Mg²⁺
27.4	7.4	240.09	1.73	0.9549	39.16	8.93
Li	Rb	Cs	NH₄⁺	CO₃²⁻	HCO₃⁻	SO₄²⁻
0.00054	0.00308	0.00057	na.	na.	176.262	8.113
Cl⁻	F⁻	CO₂	SiO₂	HBO₂	As	化学类型
4.94	0.104	59.3699	0.118	7.91	＜0.0001	HCO₃–Ca·Mg

开发利用：该泉在过去只是简单的围砌起来，于1998年建成目前的圆形水池。目前池子里有17根水管及潜水泵。该泉水过去也用于煮饭及生活饮用，但是后来发现用该泉水做饭，饭容易馊，因而村民不再用作生活饮用水，村民通过潜水泵把水抽回家供洗衣、养猪等使用。温泉特征见图4.28。

图 4.28　禾堂圩温泉

GXQ021 甲塘温泉

位置： 属玉林市博白县径口镇所辖，泉点位于大胜村甲塘屯，泉点位于一小溪边，紧靠大胜村村级公路，交通便利。泉口高程125m。

概况： 周围为低山丘陵地貌，植被茂盛，地势相对开阔平缓。该泉点上覆第四系含砾石土，陆川-岑溪断裂为其主要控热断裂。据前人勘探资料显示，区内地下热水为局部异常性质，即异常分布范围及形态受地层、岩浆岩、断裂构造的活动强度及展布控制。地下热水储存于那高岭组至郁江组地层之深部断裂破碎带及裂隙带内，主要为脉状兼层状裂隙型热储。区内那高岭组一郁江组以交替出现的间夹状泥质岩、页岩类作为盖层。泉点受北北东向和北西向断裂构造影响，构造控制着热矿水的形成和分布，压扭性断裂受多期强烈的构造运动影响，使深部砂岩类裂隙发育，并导通深部热源，形成温泉。

泉水清澈见底，无任何沉积物。底部泉水上涌，带动细砂向上翻涌，偶有气泡冒出。小溪靠近泉口的一侧，也可见气泡往上冒出。水温33.2℃，流量0.97L/s。

水化学成分： 2013年11月30日考察时采集的泉水样品分析结果见表4.25。

表4.25　甲塘温泉化学成分　　　　　（单位：mg/L）

T_s/℃	pH	TDS	Na^+	K^+	Ca^{2+}	Mg^{2+}
33.2	7.37	255.42	3.14	3.894	46	7.38
Li	Rb	Cs	NH_4^+	CO_3^{2-}	HCO_3^-	SO_4^{2-}
0.00413	0.00721	0.00077	na.	na.	179.788	9.122
Cl^-	F^-	CO_2	SiO_2	HBO_2	As	化学类型
6.097	0.058	45.5169264	0.156	45.17	0.006	HCO_3-Ca·Mg

开发利用： 泉口被用水泥围砌成方形2.32m×3.36m，该泉水平时主要用于村民洗衣洗菜等。温泉特征见图4.29。

图 4.29　甲塘温泉

GXQ022 热水塘温泉

位置：属玉林市博白县亚山镇所辖，泉点位于温罗村热水塘屯中。地理位置偏僻，村中土路可到达泉点，交通不便，泉口高程122m。

概况：为低山丘陵地貌，地势平缓开阔，植被茂盛。泉点上覆第四系含砾石土，热储岩性为泥盆系郁江组钙质粉砂岩及细砂岩，陆川-岑溪断裂为其主要控热断裂。

温罗村内共两处泉口，两口地热井。两泉口位于民房前，其中一泉已被水泥围砌，成一直径6m得圆形水池，并被水泥封顶。另一泉口从石缝中流出，自然形成一不规则小水池。两眼地热井，均是2003年10月施工成井，两孔间距3.5m，两孔孔深分别为52m、100m，均为承压自流井，成井初期夏天泉水温度达70℃，后水温逐渐降低至59.3℃及57.9℃，由于水流比较分散，只能对两处流量大的泉眼进行测流，测流结果为25.32L/s，实际热水流量要大于测量值。

水化学成分：2013年11月29日考察时采集的泉水样品分析结果见表4.26。

表4.26　热水塘温泉化学成分　　　　（单位：mg/L）

T_S/℃	pH	TDS	Na^+	K^+	Ca^{2+}	Mg^{2+}
59.3	6.87	821.89	102.7	4.328	17.81	0.95
Li	Rb	Cs	NH_4^+	CO_3^{2-}	HCO_3^-	SO_4^{2-}
0.00689	0.0454	0.00791	na.	na.	499.189	0.3506
Cl^-	F^-	CO_2	SiO_2	HBO_2	As	化学类型
4.951	0.472	51.4539168	0.166	47.07	<0.0001	SO_4-Na

开发利用：该村共40多人，建有七个冲澡房。泉水供村民洗涤，农田灌溉和养殖罗非鱼，偶尔也供外来游客付费泡澡。该点为广西唯一进行温泉养殖罗非鱼等热带鱼类的场地。该处泉点资源量丰富，但是地理位置偏僻，作为温泉疗养开发利用的潜力不大。温泉特征见图4.30。

图 4.30　热水塘温泉

GXQ023 谢鲁天堂温泉

位置： 属玉林市陆川县乌石镇所辖，泉点位于谢鲁村谢鲁天堂温泉景区内，陆乌公路旁，交通便利。泉口高程73m，

概况： 泉点所在区域为低山丘陵地貌，地势相对平缓，植被茂盛。上覆第四系亚砂土，热储岩性为燕山期花岗岩，处于陆川-岑溪断裂次一级断裂上。该泉点的形成受北北东向和北西向断裂构造影响，这些构造控制着热矿水的形成和分布，这些压扭性断裂，接受多期强烈的构造运动，使规模加大，并根据室内模拟试验结果推测，扭压力愈大愈向深部发展。从玉林市船埠温泉、湘汉塘温泉、陆川县乌石温泉、陆川温泉、甲塘温泉，其总体方向沿压扭性断裂带呈北东方向展布可证实。该处温泉经钻孔自流，水温42.6℃，流量0.89L/s。

水化学成分： 2013年11月29日考察时采集的泉水样品分析结果见表4.27。

表4.27 谢鲁天堂温泉化学成分　　　　　　（单位：mg/L）

T_s/℃	pH	TDS	Na^+	K^+	Ca^{2+}	Mg^{2+}
42.6	6.4	231.84	36.25	10.86	16.31	1.93
Li	Rb	Cs	NH_4^+	CO_3^{2-}	HCO_3^-	SO_4^{2-}
0.014	0.0445	0.00375	na.	na.	141.33	19.256
Cl^-	F$^-$	CO_2	SiO_2	HBO_2	As	化学类型
5.901	1.694	53.4329136	0.291	70.15	0.0038	HCO_3-Na

开发利用： 泉口被水泥围砌起来，用泵抽水，仅留一根引水管用以溢流排水。该泉水之前用以生产矿泉水，于2013年停产。现已建成温泉度假山庄开发利用，由于毗邻中国四大名庄之一的谢鲁山庄，客流量比较稳定，客人量30~50人次/天。该泉水主要供附近村民洗浴及客人泡澡用。温泉泡池每天抽水时间为5:00~21:00。温泉特征见图4.31。

图 4.31　谢鲁天堂温泉

GXQ024 峒中温泉

位置： 属防城港市防城区峒中镇所辖，泉点位于峒中温泉景区内，从东兴市走沿边公路1小时即可到达峒中温泉，交通便利。泉口高程224m。

概况： 泉点地处低山丘陵地貌，植被茂盛，地势相对较为陡峭。热储岩性为加里东期—燕山期侵入的岩浆岩，峒中-小董断裂为其主要控热断裂。泉口附近有一钻孔，于1995年施工，深度60m。途经美丽的北伦河畔，中越两国山水相邻，绵延的沿边公路边就是国境线，涧溪水穿约流淌，风景秀美。

温泉口经过钻探扩孔，但是泉水自流量未增大，温度75℃，流量0.42L/s。

水化学成分： 2013年11月26日考察时采集的泉水样品分析结果见表4.28。

表4.28 峒中温泉化学成分 （单位：mg/L）

T_s/℃	pH	TDS	Na^+	K^+	Ca^{2+}	Mg^{2+}
75	8.51	203.93	72.87	2.96	1.99	0.0035
Li	Rb	Cs	NH_4^+	CO_3^{2-}	HCO_3^-	SO_4^{2-}
0.105	0.0656	0.154	na.	na.	112.167	8.414
Cl^-	F^-	CO_2	SiO_2	HBO_2	As	化学类型
5.526	17.933	nd.	0.29	174.92	0.0535	HCO_3-Na

开发利用： 目前已建成温泉泡池面积越380m²，温泉房六间，宾馆床位40个，停车场面积约1300m²，空调餐厅可供50～60人同时就餐。每天抽水时间视客人数量而定，客人较多时则抽水十个小时左右；客人较少则抽水六个小时，涌水量5m³/h。水泵停抽一刻钟后泉水即可自流而出，流量约0.42L/s。温泉口特征见图4.32。

图 4.32 峒中温泉

第三节 代表性地热井

GXJ001 车田湾地热井

位置：属桂林市资源县中峰乡所辖，地热井位于车田湾村丹霞温泉景区内。井口高程427m。

井深：550.05。

孔径：300mm。

井口温度：38℃。

热储层特征：车田湾地热田位于东北越城岭断褶带中部，受加里东、印支、燕山等多期次岩浆活动和构造运动的影响，构造活动强烈，断裂构造十分发育，资源-新宁深大断裂从此通过，断裂呈北北东向展布，切割泥盆系—震旦系，控制着岩体及矿产的分布，起导水导热作用。此外区内近东西向的张性断裂也比较发育。区域内地处山麓斜坡资江三级及三级以上阶地，第四系土层主要为坡残积物，厚度一般小于5.67m；下伏基岩为砂岩局部杂灰岩和燕山早期中细粒小班状黑云花岗岩。上覆隔热盖层为第四系、白垩系花岗岩风化层，盖层不太完整，白垩系为其主要盖层。盖层顶板埋深15.5m，底板埋深60m，厚度为44.5m。热储岩性为燕山期黑云母花岗岩，热储顶板埋深60m，底板埋深125m，厚度为65m。涌水量为37.79m³/h。

水化学成分：2013年11月20日考察时采集的地热井水样品分析结果见表4.29。

表4.29 车田湾地热井化学成分 （单位：mg/L）

T_s/℃	pH	TDS	Na⁺	K⁺	Ca²⁺	Mg²⁺
30	8.21	99.17	8.688	0.89	15.47	0.2161
Li	Rb	Cs	NH₄⁺	CO₃²⁻	HCO₃⁻	SO₄²⁻
0.0164	0.00538	0.00344	na.	na.	51.276	18.541
Cl⁻	F⁻	CO₂	SiO₂	HBO₂	As	化学类型
4.087	7.125	nd.	0.151	7.71	<0.0001	HCO₃·SO₄–Na·Ca

开发利用：景区内建有160多间各类客房，可同时容纳300多人住宿。设有格调静雅的"温泉中餐厅"，餐厅设有近15间豪华包房，加上大厅餐位，共可容纳约600人同时用餐。景区还设有健身房、乒乓球室、网吧、沙狐球室、台球等多种休闲娱乐项目。

GXJ002 南丹温泉地热 DRK1 号井

位置：属河池市南丹县车河镇所辖，地热井位于南丹五一矿区，距县城12km，国道210线公路在其东面穿过，地理环境优越，交通便利。于采矿盲道内采集热水，井口高程-58m。

井深：490.6m。

孔径：300mm。

井口温度：49.2℃。

热储层特征：该井位于车河背斜核部、宜山-柳城断裂带东侧，那高岭组地层，中低山地貌，车河溪自北向南流过，河水位高程443m。从地下热水分布的地段地层、构造、岩浆岩分布等条件分析，区内地下热水为局部热异常性质，即异常分布的范围及形态，受地层、岩浆岩、断裂构造的活动强度及展布，所控制。由中—下泥盆统组成的背斜核部地区。地下热水储存于那高岭组、郁江组的深部断裂破碎带及裂隙带内，主要为带状兼层状储热。区内地下热水均为矿井开采盲道揭露的封闭性热异常带，那高岭组—郁江组既是储热层，也是盖层。据相关资料，分布于小溪两岸一级阶地及坡脚的ZK813-816号灯勘探孔孔深在450～553m，均为自喷热水孔。钻孔揭露的岩性，主要是灰、深灰、灰黄褐色碳质泥岩，含碳质粉砂岩、泥质细砂岩夹泥灰岩等。岩石较完整，裂隙发育较弱，于孔深300m后，大部分裂隙被磁铁矿、黄铁矿等充填。距离勘探区南3.0～3.5km，地表出露着燕山期的花岗岩、花岗斑岩岩株、岩脉，围岩被强烈侵蚀。该地热井热水主要出露在五一矿井-58m处盲道内，地层主要为那高岭组，岩性主要为碳质泥岩、泥灰岩等。井口可见少许黄、白色沉淀物。自流水量0.45L/s，微臭鸡蛋气味。

水化学成分：2013年12月11日考察时采集的地热井水样品分析结果见表4.30。

表4.30　南丹温泉地热DRK1号井化学成分　　（单位：mg/L）

T_S/℃	pH	TDS	Na$^+$	K$^+$	Ca^{2+}	Mg^{2+}
49.2	7.92	594.82	257.4	19.95	17.64	2.01
Li	Rb	Cs	NH$_4^+$	CO$_3^{2-}$	HCO$_3^-$	SO$_4^{2-}$
1.02	nd.	nd.	na.	na.	121.22	5.724
Cl$^-$	F$^-$	CO$_2$	SiO$_2$	HBO$_2$	As	化学类型
170.88	11.358	nd.	0.228	58.65	< 0.0001	Cl·HCO$_3$-Na

开发利用：五一矿井盲道自流热水主要用于矿工日常洗浴及通过抽水泵抽水引入南丹温泉乐园进行温泉疗养泡浴方面的开发利用。

GXJ003 南丹温泉地热 DRK2 号井

位置：属河池市南丹县车河镇所辖，地热井位于五一矿区内，距县城12km，国道210线公路在其东面穿过，地理环境优越，交通便利。井口高程470m。

井深：432.4m。

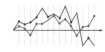

孔径：300mm。

井口温度：44.8℃。

热储层特征：该井位于车河背斜核部、宜山-柳城大断裂带东侧，那高岭组碎屑岩分布地层，中低山地貌，车河溪自北向南流过，河水位高程443m。从地下热水产出的地段地层、构造、岩浆岩分布等条件分析，区内地下热水为局部热异常性质，即异常分布的范围及形态，受地层、岩浆岩、断裂构造的活动强度及展布所控制。由中—下泥盆统组成的背斜核部地区构成地热地质体。地下热水储存于那高岭组郁江组的深部断裂破碎带及裂隙带内，主要为带状兼层状储热体。区内地下热水均为钻孔揭露地表的封闭性热异常，地热异常带内那高岭组—郁江组既是储热层，也是盖层。盖层厚度约430m。据相关资料，分布于小溪两岸一级阶地及山坡脚的ZK813-816号灯勘探孔孔深在450~553m，均为自流热水孔。钻孔揭露的岩性，主要是灰、深灰、灰黄褐色碳质泥岩、含碳质粉砂岩、泥质细砂岩夹泥灰岩等。岩石较完整，裂隙发育较弱，于孔深300m后，大部分裂隙被磁铁矿、黄铁矿等充填。距离勘探区南3.0~3.5km，地表出露着燕山期的花岗岩、花岗斑岩岩株、岩脉，围岩被强烈侵蚀。泉口沉淀物呈黄色，涌水量0.58L/s。

水化学成分：2013年12月11日考察时采集的地热井水样品分析结果见表4.31。

表4.31　南丹温泉地热DRK2号井化学成分　　　　（单位：mg/L）

T_s/℃	pH	TDS	Na⁺	K⁺	Ca²⁺	Mg²⁺
44.8	7.77	960.36	284.8	18.34	12.03	1.79
Li	Rb	Cs	NH₄⁺	CO₃²⁻	HCO₃⁻	SO₄²⁻
1.12	nd.	nd.	na.	na.	451.406	14.117
Cl⁻	F⁻	CO₂	SiO₂	HBO₂	As	化学类型
177.878	12.225	nd.	0.22	57.17	0.0093	Cl-Na

开发利用：此处泉孔是由矿山勘查钻探揭露断层出露，现由南丹温泉公司开发利用。

GXJ004 永福温泉地热井

位置：属桂林市永福县罗锦镇所辖，地热井位于南灯村金钟山旅游度假区内，桂柳高速和桂梧高速与良永二级公路相通，处于广西最繁忙的旅游线路——桂林至阳朔公路的中间段，交通便利。井口高程273m。

井深：1200m。

孔径：300mm。

井口温度：49.8℃。

热储层特征：该井位于龙胜-永福深断裂带与桂林-来宾大断裂带交汇处，地热水源于地下1000多米，向上涌出，水量丰富，属中低温地热资源。地层岩性主要为泥盆系中统东岗岭组白云岩、石灰岩。区内岩石局部构造裂隙较发育，连通性较好。地下水赋存运移于这些裂隙和小管道中，主要为构造裂隙水，以大气降水和深层地下水补给为主。因区内汇水面积大，地下水较丰富。涌水量为4.57m³/h。

水化学成分：2013年12月23日考察时采集的地热井水样品分析结果见表4.32。

表4.32　永福温泉地热井化学成分　　　　（单位：mg/L）

T_s/℃	pH	TDS	Na⁺	K⁺	Ca²⁺	Mg²⁺
49.8	7.78	111.68	1.22	0.878	25.97	9.35
Li	Rb	Cs	NH₄⁺	CO₃²⁻	HCO₃⁻	SO₄²⁻
0.00033	0.00125	0.00062	na.	na.	61.371	7.561
Cl⁻	F⁻	CO₂	SiO₂	HBO₂	As	化学类型
5.338	0.122	nd.	0.058	26.25	0.0123	HCO_3-Mg·Ca

开发利用：景区于2008年进行开发利用，目前打造绿色养生主题温泉景区。沿路可见较多放养的山羊。温泉景区有游泳池、热身池，室内生态池、福禄寿池、亲亲鱼疗池、动感水疗池、玫瑰浴池、牛奶浴池等20多个泉池，分为普通泉池区、特色泉池区、养生区、养颜区、VIP贵宾区，单次容量500人以上，每天最大接待量可达2000多人。

GXJ005 福利温泉地热井

位置：属桂林市阳朔县福利镇所辖，地热井位于矮山村西南方向500m处，离阳朔县城大约10km，有二级公路可到达井边，交通便利。井口高程96m。

井深：285m。

孔径：168mm。

井口温度：35.3℃。

热储层特征：地热井所处地为喀斯特地貌，附近可以看到独秀峰式的石山，地势开阔平坦。盖层岩性为石炭系岩关组石灰岩，热储岩性为泥盆系中统东岗岭组白云岩、石灰岩，白石断裂为其主要控热断裂。盖层厚度约260m，热储层温度为69.87℃。据我们实地调查该地热井位于一谷地里，旁有一户人家，种植农作物，植被茂盛。此地热井于1986年施工，孔深285m，下管下至20多m。旁边约6m处打一地热井，深30多m，因温度太低不再使用，现已经回填。据访，这附近曾打了13个孔，深度不一，但都有一个共同点——深度越深温度越低。该井涌水量为2.448m³/h。

水化学成分：2013年11月22日考察时采集的地热井水样品分析结果见表4.33。

表4.33　福利温泉地热井化学成分　　　　（单位：mg/L）

T_s/℃	pH	TDS	Na⁺	K⁺	Ca²⁺	Mg²⁺
35.3	7.23	351.46	2.34	0.809	70.14	10.91
Li	Rb	Cs	NH₄⁺	CO₃²⁻	HCO₃⁻	SO₄²⁻
0.00132	0.00279	0.00095	na.	na.	253.177	8.186
Cl⁻	F⁻	CO₂	SiO₂	HBO₂	As	化学类型
5.901	0.01	16.32	0.081	30.75	0.013	HCO_3-Na

开发利用：此地热井现已当地村民开发利用，用抽水泵抽水供客人泡澡。井口已完全被水泥封住，无法观察井口情况，水泥砖所围之处长有青苔。该户农家建有两个泡池，分别为1.75m×1.45m和1.7m×1.4m。该温泉的抽水时间，视客人泡澡情况而定，即抽即用。

GXJ006 月亮山温泉 DRK1 井

位置： 属桂林市阳朔县高田乡所辖，地热井位于凤楼村月亮山温泉景区内，桂荔公路西侧，包茂高速在景区东侧有出口，交通便利。井口高程143m。

井深： 800m。

孔径： 300mm。

井口温度： 40.1℃。

热储层特征： 地热井所处区域位于高田断裂与北西、东西向断裂的交汇部位，由于应力集中的影响，地层中节理、裂隙、次一级断裂发育，加之高田断裂具多期活动性、切割深为沟通深部热源及大地热流向地表传导传递提供了良好的通道条件。本区具有地热资源形成的地热地质条件，具有赋存热矿水的含水层，但是该区域处于断裂破碎带边缘地段，形成断裂对流型温泉的可能性较小。主要通过区内泥盆系中统信都组（D_2x）及四排阻（D_2s）岩层中泥质充填比较好的粉砂质泥岩、泥岩、页岩复合圈闭形成良好的隔热层，层厚5～202m，盖层顶板埋深8m，底板埋深238.15m，累计盖层总厚度达230m，阻止大地热流的传导。而信都组（D_2x）及四排阻（D_2s）中的泥质粉砂岩、粉砂岩、砂岩等岩层层厚在5～80m，热储顶板埋深8m，底板埋深800m，累计厚度达250m，岩石成岩好，硬度大，钢性强，受断裂应力影响的节理、裂隙发育，具有储水和储热能力，而形成良好的热储层。因此在本区域热储和盖层呈交错复合圈闭状态，形成具有明显的承压性热水的储盖复合型层状热储层。水位埋深11.8m，涌水量为4.572m³/h。

水化学成分： 2013年11月22日考察时采集的地热井水样品分析结果见表4.34。

表4.34　月亮山温泉DRK1井化学成分 （单位：mg/L）

T_s/℃	pH	TDS	Na⁺	K⁺	Ca²⁺	Mg²⁺
40.1	7.56	412.55	62.88	3.632	28.54	11.09
Li	Rb	Cs	NH₄⁺	CO₃²⁻	HCO₃⁻	SO₄²⁻
0.014	0.00823	0.00137	na.	na.	288.429	9.801
Cl⁻	F⁻	CO₂	SiO₂	HBO₂	As	化学类型
8.177	0.635	32.63	0.073	29.19	0.0116	HCO₃-Na

开发利用： 景区正在建设之中，地热水暂未开发利用。

GXJ007 月亮山温泉 DRK2 井

位置： 属桂林市阳朔县高田乡所辖，地热井位于凤楼村月亮山温泉景区内，桂荔公路西侧，交通便利。井口高程142m。

井深： 600m。

孔径： 300mm。

井口温度： 28.5℃。

热储层特征：地热井所处区域主要是以丘陵地貌为主，地势南高北低。钻井位于高田镇历村月亮山南侧，所处区域位于高田断裂与北西、东西向断裂的交汇部位，由于应力集中的影响，地层中节理、裂隙、次一级断裂发育，加之高田断裂具多期活动性、切割深为沟通深部热源及大地热流向地表传导传递提供了良好的通道条件。本区具有地热资源形成的地热地质条件，具有赋存热矿水的含水层，但是该区域处于断裂破碎带边缘地段。形成断裂对流型温泉的可能性较小。主要通过区内泥盆系中统信都组（D_2x）及四排阻（D_2s）岩层中泥质充填比较好的粉砂质泥岩、泥岩、页岩复合圈闭形成良好的隔热层，层厚5～202m，盖层顶板埋深7.05m，底板埋深114.35m，累计盖层总厚度达107.3m，阻止大地热流的传导。而信都组（D_2x）及四排阻（D_2s）中的泥质粉砂岩、粉砂岩、砂岩等岩层层厚在5～80m，热储顶板埋深7.05m，底板埋深600m，累计厚度达290.85m，岩石成岩好、硬度大、刚性强，受断裂应力影响的节理、裂隙发育，具有储水和储热能力，而形成良好的热储层。因此在本区域热储和盖层呈交错复合圈闭状态，形成具有明显的承压性热水的储盖复合型层状热储层。水位埋深23.6m，涌水量2.736m³/h。

水化学成分：2013年11月22日考察时采集的地热井水样品分析结果见表4.35。

表4.35 月亮山温泉DRK2井化学成分　　　　　　（单位：mg/L）

T_s/℃	pH	TDS	Na$^+$	K$^+$	Ca^{2+}	Mg^{2+}
28.5	7.94	341.26	35.87	9.911	33.08	9.37
Li	Rb	Cs	NH$_4^+$	CO$_3^{2-}$	HCO$_3^-$	SO$_4^{2-}$
0.0154	0.0229	0.00195	na.	na.	224.334	24.024
Cl$^-$	F$^-$	CO$_2$	SiO$_2$	HBO$_2$	As	化学类型
4.669	0.317	nd.	0.046	23.89	0.0068	HCO$_3$-Na

开发利用：景区正在建设之中，暂未开发利用。

GXJ008 凤凰河温泉地热井

位置：属柳州市柳江县洛满镇所辖，地热井位于龙村北500m百里柳江凤凰河温泉生态旅游区内，距离柳州市区约10km，有柏油路直通景区旁，交通便利。井口高程88m。

井深：1508.4m。

孔径：300mm。

井口温度：26.8℃。

热储层特征：地热井位于新华夏系构造和北东东向弧形构造复合部位，规模较大的张扭性深断裂发育构成良好的导热通道；有碎屑岩尤其泥质岩类盖层和深部碳酸盐岩类构成的热储条件的存在，因而具有利于地热资源成生和蕴藏的背景条件。

形成本区地热盖层的地层为石炭系下统寺门组除了第二段（C_1s_2）之外的各段、罗城组及鹿寨组，岩性是以泥质岩类为主，间夹少量砂岩等，它们是隔水层或相对隔水层，成岩好，孔内两次物探测温表明该盖层地温梯度达0.95～3.5℃/100m，平均值为2.23℃/100m。

段 **中国地热志 华南卷**

构成勘查区热储层的地层有：C_1s_2、C_1h_2、C_1h_1、D_3r等。地热井区内有层状热储和带状热储两种类型。这些热储通过断裂破碎带、节理裂隙得到浅部冷水的补给后作深循环，不断被来自深部热流的加温而形成地下热水。由于勘查区两组主要断裂十分发育，断深较大，相互切割，因此热储相互沟通，有利于地下热水纵横方向对流和循环，是广西褶皱断裂型地热资源成生较典型、条件较好的地区之一。涌水量为30.71m³/h。

水化学成分：2013年10月30日考察时采集的地热井水样品分析结果见表4.36。

表4.36　凤凰河温泉地热井化学成分　　　　　（单位：mg/L）

T_s/℃	pH	TDS	Na⁺	K⁺	Ca²⁺	Mg²⁺
26.8	7.8	273.8	8.265	1.037	29.63	17.38
Li	Rb	Cs	NH₄⁺	CO₃²⁻	HCO₃⁻	SO₄²⁻
0.00047	0.000065	nd.	na.	na.	208.31	5.573
Cl⁻	F⁻	CO₂	SiO₂	HBO₂	As	化学类型
4.378	0.047	nd.	0.047	30.11	0.0139	HCO₃–Mg·Ca

开发利用：景区处于建设之中，暂未开发利用。

GXJ009 鱼堰温泉地热井

位置：属桂林市平乐县源头镇所辖，地热井位于高龙村仙家温泉景区内。包茂高速在英家镇有出口，下高速15分钟即可到达温泉景区，交通便利。井口高程17m。

井深：250m。

孔径：150mm。

井口温度：41.5℃。

热储层特征：该地热井所处区域地貌为丘陵垄丘谷地，标高300～350m，相对高差100～150m，地形坡角30°～40°。

该地热井位于栗木-马江大断裂带上。于20世纪80年代解放军工程部队施工成井，开孔直径150mm，终孔直径130mm，孔深110m。根据该处相应钻孔资料显示，自上而下，第四系（Qel）残积层为黏土厚5.35m，下部基岩为泥盆系上统（D₃）石灰岩，孔深自57.69～101.47m，揭穿北北东向压性断裂。断裂倾向北西西，倾角70°～80°。热泉南南西侧约400m处发现有时代不明的花岗斑岩出露，呈北北东向展布，与邻近的断裂展布方向一致，延伸长度约1.5km，断裂西侧为中泥盆系信都组上段（D₂x₂）泥质粉砂岩、粉砂岩。

恭城-源头北东向深断裂导水导热形成，并受侏罗系泥页岩阻隔溢出地表，热储为石灰岩，盖层为泥页岩。涌水量73.7m³/h。

水化学成分：2013年11月23日考察时采集的地热井水样品分析结果见表4.37。

366

表4.37 鱼堰温泉地热井化学成分 （单位：mg/L）

$T_s/℃$	pH	TDS	Na^+	K^+	Ca^{2+}	Mg^{2+}
41.5	7.41	627.54	10.62	2.735	132.6	14.16
Li	Rb	Cs	NH_4^+	CO_3^{2-}	HCO_3^-	SO_4^{2-}
0.0007	0.0108	0.0261	na.	na.	166.648	296.392
Cl^-	F^-	CO_2	SiO_2	HBO_2	As	化学类型
4.382	0.328	23.75	0.165	46.88	0.005	SO_4-Ca

开发利用：为当地主要供水水源，曾建小型矿泉水厂，现改建成仙家温泉度假山庄，进行温泉疗养、休闲度假方面的开发利用。

GXJ010 扬梅冲温泉地热井

位置：属贺州市黄田镇所辖，地热井位于新路村龙洞屯北西扬梅冲处。有屯级水泥路面通至井边，路面较窄，大型车辆无法驶入，交通条件较差。井口高程150m。

井深：40m。

孔径：150mm。

井口温度：39.9℃。

热储层特征：地貌为低山地貌区，两侧山顶高程350～480m，与谷地高差约200～280m，山体坡度30°～70°，植被覆盖率达80%以上。

谷地长条形，北西-东南展布，纵剖面北西端呈"V"型，向南东渐变成"U"型，地势由北西向南东倾斜，地表水以溪沟为主，溪沟水为山上渗出汇集而成，由北西向南东径流。

上覆盖层地层为第四系残坡积灰黑色黏土，黏土松散含少量碎石块，厚0.5～7m，下伏热储层岩性为燕山期花岗岩，花岗岩粗粒结构，花斑状，坚硬性脆，点位于断层带上。

井位于谷地东侧山脚下，2009年施工成井，据访，地面到井深10m下无缝钢管护壁，钻至25m时，水从孔口溢出。涌水量为2.86m³/h。无色有硫黄味。

水化学成分：2013年8月4日考察时采集的地热井水样品分析结果见表4.38。

表4.38 扬梅冲温泉地热井化学成分 （单位：mg/L）

$T_s/℃$	pH	TDS	Na^+	K^+	Ca^{2+}	Mg^{2+}
39.9	7.81	152.82	23.54	0.724	16.82	0.1806
Li	Rb	Cs	NH_4^+	CO_3^{2-}	HCO_3^-	SO_4^{2-}
0.072	0.00664	0.00282	na.	na.	98.267	8.615
Cl^-	F^-	CO_2	SiO_2	HBO_2	As	化学类型
4.676	6.67	nd.	0.291	70.15	0.0014	$HCO_3-Na·Ca$

开发利用：目前孔口用水泥封住，只引一根水管让水流出，水流入溪沟中，目前该井未利用。

GXJ011 贺州温泉地热井

位置：属贺州市黄田镇所辖，地热井位于新路村大岭脚贺州温泉景区内。距市区16km，距玉石林景区2km，距姑婆山国家森林公园8km，交通便利。泉口高程160m。

井深：80m。

孔径：300mm。

井口温度：51℃。

热储层特征：地貌上为低山地貌，山顶高程450～500m，与谷地高差150～200m，山体坡度20°～60°，植被以乔木及灌木为主，覆盖率达70%以上，谷地呈东西向，谷地开阔，长约3km，宽500～1000m，从东向西倾斜，溪沟纵横交错，总体以北东向南径流，谷地以种植水稻及玉米为主，人口居住较密集。地热井位于南北向断层带上。盖层岩性为成岩较好的花岗岩层。热储层岩性为受断裂带影响的灰白色粗粒花岗岩破碎带，岩石坚硬性脆。地热水温度为51℃。涌水量为14.4m³/h。

水化学成分：2013年8月4日考察时采集的地热井水样品分析结果见下表4.39。

表4.39　贺州温泉地热井化学成分　　　　　（单位：mg/L）

T_s/℃	pH	TDS	Na^+	K^+	Ca^{2+}	Mg^{2+}
51	8.52	131.84	35.51	1.814	6.59	0.046
Li	Rb	Cs	NH_4^+	CO_3^{2-}	HCO_3^-	SO_4^{2-}
0.0984	0.018	0.01052	na.	na.	66.048	15.442
Cl^-	F⁻	CO_2	SiO_2	HBO_2	As	化学类型
6.392	9.096	nd.	0.377	113.87	0.0183	HCO_3–Na

开发利用：据访，未开发之前，水从泉口中流出，流量3～4L/s，主要用于农田灌溉，2004年在泉口周围施工五口钻孔，2005年建好温泉泡池取水后，泉水断流。

2005年开始建宾馆对外开放，抽取的水主要供客人泡澡、洗衣之用，据访，五口井轮流抽水，宾馆每天开采约50m³。宾馆共有89间客房可入住200人，露天泡池八个，室内小木屋九个，一般在一个孔抽水1小时即可供89间客房用水。

GXJ012 白面山地热井

位置：属贺州市黄田镇所辖，地热井位于新面村水井队白面山。只有通往矿山的土路可到达井边，交通较差。泉口高程250m。

井深：580.89m。

孔径：150mm。

井口温度：36℃。

热储层特征：地貌为峰丛谷地，周围山顶高程450～500m，与谷地高差200～250m，山体陡峭，植被以灌木及杂草为主，覆盖率约30%，大部分岩石裸露。谷地近南北走向，长大于3km，宽

200～500m，地势向南倾斜，地表水系不发育，只有一些季节性冲沟。

热储层为泥盆系灰白色石灰岩，厚层状，隐晶结构。水温为36℃。

本次调查访问：原来涌水量很大，八年前小孩把石块丢入井内后，水渐变小，此井常流井，大雨时水色水量不变。调查时实测流量2.3m³/h，水清无色微嗅，硫黄味。

水化学成分：2013年8月5日考察时采集的地热井水样品分析结果见表4.40。

表4.40　白面山地热井化学成分　　　　　（单位：mg/L）

T_s/℃	pH	TDS	Na$^+$	K$^+$	Ca^{2+}	Mg^{2+}
36	7.84	189.53	20.02	1.466	27.44	0.8395
Li	Rb	Cs	NH$_4^+$	CO$_3^{2-}$	HCO$_3^-$	SO$_4^{2-}$
0.0546	0.00967	0.00559	na.	na.	96.656	36.651
Cl$^-$	F$^-$	CO$_2$	SiO$_2$	HBO$_2$	As	化学类型
6.457	4.698	nd.	0.197	52.89	0.0095	HCO$_3$·SO$_4$–Na.Ca

开发利用：地热井位于谷地中部一农户房后，村民用木头塞住，只留一小口用管引水至屋前洗菜、洗衣、洗澡。成井时，有三户居民约15人饮用此水，由于此水有硫黄味，三年后村民改饮山上泉水，目前只有一户居民用于洗菜、洗衣、洗澡之用。

GXJ013 地震监测井

位置：属贵港市港南区东津镇所辖，地热井位于旺受村地下流体监测站内。有二级公路可到达地热井旁，交通便利。泉口高程12m。

井深：606.23m。

孔径：220mm。

井口温度：26.3℃。

热储层特征：地震监测孔测点探测深度2050m，解释结果520m为K$_1$x$_2$下界，920为K$_1$x$_1$下界，1550m为石炭系的下界，下面即为泥盆系砂岩夹石灰岩、白云岩地层。1000m以上有三个破碎带：590～610m、710～720m、990～1000m。1000～1500m段有五个破碎带：1140～1150m、1170～1190m、1270～1280m、1300～1320m、1370～1440m。根据破碎带的岩性测温曲线可知其富水性特征，即1000～1500m全是断层破碎带，说明断层的规模较大，切割很深，把深部的热水引导到浅部。

地震监测孔孔深为606.23m，钻到了590～610m的破碎带，所以有较大的水量，如果继续加深，水量会变得更大，这就是钻孔涌出热水的原因。这也说明K$_1$x$_1$砂砾岩孔隙是次要的含水层，主要含水层是断层破碎带。该孔位于灵山-藤县深断裂的次一级断裂上，盖层为第四系粉质砂土及新隆组上段泥质粉砂岩夹粉砂质泥岩，底部夹少量砂岩、砾岩；热储层为新隆组下段砂砾岩。水温为26.3℃。流量为0.936m³/h。井水可以自流，具有一定承压性。

水化学成分：未进行采样测试。

开发利用：目前仅用于地震监测。

GXJ014 山渐青温泉地热井

位置：属南宁市保利山渐青温泉水镇所辖。地热井位于邕武路东约200m处一开阔地带，为保利房地产开发的山渐青楼盘内，交通便利。泉口高程83m。

井深：1300m。

孔径：245mm。

井口温度：56.9℃。

热储层特征：四周为丘陵区，山体呈包状低矮，坡度5°～15°，山体生长灌木为主，植被覆盖率较低。

据实地调查访问，该地热井于2012年11月施工成井，上部为黏土，下部为新近系泥岩与砂岩互层，夹有薄状煤岩，底部为寒武系砂岩为主。新近系上部泥岩厚约500m为盖层，水主要从下部的砂岩中渗出，裂隙型砂岩热储，沉积盆地型地热。据访问，孔口高出地面0.8m，孔口管为无缝钢管，稳定水位约15m，泵头下至孔内120m，为深井潜水泵。涌水量20.23m³/h。

水化学成分：2013年10月10日考察时采集的地热井水样品分析结果见表4.41。

表4.41　山渐青温泉地热井化学成分　　　　　（单位：mg/L）

T_s/℃	pH	TDS	Na⁺	K⁺	Ca²⁺	Mg²⁺
56.9	8.26	625.08	181.1	2.263	4.86	0.9855
Li	Rb	Cs	NH₄⁺	CO₃²⁻	HCO₃⁻	SO₄²⁻
0.00437	0.00291	0.00108	na.	na.	425.317	4.83
Cl⁻	F⁻	CO₂	SiO₂	HBO₂	As	化学类型
5.72	1.595	nd.	0.074	61.22	0.0167	HCO₃-Na

开发利用：现正处于开发建设中，地热水暂未利用。

GXJ015 嘉和城温泉地热井

位置：属区南宁市所辖，地热井位于地热井位于昆仑大道东约200m景区小路边，周围均为树木，交通便利。井口高程81.7m。

井深：1300m。

孔径：300mm。

井口温度：41.5℃。

热储层特征：地貌为丘陵区，山体低矮，坡度5°～15°，山坡上多数种植甘蔗。

据九曲湾温泉勘探资料，该地热井位于九曲湾温泉东面约3km，上部为黏性土，下部新近系以泥岩、砂岩及薄状煤层为主，底部寒武系以砂岩为主。水主要从新近系砂岩及底部砂砾岩中渗出，盖层为第四系上部泥岩及粉砂岩，厚约500m。水位埋深85m，涌水量20m³/h。孔口低于景区小路约2m。

水化学成分：2013年10月9日考察时采集的地热井水样品分析结果见表4.42。

表4.42　嘉和城温泉地热井化学成分　　　　　　　（单位：mg/L）

T_s/℃	pH	TDS	Na$^+$	K$^+$	Ca^{2+}	Mg^{2+}
41.5	7.49	753.32	151.8	7.352	27	4.836
Li	Rb	Cs	NH$_4^+$	CO$_3^{2-}$	HCO$_3^-$	SO$_4^{2-}$
0.0596	0.00966	0.0195	na.	na.	550.871	4.903
Cl$^-$	F$^-$	CO$_2$	SiO$_2$	HBO$_2$	As	化学类型
6.556	2.581	nd.	0.048	50.59	0.0268	HCO$_3$–Na

开发利用：据访问，嘉和城景区一共打有类似的孔共有五个，分布在2km²范围之内，每天一个地热井抽水7小时，节假日约8小时，主要供游人洗浴、泡澡之用。

GXJ016 九曲湾温泉地热井

位置：属南宁市兴宁区三塘镇所辖，地热井位于九曲湾温泉景区内。三塘温泉路旁，交通便利。井口高程82.5m。

井深：1208m。

孔径：300mm。

井口温度：53.2℃。

热储层特征：地貌为丘陵区，地势开阔较平坦，主要种植甘蔗为主。第四系为坡残积黄灰、灰色黏土，厚54.59m；中部为新近系，其上覆以泥岩为主，部分夹有黑色煤层，厚0.2～0.25m，下伏以砂岩夹泥岩与煤层为主，砂岩热储层累计厚度244.60m，该新近系总厚980.41m；下部为寒武系，其岩性为细砂岩、粉砂岩及砂质泥岩为主。全孔平均地温梯度为3.37℃/100m。热储层分布孔深550.40～1181m，岩性以细砂岩为主。

井口开挖成长1.5m，宽1.5m，深度1.8m竖井状，孔口低于地面1.8m。水清无色微有硫黄味。据访问，2012年换泵时，水位80m，现水泵下到孔深110m，换泵后抽水时水浑浊，1小时后水变清，从2007年至今，该井有两次抽水出来呈乳白色，水都无异味，都出现在12月至1月间，过1天后水变清。

水化学成分：2013年10月9日考察时采集的地热井水样品分析结果见表4.43。

表4.43　九曲湾温泉地热井化学成分　　　　　　　（单位：mg/L）

T_s/℃	pH	TDS	Na$^+$	K$^+$	Ca^{2+}	Mg^{2+}
53.2	7.47	914.28	225.4	4.467	7.72	1.519
Li	Rb	Cs	NH$_4^+$	CO$_3^{2-}$	HCO$_3^-$	SO$_4^{2-}$
0.0729	0.00816	0.013	na.	na.	663.871	5.305
Cl$^-$	F$^-$	CO$_2$	SiO$_2$	HBO$_2$	As	化学类型
6.001	3.758	nd.	0.07	59.59	0.0621	HCO$_3$–Na

开发利用：该地热井热水主要供游人洗浴、泡澡之用。据访，一般星期一至五，每天用水100～200m³，星期六、星期日用水300～400m³，放长假时最大每天用水达500m³，一年中平均每天开采量200m³。

GXJ017 蒙峒地热井

位置：属贵港市港南区桥圩镇所辖，地热井位于蒙峒村内。有贵港到玉林二级公路可到达地热井旁，交通良好。井口高程17m。

井深：1700m。

孔径：300mm。

井口温度：50℃。

热储层特征：处于断褶构造作用形成的北东向展布的两翼部对称的断陷向斜盆地桥圩盆地中。据20世纪70年代广西第六地质队在桥圩盆地开展的盐矿勘察资料，在桥圩镇一带约382km²范围内共发现51条断层，其中正断层28条，逆断层六条，性质不明断层27条；断层走向以北西向最发育，其次为北东向；断层一般1200～1500m，倾角一般在60°～80°，说明了盆地内断层发育。

该地热井周围为低山丘陵地貌，地势平坦开阔，上覆第四系粉质砂土，盖层岩性为新隆组上段泥质粉砂岩夹粉砂质泥岩，底部夹少量砂岩、砾岩，热储岩性为新隆组下段砂砾岩，处于断褶构造作用形成的北东向展布的两翼部对称的断陷向斜盆地桥圩盆地中。涌水量为25m³/h。

水化学成分：未采样测试。

开发利用：该地热井于2013年5月施工成井，现该地热井已被水泥围砌起来，具体情况不明，暂未开发利用。

GXJ018 容县热水堡地热井

位置：属玉林市容县黎村镇所辖，地热井位于温泉村村公所前公路北侧。井口高程161m。

井深：160.85m。

孔径：300mm。

井口温度：69.7℃。

热储层特征：位于陆川-岑溪断裂的次一级断裂上。所属地貌为低山丘陵地貌，地势较为平坦开阔。基岩出露，岩性为加里东期花岗岩。盖层为第四系亚砂质黏土，热储层为加里东晚期混合花岗岩。流量为2.38m³/h。

水化学成分：2013年12月2日考察时采集的地热井水样品分析结果见表4.44。

表4.44 容县热水堡化学成分 （单位：mg/L）

T_s/℃	pH	TDS	Na^+	K^+	Ca^{2+}	Mg^{2+}
69.5	7.92	497.6	148.4	8.909	11.49	0.12
Li	Rb	Cs	NH_4^+	CO_3^{2-}	HCO_3^-	SO_4^{2-}
0.0883	0.0586	0.0339	na.	na.	148.06	161.204
Cl^-	F^-	CO_2	SiO_2	HBO_2	As	化学类型
19.423	17.069	nd.	0.2165	113.04	< 0.0001	$SO_4 \cdot HCO_3-Na$

开发利用： 据实地访问，该点原为自流温泉，但是流量较小，于20世纪90年代钻探施工成井，成井后温泉流量增大，该处地热井热水供村民和天堂湖温泉景区使用。井口被围砌，形成一直径0.9m的圆形水池，池深0.7～0.8m，用Ø50钢管引水供村庄使用。泉水利用三通管控制引入0.9m的圆形水池，通过ZDK16型清水泵，自动感应抽水导入北侧2.7m处的120m³的大水池（6.15m×6m×2.4m）。最终通过11kW、20t/h的清水泵将泉水抽到340°方向500m处的天堂湖温泉池。由于早上村民用水较多，因而景区不能在早上抽水、只能在下午和晚上抽水。

GXJ019 花山温泉地热井

位置： 属崇左市宁明县所辖，地热井位于花山温泉景区内，距宁明县城6km处。交通便利，井口高程108m。

井深： 70m。

孔径： 300mm。

井口温度： 34.5℃。

热储层特征： 凭祥-大黎断裂带为该处控热断裂带。该处地貌为低山丘陵地貌，地势由低山丘陵向明江河阶地降低。盖层为新近系邕宁群第二段泥岩，第一段细砂岩、粉砂岩、砾岩，盖层厚度约20m。热储层为侏罗系砂岩、粉砂岩河泥岩。涌水量为29m³/h。

该景区内有两个钻孔和一个泉口，其中泉口位于明江边上，泉口已被水泥围砌盖住，泉水积水成潭，泉口即位于潭水之下，看不清泉口。该泉水长年外露，现场测温得37.9℃。

其中一个地热井位于景区路边，用7.5kW的抽水泵抽水。现场水位测量，未抽水时水位为18.15m。泵放至水位49m处，此水位水温43℃，是景区中水温最高的地方。另一地热井位于景区停车场中间，被水泥围砌，建成水池。水池由两个圆形水池连接而成，类似"8"字形，一高一低。池水通过矩形堰，从高池流向低池。该孔使用13.5kW抽水泵抽水，泵放至距孔口70m处。据测泉水出水口水温34.5℃。两地热井均成井于1998年。

两地热钻孔孔内状况基本一致。孔一与孔二间距18.7m，孔一与泉口间距13m，泉出水口与明江间距3m。两孔一泉，形成三点一线，位于同一裂隙内。

水化学成分： 2013年11月23日考察时采集的地热井水样品分析结果见表4.45。

表4.45 花山温泉地热井化学成分 （单位：mg/L）

T_s/℃	pH	TDS	Na^+	K^+	Ca^{2+}	Mg^{2+}
34.5	6.8	717.71	3.996	0.834	169.1	13.37
Li	Rb	Cs	NH_4^+	CO_3^{2-}	HCO_3^-	SO_4^{2-}
0.0037	0.00237	0.00028	na.	na.	362.139	163.801
Cl^-	F^-	CO_2	SiO_2	HBO_2	As	化学类型
4.473	0.072	203.34	0.087	39.9	0.0072	HCO_3–Na·Ca

开发利用： 目前该处正在建设温泉旅游度假村。

GXJ020 布透地热井

位置：属防城港市防城区上思县思阳镇所辖。地热井位于布透村内，位于县城北面约5km处，有泥路通往泉点，交通条件较差。井口高程269m。

井深：138m。

孔径：150mm。

井口温度：36.7℃。

热储层特征：地貌为低山区，山顶海拔260～300m，谷地高程120～130m，山体坡度10°～50°，植被以灌木及乔木为主，覆盖率70%左右，地势北高南低，向南倾斜，井口位于北南谷地北端，谷地呈"U"型，宽200～1500m，长大于5km，谷地中以种植水稻为主，高处种一些玉米等旱作物。

地热井点位于正断层带上，盖层为第四系红色黏土，厚0.5～2m，热储层为泥岩夹灰白色细砂岩。

据实地调查访问，该地热井于2010年10月成井，下147mm无缝钢管至孔深6m护壁，井打深至10m后开始有水流出至孔口。现井口高出地面1m，水从井口涌出，水清无色，有硫黄味。流量为155.25m³/h。

水化学成分：2013年11月20日考察时采集的地热井水样品分析结果见表4.46。

表4.46 布透地热井化学成分 （单位：mg/L）

T_s/℃	pH	TDS	Na⁺	K⁺	Ca²⁺	Mg²⁺
36.7	7.04	538.99	1.319	0.598	116	6.957
Li	Rb	Cs	NH₄⁺	CO₃²⁻	HCO₃⁻	SO₄²⁻
0.00373	0.00186	0.00024	na.	na.	398.636	11.001
Cl⁻	F⁻	CO₂	SiO₂	HBO₂	As	化学类型
4.481	0.096	nd.	0.066	28.98	0.0192	HCO₃-Ca

开发利用：井口四周呈7m×5m水池，水深0.2～0.3m，水涌出井口后向南流入冲沟，暂未开发利用。

GXJ021 陆川温泉地热井

位置：属玉林市陆川县所辖，地热井位于温汤路广场边温泉热水厂内。因为位于县城，交通十分便利。井口高程26m。

井深：150m。

孔径：300mm。

井口温度：49.8℃。

热储层特征：该处原为开发利用历史悠久的自流温泉，自唐代便有记载，由于过度开采，温泉断流，目前主要通过地热井取水，共4个地热钻孔，钻孔孔深分别为110m、110m、150m和110m，位于一排水沟旁。地热井热水由此导向用户，因距离长远所以泉水热量有所损失，温度下降。该处温泉水位动态受降雨影响，但年变幅较小，且易于稳定。此处温泉出露在混合岩地区的温泉，多沿压扭性断裂带分布，大气降雨通过构造裂隙缓慢渗入地下，并在浅部交替循环，流量随季节性变化较少，雨季流量稍有增加，具有缓变型的特点。该地热井位于陆川县城内、九洲江边。据访，该地热井的打井资料显示其含水层在40～70m处，70处以深岩性为花岗岩。相关资料显示，盖层为第四系砂砾石层、砂黏土，热储层为燕山期花岗岩。夏季早上不用供热水情况下，泉水能够自流，据访问泉流量不大。一般同时抽水的只有三个孔，水量不足时四个孔同时抽水。涌水量为125m³/h。

水化学成分： 2013年11月29日考察时采集的泉水样品分析结果见表4.47。

表4.47　陆川温泉地热井化学成分　　　（单位：mg/L）

T_s/℃	pH	TDS	Na⁺	K⁺	Ca²⁺	Mg²⁺
49.8	7.31	518.52	10.28	12.43	190.6	22.68
Li	Rb	Cs	NH₄⁺	CO₃²⁻	HCO₃⁻	SO₄²⁻
0.0889	0.0417	0.0577	na.	na.	153.188	109.781
Cl⁻	F⁻	CO₂	SiO₂	HBO₂	As	化学类型
19.556	8.362	76.54	0.2665	131.42	<0.0001	HCO₃·SO₄–Ca·Mg

开发利用： 主要供县城区居民、部分宾馆和疗养院日常使用，每天均有较多游客到此洗澡，开发利用状况良好。

GXJ022 温汤泉地热井

位置： 属玉林市北流宝圩镇所辖，地热井位于龙南村温汤组。井位于田地中间，井口高程53m。

井深： 120m。

孔径： 130mm。

井口温度： 52.3℃。

热储层特征： 为丘陵地貌，植被茂盛，地势开阔平坦。上覆第四系亚砂质黏土，热储岩性为加里东晚期混合花岗岩，位于陆川-岑溪断裂东部。地热井井口温度为52.3℃，涌水量为16.88m³/h。

该处有两个出水点。一号井位于田地中间，井口被水泥所围砌，形成一圆形水池，水池直径2.1m。水面距离池顶0.70m。水从池子侧面一个不规则的孔流出。井口有黄色沉积物，以前至今一直用于洗涤。以前曾饮用，但有硫黄使牙齿变色，故不再饮用。水温52.3℃，流量12.68m³/h。水清澈，含硫黄味，据访，水多年无变化。二号井在一号井约150°方向约40m处。水温50℃，流量4.2m³/h。

水化学成分： 2013年12月1日考察时采集的地热井水样品分析结果见表4.48。

表4.48　温汤泉地热井化学成分　　　（单位：mg/L）

T_s/℃	pH	TDS	Na⁺	K⁺	Ca²⁺	Mg²⁺
52.3	6.29	1529.01	250.5	28.37	110.5	12.83
Li	Rb	Cs	NH₄⁺	CO₃²⁻	HCO₃⁻	SO₄²⁻
0.0003	0.002	59.3	na.	na.	1063.343	49.662
Cl⁻	F⁻	CO₂	SiO₂	HBO₂	As	化学类型
13.839	6.307	132.64	0.3335	155.5	<0.0001	HCO₃–Na

开发利用：目前二号井已被广东湛江一老板承包用于制作矿泉水。井口已被一半径约10m的圆形围墙围住，旁引水渠使水环绕矿泉水厂。矿泉水厂留有一出水口，有黄色沉积物沉积于管口。

GXJ023 石湾 DRK1 地热井

位置：属北海市合浦县石湾镇所辖，地热井位于清水村村东北角。井口高程5.49m。

井深：1807m。

孔径：300mm。

井口温度：57℃。

热储层特征：处于构造断陷向斜盆地，长轴呈北东向展布的合浦盆地中。合浦盆地具有地壳厚度薄、结晶基底埋深较浅、深大断裂深切至硅铝层等有利于地壳深部和地幔热流向地表浅部传递的地壳结构、构造条件。盖层为第四系、新近系、古近系和白垩系中的黏土、煤层和泥岩。具有两种热储类型：孔隙型热储层和孔隙裂隙型热储层。孔隙型热储层包括新近系南康组和古近系地层。孔隙裂隙热储自上而下有沙岗组层状热储、酒席坑组层状热储、上洋组层状热储和罗文组层状热储。涌水量为35 m³/h，测井井底温度69.6℃。

水化学成分：2013年12月24日考察时采集的泉水样品分析结果见表4.49。

表4.49　石湾DRK1地热井化学成分　　　　　（单位：mg/L）

T_s/℃	pH	TDS	Na⁺	K⁺	Ca²⁺	Mg²⁺
69.6	6.75	15254	4810	62.6	466	262
Li	Rb	Cs	NH₄⁺	CO₃²⁻	HCO₃⁻	SO₄²⁻
2.43	na.	na.	na.	na.	242	1772
Cl⁻	F⁻	CO₂	SiO₂	HBO₂	As	化学类型
7590	1.50	25.8	na.	na.	<0.001	HCO₃–Ca

开发利用：该地热井已建好泵房，无法进入房内观察，暂未开发利用。

GXJ024 石湾 DRK2 地热井

位置：属北海市合浦县石湾镇所辖，地热井位于清水村村正南方250m处。井口高程6.25m。

井深：1300m。

孔径：300mm。

井口温度：60℃。

热储层特征：处于构造断陷向斜盆地，长轴呈北东向展布的合浦盆地中。合浦盆地具有地壳厚度薄、结晶基底埋深较浅、深大断裂深切至硅铝层等有利于地壳深部和地幔热流向地表浅部传递的地壳结构、构造条件。盖层为第四系、新近系、古近系和白垩系中的黏土、煤层和泥岩。具有两种热储类型：孔隙热储层和孔隙裂隙热储层。孔隙热储层包括第四系冲积层、新近系南康组和古近系。孔隙裂隙热储自上而下有沙岗组层状热储、酒席坑组层状热储、上洋组层状热储和罗文组层状热储。

地热井开采热储层顶板埋深为1248m，底板埋深为1751.7m，热储层厚度为295m。经物探测温，测深1807m，温度69.6℃，百米增温率最高为3.4℃，最低为1.02℃，平均2.18℃。涌水量为58m³/h。

水化学成分：2013年12月24日考察时采集的地热井水样品分析结果见表4.50。

表4.50　石湾DRK2地热井化学成分　　（单位：mg/L）

T_s/℃	pH	TDS	Na⁺	K⁺	Ca²⁺	Mg²⁺
60	6.93	11956	3920	105	304	161
Li	Rb	Cs	NH₄⁺	CO₃²⁻	HCO₃⁻	SO₄²⁻
1.69	na.	na.	na.	na.	229	770
Cl⁻	F⁻	CO₂	SiO₂	HBO₂	As	化学类型
6424	1.4	20.3	na.	na.	0.0025	HCO₃-Ca

开发利用：据访，将以该地热井开发建设温泉度假区，促进当地经济发展，支持北海旅游业发展。

GXJ025 天隆温泉地热井

位置：属北海市所辖，地热井位于北部湾东路天隆房地产开发区内，孔口位于距海岸约400m，地势平坦开阔。交通便利。井口高程12m。

井深：1010m。

孔径：300mm。

井口温度：36℃。

热储层特征：上覆第四系现代海相沉积，以灰白色细砂为主，厚9.8m；滨海相沉积，以棕黄色砂质黏土为主，厚6.7m；河湖相碎屑堆积物，以细砂为主，部分含砂砾，厚12.15m。盖层为新近系，以灰白、灰黄、灰色细砂、砂质黏土及黏土组成，为半胶结岩石，厚55.90m。热储岩性为花岗岩，中粗粒结构，受断裂构造影响，岩石破碎，厚925.45m。涌水量20m³/h。

水化学成分：2013年10月11日考察时采集的地热井水样品分析结果见表4.51。

表4.51　天隆温泉地热井化学成分　　（单位：mg/L）

T_s/℃	pH	TDS	Na⁺	K⁺	Ca²⁺	Mg²⁺
36	6.34	398.73	106.9	2.84	8.81	10.84
Li	Rb	Cs	NH₄⁺	CO₃²⁻	HCO₃⁻	SO₄²⁻
0.00195	0.00754	0.00101	na.	na.	15.694	22.62
Cl⁻	F⁻	CO₂	SiO₂	HBO₂	As	化学类型
231.029	0.246	nd.	0.056	13.477	< 0.0001	Cl-Na

开发利用：现已开发，主要供游人洗澡之用，每天抽水13小时约260m³。

GXJ026 森海豪庭温泉地热井

位置：属北海市所辖，地热井位于金海岸大道森海豪庭观海阁内，交通便利。井口高程10m。

井深：1171.25m。

孔径：300mm。

井口温度：35.7℃。

热储层特征：本区热储主要为基底断裂带内脉状的志留系砂岩构造裂隙、节理发育带，地下热水主要来源于上覆孔隙水的越流补给和北海市北东部的基底碎屑岩出露区基岩裂隙水的侧向径流补给。地下水下渗补给至上述的脉状裂隙含水层后继续向深部渗流得到大地热流的加温而形成地下热水。由于本区上覆第四系及新近系孔隙水、孔隙裂隙水十分丰富，其越流补给下伏基底基岩裂隙水的条件良好，地下热水补给来源充沛。地下热水在接受补给后在压力水头的作用下，顺脉状的裂隙带总体上由北向南径流，最终向海域排泄，部分热水径流过程中在一些构造有利的部位向浅部含水层越流混合，随浅层地下水径流排泄。由于基底北西、北东向断裂十分发育，这给区内地下热水的水热对流创造了有利条件。水温为35.7℃。涌水量74.20m³/h。

水化学成分：2013年12月26日考察时采集的泉水样品分析结果见表4.52。

表4.52　森海豪庭温泉地热井化学成分　　　　（单位：mg/L）

T_S/℃	pH	TDS	Na⁺	K⁺	Ca²⁺	Mg²⁺
35.7	3.44	804	66.2	13.4	112	62.3
Li	Rb	Cs	NH₄⁺	CO₃²⁻	HCO₃⁻	SO₄²⁻
0.081	na.	na.	na.	na.	<1	<2
Cl⁻	F⁻	CO₂	SiO₂	HBO₂	As	化学类型
512	<0.1	19.6	na.	na.	< 0.001	HCO₃–Ca

开发利用：该地热井位于北海银滩附近的森海豪庭别墅区内，主要为了提升别墅群价值而施工，目前地热井热水专供北海金昌开元名都大酒店客房用热水。

GXJ027 峒中地热 DRK1 井

位置：属防城港市防城区峒中镇所辖，地热井位于宝门16号。交通便利。井口高程241m。

井深：80m。

孔径：110mm。

井口温度：38.9 ℃。

热储层特征：地热井所处地为低山丘陵地貌，植被茂盛，地势相对较为陡峭。盖层岩性为酸性火山熔岩、凝灰岩夹碎屑岩，热储岩性为三叠系平峒组灰绿-紫红色砂岩夹泥岩、下部砾岩、花岗岩。峒中-小董断裂为其主要控热断裂，泉口具有黄、白等杂色沉淀物。自流水量0.293m³/h。

水化学成分：2013年12月27日考察时采集的地热井井水样品分析结果见表4.53。

表4.53　峒中地热DRK1井化学成分　　　　　　（单位：mg/L）

$T_s/℃$	pH	TDS	Na$^+$	K$^+$	Ca^{2+}	Mg^{2+}
38.9	8	198.25	82.68	3.07	3.183	0.02
Li	Rb	Cs	NH$_4^+$	CO$_3^{2-}$	HCO$_3^-$	SO$_4^{2-}$
0.111	0.0748	0.197	na.	na.	152.76	14.71
Cl$^-$	F$^-$	CO$_2$	SiO$_2$	HBO$_2$	As	化学类型
4.2	14.01	na.	na.	na.	0.0757	HCO$_3$-Na

开发利用：地热井于2009年施工成井，现该地热井用水泥与石头围砌，引水至北偏西20°方向一农家澡房，供客人泡澡。

GXJ028 峒中地热 DRK2 井

位置：属防城港市防城区峒中镇所辖，地热井位于宝门16号。交通便利。井口高程225m。

井深：100m。

孔径：110mm。

井口温度：46.2℃。

热储层特征：所处地为低山丘陵地貌，植被茂盛，地势相对较为陡峭。热储岩性为三叠系平峒组灰绿、紫红色砂岩夹泥岩，下部砾岩，峒中-小董断裂为其主要控热断裂，井口有黄、白等杂色沉淀物。热储层温度为92.24℃。访问，该地热井于2008年施工成，泉口有白色沉积物，施工于基岩之上，在地热DRK$_1$井140°方向，相距约5m。自流水量2m^3/h。

水化学成分：2013年12月27日考察时采集的地热井井水样品分析结果见表4.54。

表4.54　峒中地热DRK2井化学成分　　　　　　（单位：mg/L）

$T_s/℃$	pH	TDS	Na$^+$	K$^+$	Ca^{2+}	Mg^{2+}
46.2	8.43	190.79	82.98	2.977	2.112	0
Li	Rb	Cs	NH$_4^+$	CO$_3^{2-}$	HCO$_3^-$	SO$_4^{2-}$
0.116	0.0649	0.163	na.	na.	144.44	12.23
Cl$^-$	F$^-$	CO$_2$	SiO$_2$	HBO$_2$	As	化学类型
3.99	14.28	na.	na.	na.	0.0361	HCO$_3$-Na

开发利用：目前地热井水用水管引至另一农家澡房，作为客人泡澡之用，泡澡人数较少，经济效益一般。

（P-3414.31）

ISBN 978-7-03-055134-4

9 787030 551344 >

定价：338.00 元